中文版
AutoCAD
自学经典

徐曼 吴蓓蕾 张静 编著

清华大学出版社

北 京

内 容 简 介

本书以新版的 AutoCAD 为写作平台，以"理论+应用"为写作形式，从易教、易学的角度出发，用通俗的语言、丰富的范例对 AutoCAD 辅助绘图软件的使用方法进行全面介绍。

全书共 16 章，其中包括 AutoCAD 入门知识、绘图环境的设置、图层的管理、辅助绘图功能的开启、二维图形的绘制和编辑、图案的填充、图块的创建与应用、外部参照的应用、文字和表格的应用、尺寸标注、三维绘图环境的设置、三维模型的创建与编辑、三维模型的渲染、图形的输出与打印，以及各类施工图纸的设计等内容。

本书结构清晰、思路明确、内容丰富、语言简炼，解说详略得当，既有鲜明的基础性，也有很强的实用性。

本书既可作为高等院校及大中专院校相关专业学生的学习用书，又可作为建筑设计与机械设计从业人员的参考用书。同时，也可作为社会各类 AutoCAD 培训班的首选教材。

本书封面贴有清华大学出版社防伪标签，无标签者不得销售。
版权所有，侵权必究。侵权举报电话：010-62782989　13701121933

图书在版编目(CIP)数据

中文版 AutoCAD 自学经典 / 徐曼，吴蓓蕾，张静编著. — 北京：清华大学出版社，2016
（自学经典）
ISBN 978-7-302-40403-3

Ⅰ.①中… Ⅱ.①徐… ②吴… ③张… Ⅲ.①AutoCAD 软件—自学参考资料Ⅳ.①TP391.72

中国版本图书馆 CIP 数据核字(2015)第 122597 号

责任编辑：杨如林
装帧设计：刘新新
责任校对：徐俊伟
责任印制：何　芊

出版发行：清华大学出版社
　　　　网　　　址：http://www.tup.com.cn，http://www.wqbook.com
　　　　地　　　址：北京清华大学学研大厦 A 座　　　邮　　　编：100084
　　　　社 总 机：010-62770175　　　　　　　　　邮　　　购：010-62786544
　　　　投稿与读者服务：010-62776969，c-service@tup.tsinghua.edu.cn
　　　　质量反馈：010-62772015，zhiliang@tup.tsinghua.edu.cn
印 刷 者：三河市君旺印务有限公司
装 订 者：三河市新茂装订有限公司
经　　销：全国新华书店
开　　本：188mm×260mm　　　印　　张：24.25　　　字　　数：637 千字
　　　　（附光盘 1 张）
版　　次：2016 年 3 月第 1 版　　　　　　　　　印　　次：2016 年 3 月第 1 次印刷
印　　数：1～3000
定　　价：59.80 元

产品编号：063948-01

前　言

众所周知，AutoCAD是由Autodesk公司开发的计算机辅助绘图软件，其主要用于二维绘图、设计文档和模型设计等。新版本软件的界面更加简洁美观，操作起来也更加便捷。同时，其功能也得到大幅提高。因此，被广泛应用于航空航天、建筑设计、机械设计、工业设计、电子电气、服装设计等领域。

为了使初学者能够在短时间内掌握并能熟练应用辅助绘图技术，我们组织一批富有教学和实践经验的教师编写了此书。在编写的同时，他们结合国家相关专业的教学大纲，从课时安排、技能要求、行业应用等多个方面进行了统筹安排，旨在培养既懂理论知识、又能在各方面熟练应用的复合型实用人才。

本书特色概括如下：

合理的知识框架。全书遵循由易到难、由局部到整体、由理论知识到实际应用的写作原则，对AutoCAD软件进行了全方位的介绍。

典型的案例介绍。在编写过程中，所列举的案例都是围绕将来的应用进行筛选，这样不仅能让读者学到专业的理论知识，还能让读者熟悉工作一线的绘图需求。

简洁的语言描述。全书用语通俗易懂，更加注重简洁性与条理性，这样不仅适合培训班课堂教学，也适合读者自学阅读。

完整的学习脉络。在学习完每章知识内容后，结尾还增加了上机实训以及富有针对性的拓展应用练习。同时，还对本章的常见疑难问题及相应的解决方案进行了汇总。

全书共13章，其中各章节内容概述如下：

第1章主要介绍了AutoCAD 的入门知识，知识点包括AutoCAD的特性与应用、图形文件的基本操作、绘图环境的设置等。

第2章主要介绍了图层的设置与管理，知识点包括新图层的创建，图层的显示、隐藏、锁定、解锁、合并、隔离以及输出等。

第3章主要介绍了辅助绘图工具的操作，知识点包括栅格显示、捕捉模式、极轴追踪、对象捕捉、正交模式等功能的开启，以及图形的显示设置等。

第4章主要介绍了二维图形的绘制，知识点包括点的绘制、线的绘制、矩形和多边形的绘制、圆和圆弧的绘制、椭圆和椭圆弧的绘制等。

第5章主要介绍了二维图形的编辑，知识点包括图形的选择、删除、镜像、阵列、旋转、偏移、打断、倒角和圆角，以及图案的填充及其设置等。

第6章主要介绍了块、外部参照及设计中心，知识点包括块的创建与编辑、外部参照的使用与管理、设计中心的应用方法等。

第7章主要介绍了文本与表格的应用，知识点包括单行文本、多行文本的创建与编辑，表格的创建与编辑等。

第8章主要介绍了尺寸标注，知识点包括标注的规则、标注样式的设置，以及各种尺寸标注

的创建与编辑，如线性标、对齐标注、角度标注、弧长标注、半径/直径标注、折弯标注、连续标注、公差标注、引线标注等.

第9章主要介绍了三维空间环境设置，知识点包括三维坐标系、三维视图样式、三维动态显示等。

第10章主要介绍了三维模型的创建，知识点包括三维直线、三维多段线、螺旋线的创建，以及长方体、圆柱体、球体、圆环、棱椎体、多段体等实体模型的创建。

第11章主要介绍了三维模型的编辑，知识点包括三维对象的移动、对齐、旋转、镜像、阵列、剖切、抽壳等，材质和贴图的设置，光源的添加，模型的渲染等。

第12章主要介绍了图形的输出打印，知识点包括图纸的输入与输出、布局视口的创建与设置、图纸的预览与打印等。

第13章～第16章为综合案例章节，分别介绍了家装室内施工图、专卖店施工图、园林景观图、机械零件图的绘制方法与技巧。

本书由徐曼、吴蓓蕾、张静老师主编，其中第1章～第5章由徐曼老师编写，第6章由吴蓓蕾老师编写，第7章～第9章由张静老师编写，第10章朱艳秋老师编写、第11章由石翠翠老师编写，第12章由蔺双彪老师编写，第13章由代娣老师编写，第14章由李鹏燕老师编写，第15章由王园园、谢世玉老师编写，第16章由张晨晨、张素花老师编写，附录部分由郑菁菁、张双双老师编写，在此向参与本书编写、审校以及光盘制作的老师表示感谢。

本书主要面向广大AutoCAD学习者、大中专院校及高等院校相关专业的学生，建筑设计和机械设计的从业人员。除此之外，还可以作为社会各类AutoCAD培训班的首选教材，同时也是AutoCAD爱好者及自学者的良师益友。

本书在编写过程中力求严谨细致，但由于时间与精力有限，疏漏之处在所难免，望广大读者批评指正。

作 者

目　录

第 3 章　辅助绘图操作 28

第 4 章

第 5 章

第 9 章　三维空间环境设置 177

第 10 章　创建三维模型 193

第14章 专卖店施工图的绘制 283

第15章 园林景观图的绘制 325

第16章 机械零件图的绘制 353

第 1 章

AutoCAD 2015 入门知识

本章概述　　AutoCAD是一款优秀的辅助绘图软件，为了满足用户的需求，其版本一直在不断地更新和升级。新版本软件不但操作页面越来越美观，而且其功能也是逐步增强和完善。通过对本章内容的学习，读者可以了解AutoCAD 2015的新增功能，掌握基本的绘图知识和应用技巧，轻松入门，一章搞定。

知识要点
- AutoCAD 2015的工作界面；
- AutoCAD 2015的新特性；
- 图形文件的基本操作；
- 绘图环境的设置。

1.1　AutoCAD 2015概述

在AutoCAD的每一次升级和更新过程中，功能都会得到增强，且日趋完善。目前，它已成为工程设计领域应用最为广泛的计算机辅助绘图软件之一。

1.1.1　AutoCAD的主要应用

AutoCAD的应用领域包括航空航天、建筑设计、机械设计、工业设计、电子电气、服装设计、美工设计等。下面将对常见的应用领域进行简单介绍。

1. 建筑绘图

AutoCAD在建筑绘图方面从最初的二维绘图发展到了现在的三维建筑绘图，这样不但可以提高设计质量，缩短工程周期，还可以节约建筑投资。建筑设计主要包括建筑平面效果图、建筑装饰效果图和简单的建筑物的三维建模，如图1-1所示。

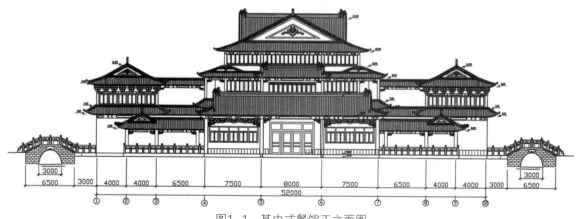

图1-1　某中式餐馆正立面图

2. 机械制图

AutoCAD在机械制造行业的应用最早，也最为广泛。CAD技术的应用，不但可以使设计人员

"甩掉图板",实现设计自动化,还可以使企业由原来的串行式作业转变为并行作业,建立起一种全新的设计和生产技术管理体制,缩短产品的开发周期,提高劳动生产率。现如今越来越多的设计者采用CAD技术设计机械图形,如图1-2所示。

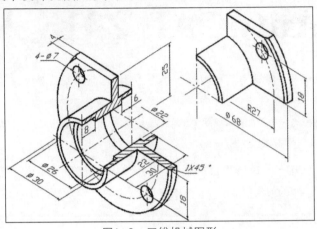

图1-2 三维机械图形

3. 服装制版

CAD还被用于服装制版行业,如图1-3所示。以前我国纺织品及服装的工序都是由人工来完成的,速度慢、效率低。采用CAD技术后,不仅使设计更加精确,还缩短了产业的开发周期,提高了生产率。CAD在服装行业的广泛应用,大大加快了我国纺织及服务企业走向国际的步伐。

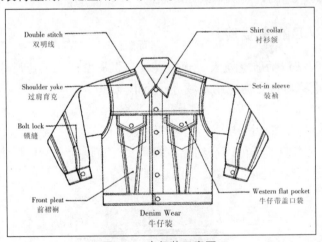

图1-3 牛仔装示意图

随着AutoCAD功能的逐渐强大和应用范围的日益广泛,越来越多的设计单位和企业采用这一技术来提高工作效率和产品的质量,改善劳动条件。因此,AutoCAD已逐渐成为工程设计中最流行的计算机辅助绘图软件之一。

1.1.2 AutoCAD 2015工作界面

成功安装AutoCAD 2015后,系统会在桌面上创建AutoCAD的快捷图标,并在程序文件夹中创建AutoCAD程序组。用户可以通过以下方法启动AutoCAD 2015。

● 双击桌面上的AutoCAD 2015快捷启动图标。
● 双击已有的AutoCAD文件。

● 执行"开始"|"所有程序"|Autodesk|"AutoCAD 2015-简体中文"命令。

在此,打开了一个已经绘制好的"窗格图案"文件,如图1-4所示。

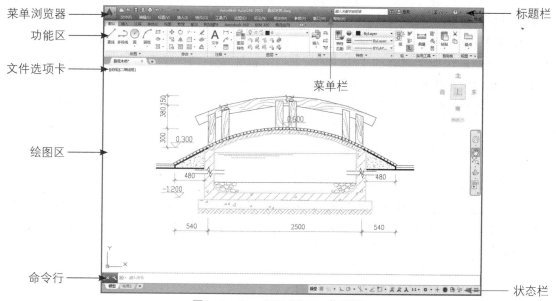

图1-4　AutoCAD 2015工作界面

从图中可以看出,AutoCAD 2015的工作界面包括"菜单浏览器"按钮、标题栏、菜单栏、功能区、文件选项卡、绘图区、命令行、状态栏、十字光标等。

1. "菜单浏览器"按钮

"菜单浏览器"按钮是由新建、打开、保存、另存为、输出、发布、打印、图形实用工具和关闭等命令组成的。它主要是为了方便用户使用,节省时间。

"菜单浏览器"按钮位于工作界面的左上方。单击该按钮,弹出AutoCAD菜单,功能便一览无余。选择相应的命令,便会执行相应的操作,如图1-5所示。

2. 标题栏

标题栏位于工作界面的最上方,它由快速访问工具栏 、当前图形标题 Autodesk AutoCAD 2015　Drawing1.dwg、搜索栏 、Autodesk Online服务以及窗口控制按钮组成。按Alt+空格键或者右击鼠标,将弹出窗口控制菜单,从中可以执行窗口的还原、移动、大小、最小化、最大化、关闭等操作,也可以通过右上角的 按钮最大化、最小化、关闭文件。

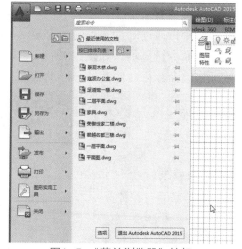

图1-5　"菜单浏览器"按钮

3. 菜单栏

菜单栏包括文件、编辑、视图、插入、格式、工具、绘图、标注、修改、参数、窗口、帮助等12个主菜单,如图1-6所示。

默认情况下,在"草图与注释"、"三维基础"、"三维建模"工作空间是不显示菜单栏的。若要显示菜单栏,则可以在快速访问工具栏单击下拉按钮,在弹出的快捷菜单中选择"显示菜单栏"命令。

图1-6 菜单栏

4. 功能区

在AutoCAD中，功能区在菜单栏的下方，它包含了功能区选项板和功能区按钮。功能区按钮主要是代替命令的简便工具。利用功能区按钮既可以完成绘图中的大量操作，还省略了繁琐的工具步骤，从而可以提高效率，如图1-7所示。

图1-7 功能区

5. 文件选项卡

"文件"选项卡位于功能区下方，默认新建选项卡会以Drawing1的形式显示。再次新建选项卡时便会将命名默认为Drawing2，该选项卡有利于用户寻找需要的文件，方便了用户的使用，如图1-8所示。

图1-8 默认显示

6. 绘图区

绘图区是AutoCAD的工作窗口，用户可以在绘图区对图形进行编辑和绘制操作，所有绘图结果都会在这个区域显示出来。通常，绘图区包括标题栏、滚动条、控制按钮、布局选项卡、坐标系和十字光标等。

7. 命令行

命令行通过键盘输入的命令显示AutoCAD显示的信息。用户在菜单和功能区执行的命令同样也会在命令行显示，如图1-9所示。一般情况下，命令行位于绘图区的下方，用户可以通过使用鼠标拖动命令行，使其处于浮动状态，也可以随意更改命令行的大小。

图1-9 命令行

📝 知识点拨

命令行也可以作为文本窗口的形式显示命令。文本窗口是记录AutoCAD历史命令的窗口，按F2键可以打开文本窗口，该窗口中显示的信息和命令行显示的信息完全一致，便于快速访问和复制完整的历史记录，如图1-10所示。

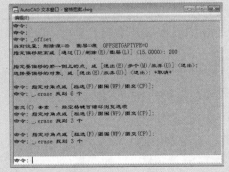

图1-10 文本窗口

8. 状态栏

状态栏用于显示当前的状态。在状态栏的最左侧有"模型"和"布局"两个绘图模式，单击鼠标左键进行模式的切换。状态栏主要用于显示光标的坐标轴、控制绘图的辅助功能按钮、控制图形状态的功能按钮等，如图1–11所示。

图1–11　状态栏

知识点拨

控制绘图的辅助功能按钮包括栅格显示、捕捉模式、正交模式、对象捕捉，等轴侧草图、指定角度限制等。控制图形状态的功能按钮包括注释可见性、自动缩放、注释比例等。

1.1.3　AutoCAD 2015的新特性

为了适应计算机技术的不断发展和用户的需求，AutoCAD不断地更新和升级，使操作功能得到了很大的提升。在AutoCAD 2015中也增强了许多功能，如选区的应用、自定义状态栏、功能区的增强和视图的应用等。

1. 选区的应用

使用AutoCAD 2015的用户会有一个问题：选中图形的时候为什么会使用套索工具？这个就是AutoCAD 2015新增强的功能。它既可以选择不规则的图形，又不会影响到其他的图形。在绘图区中单击鼠标左键选择图形，直到选择完整后，释放鼠标左键即可选择不规则的图形。

如果用户需要选择一个规整的图形，那么可以单击鼠标左键，然后释放鼠标左键，拖动鼠标，选中图形后再单击鼠标左键完成操作。当然，用户也可以按照自己的爱好使用这些功能。

2. 自定义状态栏

AutoCAD 2015还增加了自定义状态栏的功能，在工作页面右下角、状态栏右侧单击 ≡ 按钮，在弹出的列表中选择要"自定义"的选项，即可自定义状态栏，如图1–12所示。

3. 功能区的增强

随着AutoCAD的不断改进，其功能区也得到了增强，Autodesk为插入块和改变样式添加了图表预览功能。

在"默认"选项卡的"块"面板中，如果之前使用过"插入"功能，"插入"下方就会出现一个三角符号 ▾，单击三角符号就会看到当前图纸存在的所有图块的预览图表，如图1–13所示。预览功能可以使用户直接预览图形。如果需要插入未使用过的块，则需要单击"更多选项"按钮，在弹出的"插入"对话框中单击"浏览"按钮就可以了。

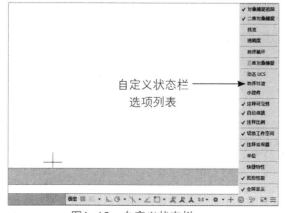

图1–12　自定义状态栏

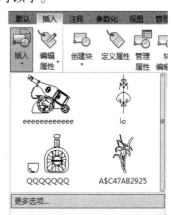

图1–13　图表预览页面

4. "修剪"效果

在进行"修剪"或"延伸"操作时，被修剪或延伸的对象将被进行变暗或变亮显示，如图1-14所示。

5. 启动界面的使用

在启动界面中，可以快速选择新样板文件、最近使用文件以及登录Autodesk 360，如图1-15所示。

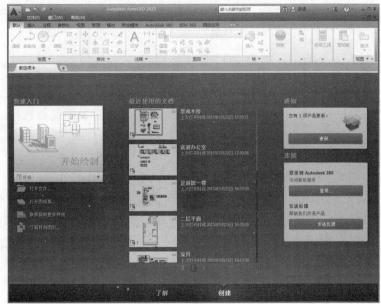

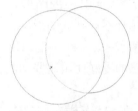

图1-14 "修剪"效果　　　　　　　　　　图1-15 启动界面

6. 视图的应用

AutoCAD 2015中还增加了模型空间视口，在模型空间中创建了多个视口后，亮蓝色边界会标识活动视口，拖动到边界的边缘来删除另一个视口。

通过拖动水平或垂直边界，可以调整任意视口的大小，在拖动边界的同时按住Ctrl键，可拆分模型空间视口。

1.2　图形文件的基本操作

图形文件的基本操作是绘制图形过程中必须掌握的知识要点。图形文件的操作包括创建新图形文件、打开文件、保存文件、关闭文件等。下面我们将介绍图形文件的基本操作。

1.2.1　创建新图形文件

启动AutoCAD 2015后，系统将打开启动界面，那么如何在文件中绘图呢？这时就需要我们创建新的图形文件了。

用户可以通过以下方法创建新的图形文件：

- 单击"菜单浏览器"，执行"新建"|"图形"命令。
- 执行"文件"|"新建"菜单命令，或按Ctrl+N组合键。
- 单击快速访问工具栏的"新建"按钮 。

● 在"文件"选项卡右侧单击"新建"按钮。

● 在命令行输入NEW命令并按回车键。

执行以上任意一种操作后，系统将打开"选择样板"对话框。从文件列表中选择需要的样板，单击"打开"按钮，即可创建新的图形文件。

1.2.2 打开文件

打开图形文件的常用方法有以下几种：

● 单击"菜单浏览器"，在弹出的列表中执行"打开"|"图形"命令。

● 执行"文件"|"打开"菜单命令，或按Ctrl+O组合键。

● 单击快速访问工具栏的"打开"按钮。

● 在命令行输入OPEN命令并按回车键。

● 双击AutoCAD图形文件。

打开"选择文件"对话框，在其中选择需要打开的文件，在对话框右侧的"预览区"中就可以预先查看所选择的图像，然后单击"打开"按钮，即可打开图形，如图1-16所示。

图1-16 "选择文件"对话框

1.2.3 保存文件

绘制或编辑完图形后，要对文件进行保存操作，避免因失误导致没有保存文件而使文件丢失。用户可以直接保存文件，也可以进行另存为文件的操作。

1. 保存新建文件

用户可以通过以下方法保存文件：

● 单击"菜单浏览器"按钮，在弹出的菜单中执行"保存"|"图形"命令。

● 执行"文件"|"保存"菜单命令，或按Ctrl+S组合键。

● 单击快速访问工具栏的"保存"按钮。

● 在命令行输入SAVE命令并按回车键。

执行以上任意一种操作后，将打开"图形另存为"对话框，如图1-17所示。用户命名图形文件后单击"保存"按钮即可保存文件。

2. 另存为文件

如果用户需要重新命名文件或者更改路径，就需要进行另存为文件。通过以下方法可以执行另存文件操作：

图1-17 "另存为"对话框

- 单击"菜单浏览器"按钮，在弹出的列表中执行"另存为"|"图形"命令。
- 执行"文件"|"另存为"命令。
- 单击快速访问工具栏的"另存为"按钮 。

1.2.4 关闭文件

用户可以通过以下方法关闭文件：

- 单击"菜单浏览器"按钮，在弹出的列表中执行"关闭"|"图形"命令。
- 在标题栏的右上角单击 按钮。
- 在命令行输入CLOSE命令并按回车键。

如果文件并没有修改，可以直接关闭文件，如果是修改过的文件，关闭文件时系统会提示是否保存文件，如图1-18所示。

图1-18 提示窗口

1.3 设置绘图环境

绘制图形时，用户可以根据自己的喜好设置绘图环境，如更改绘图区的背景颜色、设置绘图界限、设置绘图单位与比例等。

1.3.1 更改绘图区的背景颜色

在"选项"对话框中可以设置绘图区的背景颜色。用户可以通过以下方法打开"选项"对话框：

- 执行"工具"|"选项"命令。
- 单击命令行左侧的 按钮，在弹出的列表中单击"选项"命令。
- 单击鼠标右键，在弹出的快捷菜单中单击"选项"按钮。

【例1-1】下面以将背景颜色更改为白色为例，介绍绘图区背景颜色的设置方法。

01 在"选项"对话框中打开"显示"选项卡，然后在"窗口元素"选项区中单击"颜色"按钮，如图1-19所示。

02 在弹出的"图形窗口颜色"对话框中单击"颜色"下拉列表框，选择需要的颜色，如"白"，如图1-20所示。

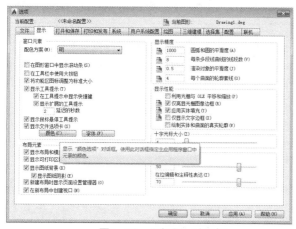

图1-19 "选项"对话框

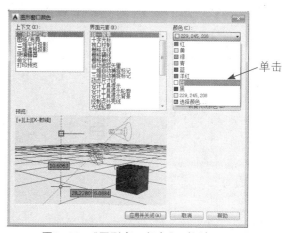

图1-20 "图形窗口颜色"对话框

03 单击"应用并关闭"按钮,再次单击"确定"按钮即可更改绘图区的颜色,如图1-21和图1-22所示分别为更改绘图区背景颜色的前后效果。

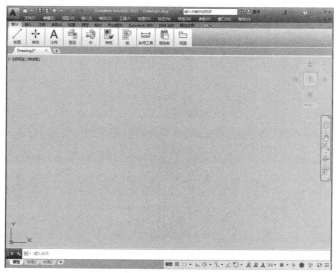

图1-21 设置背景颜色前的效果

图1-22 设置背景颜色后的效果

1.3.2　设置绘图界限

绘图界限是指在绘图区中设定的有效区域。在实际绘图过程中，如果没有设置绘图界限，那么CAD系统对作图范围将不作限制，会在打印和输出过程中增加难度。通过以下方法可以执行设置绘图界限的操作：

● 执行"格式" | "图形界限"命令。
● 在命令行输入LIMITS命令并按回车键。

执行以上任意一种操作后，命令行的提示如下：

```
命令：LIMITS
重新设置模型空间界限：
指定左下角点或 [开（ON）/关（OFF）] <0.0000，0.0000>：
指定右上角点 <420.0000，297.0000>：
```

✍ 知识点拨

显示精度是用来控制图形的显示效果和绘图速度的，图形的显示精度设置包括圆弧和圆的平滑度、每条多段线曲线的线段数、渲染对象的平滑度、每个曲面的轮廓素线等。其中，设置圆弧和圆的平滑度的图形显示精度是最简单的。通过设置圆弧的精度，改变显示的平滑度，如果精度过低，圆弧和圆就会显示为多边形。如图1-23所示圆弧的显示精度为1000，图1-24所示圆弧的显示精度为5。

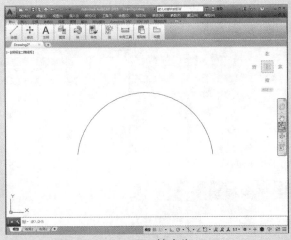

图1-23　显示精度为1000

图1-24　显示精度为5

1.3.3　设置绘图单位

在绘图之前，首先应对绘图单位进行设定，以保证图形的准确性。其中，绘图单位包括长度单位、角度单位、缩放单位、光源单位以及方向控制等。

在菜单栏中执行"格式" | "单位"命令，或在命令行输入UNITS命令并按回车键，即可打开"图形单位"对话框，从中便可以对绘图单位进行设置，如图1-25所示。

1. "长度"选项组

在"类型"下拉列表中可以设置长度单位，在"精度"下拉列表中可以对长度单位的精度进行设置。

2．"角度"选项组

在"类型"下拉列表中可以设置角度单位，在"精度"下拉列表中可以对角度单位的精度进行设置。勾选"顺时针"复选框后，图像以顺时针方向旋转，若不勾选，则图像以逆时针方向旋转。

3．"缩放"选项组

缩放单位是用于插入图形后的测量单位，默认情况下是"毫米"，一般不改变，用户也可以在"类别"下拉列表中设置缩放单位。

4．"光源"选项组

光源单位是指光源强度的单位，其中包括"国际"、"美国"、"常规"选项。

5．"方向"按钮

"方向"按钮在"图形单位"的下方。单击"方向"按钮打开"方向控制"对话框，如图1-26所示。方向的默认测量角度是东，用户也可以设置测量角度的起始位置。

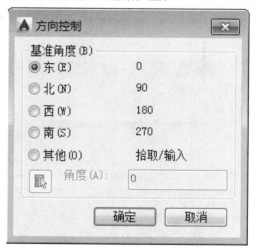

图1-25　"图形单位"对话框　　　　　　　图1-26　"方向控制"对话框

1.4　上机实训

为了更加深入地了解AutoCAD 2015的基础知识，下面通过两个案例来讲解如何设置绘图比例和工作空间。

1.4.1　设置绘图比例

比例指的是出图比例，人们往往会事先设置好需要输出的图框大小，如A3、A4等。然后在图框里缩放图的大小，达到出图的效果。所以设置绘图比例也就是根据图纸单位来指定合适的绘图比例。

【例1-2】下面将详细介绍绘图比例的设置方法。

01 在状态栏右侧单击"视图注释比例" **1:1 / 100%** 按钮，在弹出的列表中单击"自定义"按钮。

02 在"编辑图形比例"对话框中单击"添加"按钮，如图1-27所示。

03 打开"添加比例"对话框，并设置比例名称和比例特性，如图1-28所示。

图1-27　单击"添加"按钮

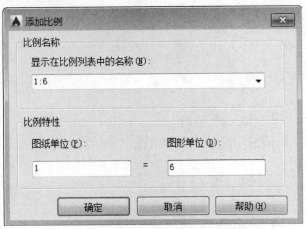

图1-28　设置比例名称和比例特性

04 单击"确定"按钮，返回"编辑图形比例"对话框，在该对话框中可以预览添加过的效果，如图1-29所示。

05 单击"确定"按钮，即可完成绘图比例的设置。设置完成后，单击"视图注释比例" `1:1 / 100% ▾` 按钮，即可选择添加过的绘图比例，如图1-30所示。

图1-29　预览添加比例

图1-30　选择绘图比例

1.4.2　设置工作空间

　　AutoCAD 2015的工作空间相对于老版本也做了调整，用户会发现老版本软件的"CAD经典"工作空间消失了。用户可以在状态栏右侧的"切换工作空间"列表框中进行编辑。

　　【例1-3】下面将具体介绍设置工作空间的方法。

01 在状态栏中单击"切换工作空间"的按钮 ⚙▾，在弹出的列表中选择"自定义"选项，如图1-31所示。

02 此时会弹出"自定义用户界面"对话框，如图1-32所示。

03 鼠标右键单击，在列表中选择"新建工作空间"选项，如图1-33所示。

04 将工作空间命名为"CAD经典"，然后将窗口左侧的工具拖入到右侧的相应位置，如图1-34所示。

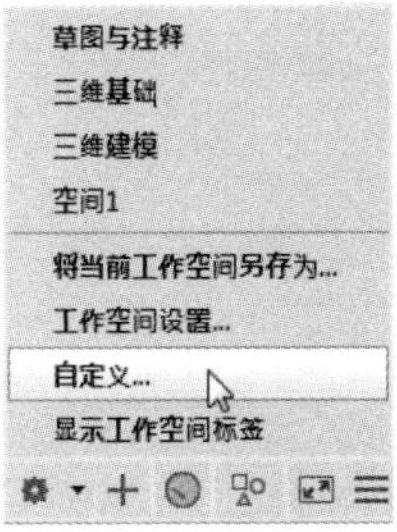

图1-31 单击"自定义"选项

图1-32 自定义用户界面

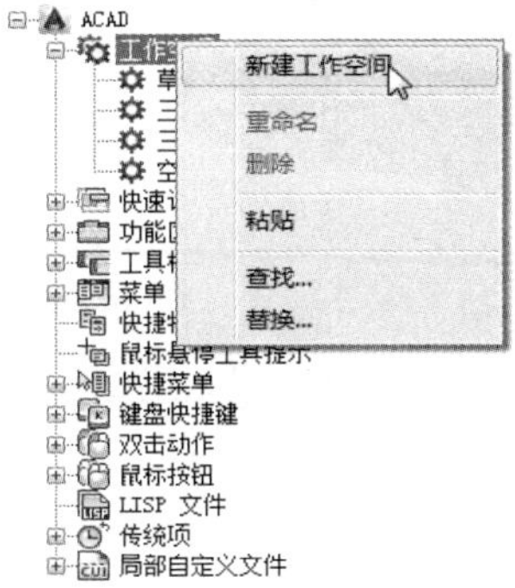

图1-33 选择"新建工作空间"选项

图1-34 设置"CAD经典"

知识点拨

所有"自定义文件"选框中包含了"自定义工作空间"选框中所有需要的功能选项，在"自定义文件"选框中展开卷展栏，单击并拖动相应的选项，将其拖动到相对应的位置，释放鼠标左键即可自定义"CAD经典"工作页面。

由于初学CAD的用户对软件不太熟悉，常常会存在许多疑问，因此下面罗列了一些常见疑难问题，以供用户参考。

Q: 如何设置文件自动保存时间？

A: 在绘图区中右击，在弹出的快捷菜单列表中选择"选项"命令，此时弹出"选项"对话框，切换至"打开和保存"选项卡，在"文件安全措施"选项组中输入自动保存时间，然后单击"确定"按钮即可，如图1-35所示。

Q: 在AutoCAD中坐标系的用途是什么？

A: 坐标系在设计过程中起到了精确定位点的作用。用户可以通过坐标系确定图形中两点的位置，以此绘制线段。

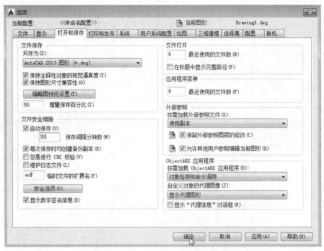

图1-35 单击"确定"按钮

Q: 为什么坐标系不是统一的状态，有时会发生变化？

A: 坐标系会根据工作空间和工作状态的不同发生更改。一般默认情况下，坐标系是WCS，它包括X轴和Y轴，属于二维空间坐标系，如图1-36所示。但如果进入三维工作空间，则多了一个Z轴。世界坐标系的X轴为水平，Y轴为垂直，Z轴正方向垂直于屏幕指向外，它属于三维空间坐标系，如图1-37所示。

图1-36 二维图形空间坐标系

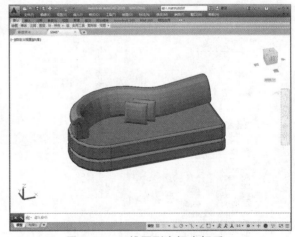

图1-37 三维图形空间坐标系

Q: 在AutoCAD中有哪几种点坐标，它们的特点和定位方法是什么？

A: 点的坐标分为绝对直角坐标、绝对极坐标、相对直角坐标和相对极坐标。绝对直角坐标和绝对极坐标都是从点（0，0）或（0，0，0）出发的位移，绝对直角坐标间是用逗号隔开，而绝对极坐标是控制距离和角点，之间用">"符号隔开。相对直角坐标是指相对上一个坐标，和相对极坐标相同，坐标前需要加一个"@"符号。相对极坐标是指相对于某一特定点的位置和偏移角度。

1.6 拓展应用练习

为了让读者更好地掌握本章所学的知识，在此列举几个针对于本章的拓展案例，以供读者练手！

◉ 自定义右键功能

操作提示：

① 打开"选项"对话框，从中打开"用户系统配置"选项卡，并单击"自定义右键单击"按钮，如图1-38所示。

② 打开"自定义右键单击"对话框，从中进行相应设置，如图1-39所示。

图1-38 单击"自定义右键单击"按钮

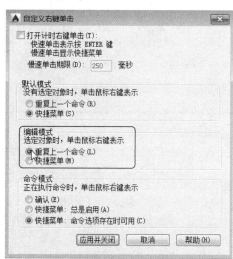

图1-39 设置右键功能

◉ 动手创建坐标系

操作提示：

① 执行"工具"|"新建UCS"|"原点"菜单命令，如图1-40所示。

② 在状态栏打开"对象捕捉"后，捕捉线段端点，作为坐标系的原点，如图1-41所示。

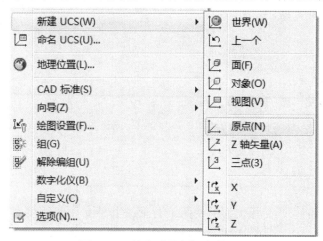

图1-40 单击"原点"选项

图1-41 新建UCS坐标系

第2章

图层设置与管理

本章概述　图层是用来控制对象线型、线宽和颜色的有效工具。在绘制复杂的图纸时，合理地使用图层，不仅能使图纸看上去一目了然，而且便于后期的修改与管理。本章将对图层的操作、图层的管理等内容进行逐一介绍，通过本章内容的学习，读者不仅可以熟悉图层的作用，还能够熟练应用图层特性管理器。

知识要点　● 图层的创建与设置；　　　　　　● 管理图层工具的应用。
　　　　　　　● 图层的管理；

2.1　图层的操作

在绘制图形前，用户需要对图层进行必要的设置，如新建图层、设置图层线型等。本节将对这些基本操作进行详细介绍。

2.1.1　建立新图层

在绘制图形时，可以根据需要创建图层，将不同的图形对象放置在不同的图层上，从而有效地管理图层。默认情况下，新建文件只包含一个图层0，用户可以按照以下方法打开"图层特性管理器"对话框，从中创建更多的图层。

● 在"功能区"选项卡中单击"图层特性"按钮。

● 执行"格式"|"图层"命令。

● 在命令行输入LAYER命令并按回车键。

在图层特性管理器中单击"新建图层"按钮，即可创建新图层，系统默认命名为图层1，如图2-1所示。

图2-1　新建图层

2.1.2　设置图层

不同的图层具有不同的图层特性。新建图层后，为了使图纸看上去井然有序，需要对图层设置颜色、线型、线宽等。这些设置需要在"图层特性管理器"中进行，下面将对其知识内容进行介绍。

1. 颜色的设置

在"图层特性管理器"对话框中单击颜色图标，打开"选择颜色"对话框，其中包含三个颜色选项卡，即索引颜色、真彩色和配色系统。用户可以在这三个选项卡中选择需要的颜色，如图2-2所示。用户也可以在底部颜色文本框中输入颜色，如图2-3所示。

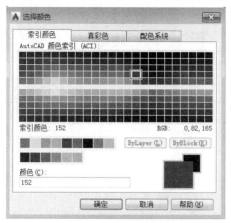
图2-2 选择色卡

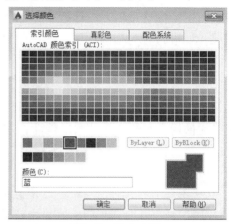
图2-3 输入文字

2. 线型的设置

线型分为虚线和实线两种。在建筑绘图中，轴线是以虚线的形式表现的，墙体则是以实线的形式表现的。用户可以通过以下方式设置线型。

01 在"图层特性管理器"对话框中单击"线型"图标 Continuous，打开"选择线型"对话框，单击"加载"按钮，如图2-4所示。

02 打开"加载或重载线型"对话框，选择需要的线型后，单击"确认"按钮完成，如图2-5所示。

图2-4 "选择线型"对话框

图2-5 "加载或重载线型"对话框

03 返回到"选择线型"对话框，在对话框中选择添加过的线型后，单击"确定"按钮。随后在"图层特性管理器"对话框中就会显示选择后的线型。

3. 线宽的设置

为了显示出图形的作用，往往会把重要的图形用粗线宽表示，辅助的图形用细线宽表示。所以线宽的设置也是十分必要的。

在"图层特性管理器"对话框中单击"线宽"图标—— 默认，打开"线宽"对话框，选择合适的线宽后，单击"确定"按钮，如图2-6所示。返回"图层特性管理器"对话框后，选项栏中就会显示修改过的线宽。

图2-6 "线宽"对话框

2.2 图层管理

在"图层特性管理器"对话框中，除了可以创建图层，修改颜色、线型和线宽外，还可以管理图层，如进行置为当前图层、图层的显示与隐藏、图层的锁定与解锁、合并图层、图层匹配、隔离图层、创建并输出图层等操作。下面将详细介绍图层的管理操作。

2.2.1 置为当前图层

新建文件后，系统会在"图层特性管理器"对话框中将图层0设置为默认图层，若用户需要使用其他图层，就需要将其置为当前图层。

用户可以通过以下方式将图层置为当前图层：

- 双击图层名称，当图层状态显示箭头时，则置为当前图层。
- 单击图层，在对话框的上方单击"置为当前"按钮 。
- 选择图层，单击鼠标右键，在弹出的快捷菜单中选择"置为当前"命令。
- 在"图层"面板中单击下拉按钮，然后单击图层名。

2.2.2 图层的显示与隐藏

编辑图形时，由于图层比较多，选择也要浪费一些时间。在这种情况下，用户可以隐藏不需要的部分，从而显示需要使用的图层。

在执行选择和隐藏操作时，需要把图形以不同的图层区分开。当按钮变成 图标时，图层处于关闭状态，该图层的图形将被隐藏；当图标按钮变成 时，图层处于打开状态。该图层的图形则被显示出来。如图2-7所示，"家具"、"墙体"、"植物"为关闭状态，其他的则是打开状态。

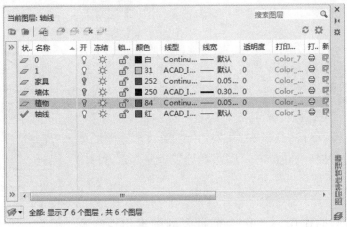

图2-7　关闭图层

用户可以通过以下方式显示和隐藏图层：

- 在"图形特性管理器"对话框中单击图层 按钮。
- 在"图层"面板中单击下拉按钮，然后单击开关图层按钮。
- 在"默认"选项卡的"图层"面板中单击 按钮，根据命令行的提示，选择一个实体对象，即可隐藏图层；单击 按钮，则可以显示图层。

2.2.3 图层的锁定与解锁

当图标变为 🔓 时，表示图层处于解锁状态；当图标变为 🔒 时，表示图层已被锁定。锁定相应图层后，用户便不可以修改位于该图层上的图形对象。

用户可以通过以下方式锁定和解锁图层：

● 在"图形特性管理器"对话框中单击 🔓 按钮。

● 在"图层"面板中单击下拉按钮，然后单击 🔓 按钮。

● 在"默认"选项卡的"图层"面板中单击 🔒 按钮，根据命令行提示，选择一个实体对象，即可锁定图层；单击 🔓 按钮，则可以解锁图层。

如图2-8所示，"墙体"、"植物"、"轴线"处于锁定状态，其他则处于解锁状态。

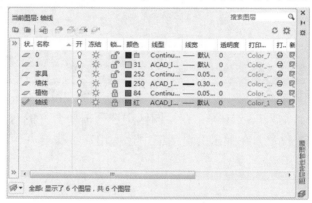

图2-8 锁定图层

2.2.4 合并图层

如果在"图层状态管理器"对话框中存在许多相同样式的图层，则用户可以将这些图层合并到一个指定的图层中，方便管理。

【例2-1】下面将利用合并图层的功能合并工程图纸中的指定图层。

01 按Ctrl键选择相同样式的图层后，右击鼠标选择"将选定图层合并到"选项，如图2-9所示。

02 在弹出的"合并到图层"对话框中选择和它们样式相同的图层，单击"确定"按钮，如图2-10所示。

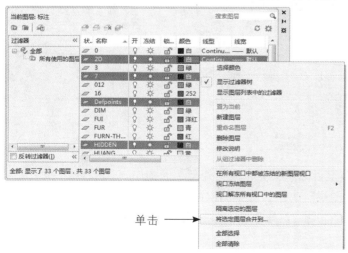

图2-9 选择图层

图2-10 合并到图层

03 在弹出的提示信息窗口中选择"是"按钮，如图2-11所示。

04 此时将弹出AutoCAD文本窗口，显示已经删除的图层，如图2-12所示。

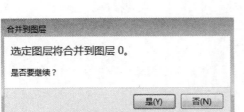

图2-11　提示窗口

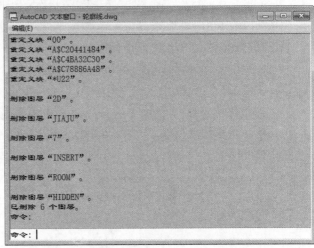

图2-12　文本窗口

用户也可以在命令行输入LAYMRG，在绘图区中选择需要合并的对象，然后按空格键，按照命令行的提示，输入N命令，在弹出的对话框中选择出需要被合并到该图层的名称后，单击"确定"按钮完成操作。

命令行的提示如下。

```
命令: LAYMRG
选择要合并的图层上的对象或 [命名（N）]:
选定的图层: 图层3。
选择要合并的图层上的对象或 [名称（N）/放弃（U）]:
选定的图层: 图层3，图层2。
选择要合并的图层上的对象或 [名称（N）/放弃（U）]:
选定的图层: 图层3，图层2，图层4。
选择要合并的图层上的对象或 [名称（N）/放弃（U）]:
选择目标图层上的对象或 [名称（N）]: n
删除图层"图层3"。
删除图层"图层2"。
删除图层"图层4"。
已删除 3 个图层。
```

2.2.5　图层匹配

"图层匹配"是将选择的对象更改至目标图层上，使其处于相同图层。

【例2-2】下面将以"更改法兰盘图层"为例，介绍图层匹配功能的应用。

01 在"默认"选项卡中的"图层"面板中单击"匹配图层"按钮，选择需要更改的对象并按回车键，如图2-13所示。

02 然后选择目标图层对象，这样就完成图层匹配了，如图2-14所示。

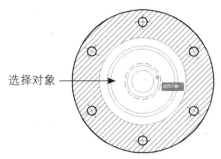

图2-13 选择要更改的对象

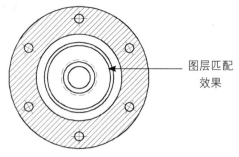

图层匹配效果

图2-14 图层匹配的效果

📝 **知识点拨**

用户也可以执行"格式"|"图层工具"|"图层匹配"命令，其方法和上述方法一致。

2.2.6 隔离图层

隔离图层是指除了隔离图层之外的所有图层均关闭，只显示隔离图层上的对象。在"默认"选项卡中的"图层"面板中单击"隔离"按钮 ，选择要隔离图层上的对象并按回车键，图层就会被隔离出来。未被隔离的图层将会被隐藏，不可以再进行编辑和修改。单击"取消隔离" 按钮，图层将会被取消隔离。

📝 **知识点拨**

用户也可以执行"格式"|"图层工具"|"图层隔离"命令，其方法和上述方法一致。

2.3 管理图层的工具

"图层特性管理器"对话框中为用户提供了专门用于管理图层的工具，其中包括"新建特性过滤器"、"新建组过滤器"、"图层状态管理器"等。下面将具体介绍这些管理图层的工具的使用方法。

1. 新建特性过滤器

在绘制复杂的图纸时，会创建许多图层样式，往往看上去非常杂乱，这时用户可以通过新建特性过滤器对图层进行批量处理，按照需求过滤出想要的图层。

【例2-3】下面介绍新建特性过滤器1的应用，要求被过滤的图层处于冻结状态，图层的颜色为"黄"。

01 打开"图层特性管理器"对话框，单击"新建特性过滤器"按钮 ，弹出"图层过滤器特性"对话框，如图2-15所示。

02 在"过滤器定义"选项区域内单击"冻结"的下方。会出现下拉菜单按钮，单击下拉菜单按钮，选择"冻结"图标，如图2-16所示。

03 使用同样的方法设置需要过滤的图层颜色，如图2-17所示。

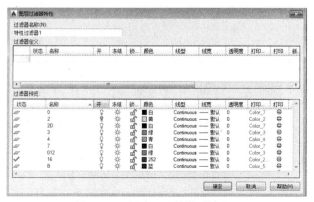

图2-15 新建图层特性过滤器1

图2-16　设置冻结状态

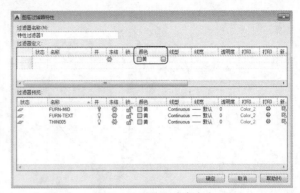

图2-17　设置过滤内容

04 设置完成后"过滤器预览"选项区域内将会预览需要过滤的图层。单击"确定"按钮完成操作，完成效果如图2-18所示。

05 若用户需要查看特性过滤器，可以单击对话框左侧的 ≪ 按钮，即可打开"过滤器"列表，如图2-19所示。

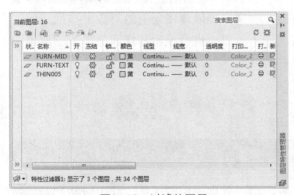

图2-18　过滤的图层

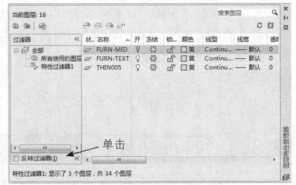

图2-19　查看"过滤器"列表

06 在左下角勾选"反转过滤器"复选框，将会显示右侧未通过过滤器的图层，如图2-20所示。

2. 新建组过滤器

在AutoCAD 2015中，用户还可以新建组过滤器，首先单击"新建组过滤器"按钮 📁，在"所有使用的图层"或"特性过滤器"中选择图层后，按住鼠标左键拖至"组过滤器1"中即可添加图层至该组过滤器中。

3. 图层状态管理器

图层状态管理器可以将图层文件建立成

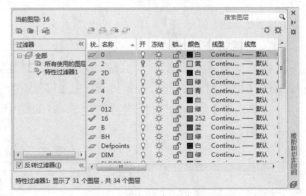

图2-20　查看未过滤的图层

模板的形式输出保存，然后将保存的图层输入到其他文件中，从而实现了图纸的统一管理。

2.4　上机实训

本章主要介绍了如何创建和管理图层。通过对本章的学习，用户对图层的设置与管理有了更进一步的了解。下面将通过两个实例对本章所学知识进行巩固。

2.4.1 图层的输出与导入

下面将对图层的输出及后期的调用过程进行介绍。

1. 输出图层

01 单击 按钮打开"图层状态管理器"对话框，然后单击"新建"按钮，新建图层，如图2-21所示。

02 弹出"要保存的新图层状态"对话框，对新建图层进行命名并单击"确定"按钮进行保存，如图2-22所示。

图2-21 图层状态管理器

图2-22 新建图层

03 选中图层后单击"输出"按钮，如图2-23所示。

04 在弹出的"输出图层状态"对话框中选择路径，然后命名文件，单击"保存"按钮，如图2-24所示。最后关闭图层状态管理器对话框，"输出"就完成了。

图2-23 "输出"图层

图2-24 "输出图层状态"对话框

2. 导入图层

01 新建图层文件，然后打开"图层状态管理器"对话框，选择图层后单击"输入"按钮，如图2-25所示。

02 在弹出的"输入图层状态"对话框中选择文件格式，单击"打开"按钮完成图层输入，如图2-26所示。

图2-25 "输入"图层

图2-26 单击"打开"按钮

03 弹出"图层状态"对话框并显示成功输入状态，然后单击"恢复状态"按钮恢复状态，如图2-27所示。

04 这时，图层就成功输入到"图层特性管理器"对话框中了，如图2-28所示。

图2-27 图层状态

图2-28 输入图层后的效果

2.4.2 筛选出类型相同的图层

由于创建的图层过多，在需要修改图层时，若在众多图层中寻找很浪费时间，此时通过筛选图层可以快速寻找和修改需要的图层。下面将对利用"图层过滤器"对话框筛选出类型相同的图层进行介绍。

01 在"图层特性管理器"中单击"新建特性过滤器"按钮，打开"图层过滤器特性"对话框。

02 在"冻结和解冻"选项栏下方单击鼠标左键，状态栏下方将显示下拉菜单按钮，单击按钮，在弹出的列表中选择"冻结"图标，如图2-29所示。

> 📝 **知识点拨**
>
> 使用"图层过滤器特性"对话框创建的过滤器中包含的图层是特定的，只有符合过滤条件的图层才能存放在该过滤器中。

03 根据条件，过滤器就会自动筛选图层，在"过滤器预览"选项组中显示出来，如图2-30所示。

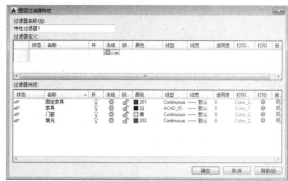

图2-29 选择"冻结"选项　　　　　　　　　图2-30 筛选图层

04 单击"确定"按钮，筛选过的图层就会在"图层特性管理器"对话框中显示出来，如图2-31所示。

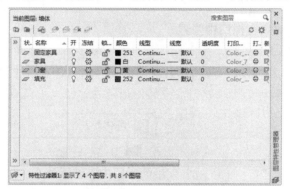

图2-31 筛选图层

2.4.3 清理图层

对于没有对象的图层，用户便可将其清理，以节省空间。如果通过手动的方式去清理图层既费时也费力，下面将要介绍如何通过"清理"命令来清除多余的图层。

01 执行"文件"|"图形使用工具"|"清理"命令，打开"清理"对话框，单击"查看能清理的项目"单选按钮，在选项框中选择"图层"选项，然后单击"清理"按钮，如图2-32所示。

02 在弹出的提示对话框中选择"清理所有项目"选项即可清理所有多余图层，如图2-33所示。

图2-32 单击"清理"按钮

图2-33 选择"清理所有项目"选项

2.5 常见疑难解答 💡

在学习过程中，读者可能会提出各种各样的疑问，在此我们对常见的问题及其解决办法进行了汇总，以供读者参考。

Q：如何重命名图层？

A： 在"图层特性管理器"对话框中可以重命名图层。首先打开"图层特性管理器"对话框，在需要重命名的图层上单击鼠标右键，在弹出的快捷菜单列表中选择"重命名图层"选项，输入图层名称，按回车键即可。

🖋 **知识点拨**

在对话框中选择图层，可以按F2快捷键，也可以使图层名称处于编辑状态，然后再进行重命名操作。

Q：如何将指定图层上的对象在视口中隐藏

A： 这个需要在功能区中进行设置。在状态栏中单击**布局1**按钮，打开模型空间激活指定视口，在"默认"选项卡中的"图层"面板上打开图层下拉列表，在其中单击"在视口中冻结或解冻"按钮 🔳，如图2-34所示。此时图层中的图形将在该视口中隐藏。

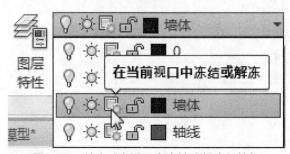

图2-34 单击"在视口中冻结或解冻"按钮

Q：为什么不能删除某些图层？

A： 原因有很多种。当未成功删除选定的图层时，系统会弹出提示窗口，并提示无法删除的图层类型，如图2-35所示。Defpoimts图层是进行标注时，系统自动创建的图层，该图层和图层0性质相同，无法进行删除。当需要删除的图层为当前图层时，用户需要将其他图层置为当前，并且确定删除的图层中不包含任何对象，然后再次单击"删除"按钮，即可删除该图层。

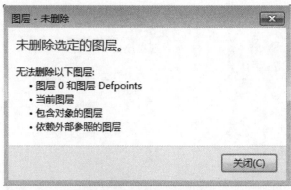

图2-35 系统提示信息

2.6 拓展应用练习

为了让读者更好地掌握图层管理的相关知识，在此列举几个针对于本章的拓展案例，以供读者练手！

◉ 合并图层

合并当前图纸中的墙体图层。

操作提示：

01 在"图层特性管理器"对话框中选择相应图层，如图2-36所示。

02 单击鼠标右键选择"将选定图层合并到"选项，打开"合并到图层"对话框，选择目标图层后单击"确定"按钮，如图2-37所示。

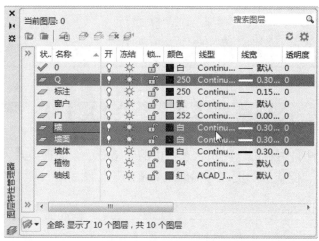

图2-36 创建并选择图层

图2-37 单击"确定"按钮

◉ 设置餐桌内边框

修改当前图纸中内边框的颜色、线宽。

操作提示：

01 在"图层特性管理器"对话框中选择内边框图层，如图2-38所示。

02 分别打开"选择颜色"对话框和"线宽"对话框，从中进行设置，效果如图2-39所示。

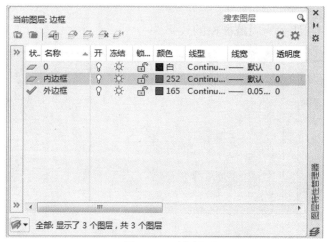

图2-38 创建图层

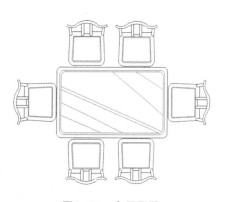

图2-39 应用图层

第3章

辅助绘图操作

📹 **本章概述**   在实际绘图过程中，每个用户的绘图习惯不同，而在AutoCAD软件中允许用户对辅助绘图功能进行设置。辅助绘图功能包括设置栅格显示、捕捉模式、极轴追踪、图形的显示方式，以及显示工具的更改等。

📖 **知识要点**   ● 设置绘图辅助功能；   ● 显示工具的更改；

                    ● 图形的显示设置；   ● 查询功能的使用。

3.1   设置绘图辅助功能

在AutoCAD中，为了保证绘图的准确性，用户可以利用状态栏中的栅格显示、捕捉模式、极轴追踪、对象捕捉、正交模式、全屏显示、模式显示更改等辅助工具来精确绘图。

3.1.1   栅格显示

栅格显示即指在屏幕上显示按指定行间距和列间距排列的栅格点，就像在屏幕上铺了一张坐标纸，利用栅格可以对齐对象并直观显示对象之间的距离。因此，它可方便用户的绘图过程。在输出图纸的时候是不打印栅格的。

1. 显示栅格

栅格是一种可见的位置参考图标，利用栅格可以对齐对象并直观显示对象之间的距离，它起到了坐标纸的作用。在AutoCAD 2015中，用户可以使用以下方式显示和隐藏栅格：

● 在状态栏中单击"显示图形栅格"按钮▦。

● 按Ctrl+G组合键或按F7键。

如图3-1所示为显示栅格的效果，如图3-2所示为隐藏栅格的效果。

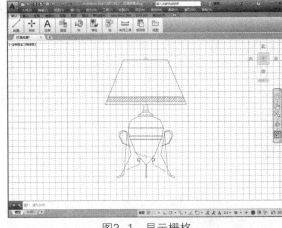

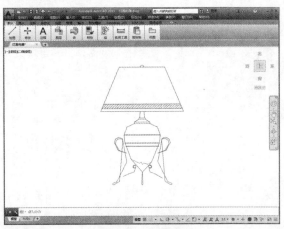

图3-1   显示栅格   图3-2   隐藏栅格

2. 设置显示样式

在默认情况下，栅格显示是直线的矩形图案，但是当视觉样式定位"二维线框"时，可以将其更改为传统的点栅格样式。在"草图设置"对话框中，可以对栅格的显示样式进行更改。

用户可以通过以下方式打开"草图设置"对话框：

- 执行"工具"｜"绘图工具"命令。
- 在状态栏中单击"捕捉设置"按钮 ▦，在弹出的列表中选择"捕捉设置"选项。
- 在命令行输入DS命令并按回车键。

打开"草图设置"对话框后，勾选"启用栅格"复选框，如图3-3所示。然后在"栅格样式"选项组中勾选"二维模型空间"复选框，如图3-4所示。设置完成后单击"确定"按钮即可。

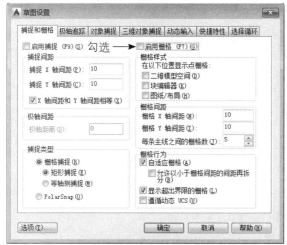
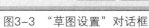
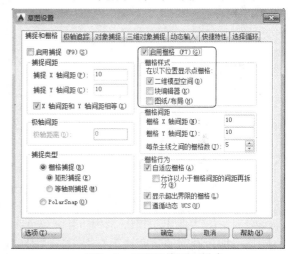

图3-3　"草图设置"对话框　　　　　　　图3-4　设置栅格显示样式

3.1.2　捕捉模式

捕捉功能可以使光标在经过图形时，显示已经设置的特殊点位置。捕捉类型分为栅格捕捉和极轴捕捉，栅格捕捉只捕捉栅格上的点，而极轴捕捉是捕捉极轴上的点。

若需要使用捕捉功能，用户可以通过以下方式启用捕捉模式：

- 在状态栏单击"捕捉设置"按钮。
- 打开"草图设置"对话框，勾选"启用捕捉"复选框。
- 按F9键进行切换。

知识点拨

栅格捕捉包括矩形捕捉和等轴测捕捉。矩形捕捉主要是在平面图上进行绘制，是常用的捕捉模式。等轴测捕捉是在绘制轴侧图时使用的。等轴测捕捉可以帮助用户创建表现三维对象的二维对象。通过设置可以很容易地沿三个等轴测平面之一对齐对象。

3.1.3　极轴追踪

在绘制图形时，如果遇到倾斜的线段，需要输入极坐标，这样就会很麻烦。许多图纸中的角度都是固定角度，为了避免输入坐标这一问题，就需要使用极轴追踪功能。在极轴追踪中也可以设置极轴追踪的类型和极轴角测量等。

极轴追踪包括极轴角设置、对象捕捉追踪设置、极轴角测量等。在"极轴追踪"选项卡中可以设置以下功能，如图3-5所示。各选项组的作用介绍如下。

1. 极轴角设置

"极轴角设置"选项组包含"增量角"和"附加角"选项。用户可以在"增量角"下拉列表框中选择具体的角度，如图3-5所示。用户也可以在"增量角"复选框内输入任意数值，如图3-6所示。

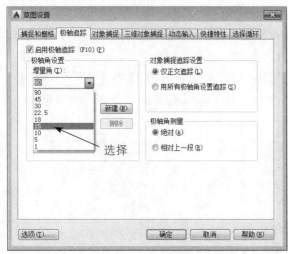

图3-5 选择角度

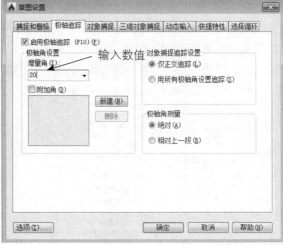

图3-6 输入数值

附加角是极轴追踪使用列表中的任意一种附加角度。它起到辅助的作用，当绘制角度的时候，如果是附加角设置的角度就会有提示。"附加角"复选框同样受POLARMODE系统变量控制。

勾选"附加角"复选框，单击"新建"按钮，输入数值，按回车键即可创建附加角。选中数值然后单击"删除"按钮，即可以删除数值。

2. 对象捕捉追踪设置

"对象捕捉追踪设置"选项组包括"仅正交追踪"和"用所有极轴角设置追踪"。其中：

● "仅正交追踪"是指追踪对象的正交路径，也就是对对象X轴和Y轴正交的追踪。当"对象捕捉"打开时，仅显示已获得的对象捕捉点的正交对象捕捉追踪路径。

● "用所有极轴角设置追踪"是指光标从获取的对象捕捉点起沿极轴对齐角度进行追踪。该选项对所有的极轴角都将进行追踪。

3. 极轴角测量

"极轴角测量"选项组包括"绝对"和"相对上一段"两个选项。"绝对"是指根据当前用户坐标系UCS确定极轴追踪角度。"相对上一段"是指根据上一段绘制线段确定极轴追踪角度。

3.1.4 对象捕捉

在绘图中往往需要确定一些具体的点，这些点只凭肉眼是很难准确确认位置的，在AutoCAD中通过对象捕捉就可以实现这些功能。对象捕捉是通过已存在的实体对象的点或位置来确定点的位置。

对象捕捉分为自动捕捉和临时捕捉两种。临时捕捉主要通过"对象捕捉"工具栏实现。用户可以通过执行"工具"|"工具栏"|AutoCAD|"对象捕捉"命令，打开"对象捕捉"工具栏，如图3-7所示。

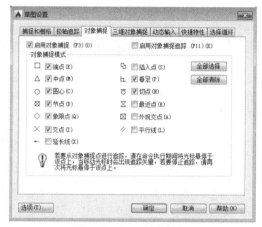

图3-7 "对象捕捉"工具栏

在执行自动捕捉操作前，需要设置对象的捕捉点。当鼠标经过这些设置过的特殊点的时候，就会自动捕捉这些点。

用户可以通过以下方式打开和关闭对象捕捉模式：

● 单击状态栏中的"对象捕捉"按钮 。

● 按F3键进行切换。

打开"草图设置"对话框，可以在"对象捕捉"选项卡中设置自动捕捉模式。需要捕捉哪些对象捕捉点和相应的辅助标记，就勾选其前面的复选框，如图3-8所示。

图3-8 设置对象捕捉

下面将对各捕捉点的含义进行介绍。

● 端点：直线、圆弧、样条曲线、多线段、面域或三维对象的最近端点或角。

● 中点：直线、圆弧和多线段的中点。

● 圆心：圆弧、圆和椭圆的圆心。

● 节点：捕捉到点对象、标注定一点或标注文件原点。

● 象限点：圆弧、圆和椭圆上0°、90°、180°和270°处的点。

● 交点：实体对象交界处的点。延伸交点不能用于执行对象捕捉模式。

● 延长线：用户捕捉直线延伸线上的点。当光标移动对象的端点时，将显示沿对象的轨迹延伸出来的虚拟点。

● 插入点：文本、属性和符号的插入点。

● 垂足：圆弧、圆、椭圆、直线和多线段等的垂足。

● 切点：圆弧、圆、椭圆上的切点。该点和另一点的连线与捕捉对象相切。

● 最近点：离靶心最近的点。

● 外观交点：在三维空间中不相交但在当前视图中可能相交的两个对象的视觉交点。

● 平行线：通过已知点且与已知直线平行的直线的位置。

3.1.5 正交模式

正交模式可以保证使绘制的直线完呈水平和垂直状态。用户可以通过以下方式打开正交模式。

● 单击状态栏中的"正交模式"按钮┗。
● 按F8键进行切换。

3.1.6 全屏显示

在AutoCAD中提供了全屏显示这一功能，利用该功能可以将图形尽可能地放大使用，并且它只使用命令行，不受任何因素的干扰。

用户可以通过以下方式将绘图区全屏显示：

● 单击状态栏的"全屏显示"按钮🖼。
● 执行"视图"|"全屏显示"命令，或按Ctrl+0组合键。

3.2 图形的显示设置

为了绘图的方便，用户可以适当地更改图形的显示。通过更改图形的显示，可以使用户方便绘图。图形的显示设置包括缩放视图、平移视图、显示全图、比例缩放等。

3.2.1 缩放视图

在绘制图形局部细节时，通常会选择放大视图的显示，绘制完成后再利用"缩放工具"缩小视图，观察图形的整体效果。缩放视图可以增大或减小图形的屏幕显示尺寸，但对象的尺寸保持不变，即通过改变显示区域来改变图形对象的大小。这样可以更准确、更清晰地进行绘制操作。

用户可以通过以下方式缩放视图：

● 执行"视图"|"缩放"|"放大"或"缩小"命令，如图3-9所示。
● 执行"工具"|"工具栏"|AutoCAD|"缩放"命令，在弹出的工具栏中选择"放大"和"缩小"按钮。
● 在命令行输入ZOOM命令并按回车键。

利用ZOOM命令缩放视图后，命令行的提示如下：

```
命令：ZOOM
指定窗口的角点，输入比例因子（nX 或 nXP），或者
[全部（A）/中心（C）/动态（D）/范围（E）/上一个（P）/比例（S）/窗口（W）/对象
（O）] <实时>：a
正在重生成模型。
```

🖊 **知识点拨**

轻轻滚动鼠标的滚轮（中键）也可以实现图形的缩放。

3.2.2 平移视图

当图形的位置不利于用户观察和绘制时，可以平移视图，将图形平移到合适的位置。使用平移图形命令可以重新定位图形，方便用户查看。平移视图操作不改变图形的比例和大小，只改变其位置。

用户可以通过以下方式平移视图：

- 执行"视图"|"平移"|"左"命令（也可以选择上、下和右方向），如图3-10所示。
- 执行"工具"|"工具栏"|AutoCAD|"平移"命令。
- 在命令行输入PAN命令并按回车键。
- 按住鼠标滚轮进行拖动。

图3-9 缩放视图   图3-10 平移视图

除了以上所述方法，用户还可以通过"实时"和"点"命令来平移视图。具体功能如下。

- 实时：当使用实时后，鼠标会变成黑色手掌的形状 🖐 ，用户按住鼠标左键，将图形拖动到需要拖动的位置，释放鼠标后，将完成平移视图操作。
- 点：通过指定的基点和位移来指定平移视图的位置。

3.2.3 比例缩放

在绘制图形时，图形的比例大小也很重要。在此将对比例缩放的方法进行介绍。

- 单击"默认"选项卡中"修改"面板中的"缩放"按钮。
- 在命令行输入SC命令并按回车键。

命令行提示如下：

```
命令：SC
SCALE
选择对象：指定对角点：找到 346 个
选择对象：
指定基点：
指定比例因子或 [复制（C）/参照（R）]：0.5
```

如图3-11所示为比例缩放前的效果，如图3-12所示为比例缩放后的效果。

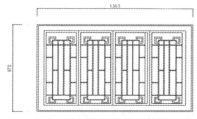

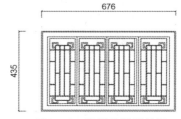

图3-11 比例缩放前效果   图3-12 比例缩放后效果

3.3 显示工具的更改

设置显示工具也是设计中一个非常重要的内容。用户可以通过"选项"对话框更改自动捕捉标记的大小、靶框的大小、拾取框的大小、十字光标的大小等。

3.3.1 更改自动捕捉标记的大小

打开"选项"对话框，选择"绘图"选项卡，在"自动捕捉标记大小"选项组中，按住鼠标左键拖动滑块到满意位置，单击"确定"按钮即可，如图3-13所示。

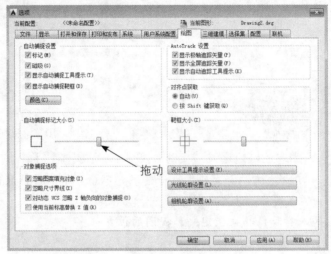

图3-13 更改自动捕捉标记大小

3.3.2 更改外部参照显示

更改外部参照显示是用来控制所有DWG外部参照的淡入度的。用户可以在"选项"对话框中打开"显示"选项卡，在"淡入度控制"选项组中输入淡入度数值，或直接拖动滑块即可修改外部参照的淡入度，如图3-14所示。

图3-14 设置淡入度

3.3.3 更改靶框的大小

靶框也就是在绘制图形时十字光标的中心位置。在"绘图"选项卡的"靶框大小"选项组中拖动滑块可以设置靶框的大小，靶框大小会随着滑块的拖动而更改，在左侧可以预览。设置完成后，单击"确定"按钮完成操作。

如图3-15所示为设置前的靶框大小，如图3-16所示为设置后的靶框大小。

图3-15 更改前的靶框大小

图3-16 更改后的靶框大小

3.3.4 更改拾取框的大小

十字光标在未绘制图形时的中心位置为拾取框，拾取框可以用来拾取图形，通过设置拾取框的大小可以快速地拾取物体。在"选项"对话框的"选择集"选项卡中可以设置拾取框大小。在"拾取框大小"选项组中拖动滑块，直到满意的位置后单击"确定"按钮即可。

3.3.5 更改十字光标的大小

十字光标有效值的范围是1%～100%，它的尺寸可以延伸到屏幕的边缘，当数值在100%时可以进行辅助绘图。用户可以在"显示"选项卡的"十字光标大小"选项组中输入数值进行设置，还可以拖动滑块设置十字光标的大小。如图3-17所示为更改前的十字光标效果，如图3-18所示为更改后的十字光标效果。

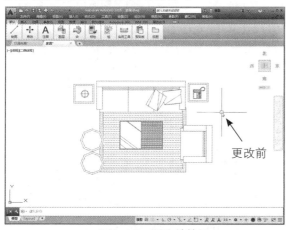

图3-17 更改前效果

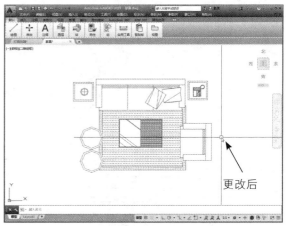

图3-18 更改后效果

3.4 查询功能的使用

灵活地利用查询功能，可以快速、准确地获取图形的数据信息。它包括距离查询、半径查询、角度查询、面积/周长查询、面域/质量查询等。

用户可以通过以下方式调用"查询"命令：

● 执行"工具" | "查询"命令的子命令。
● 执行"工具" | "工具栏" | AutoCAD | "查询"命令，在"查询"工具栏中选择相应
选项。

3.4.1 距离查询

距离查询是指查询两点之间的距离。在命令行输入DIST命令并按回车键，根据命令行的提示指定查询点即可查询两点之间的距离。

命令行的提示如下：

```
命令: DIST
指定第一点:
指定第二个点或 [多个点(M)]:
距离 = 1352.6681，XY 平面中的倾角 = 0，与 XY 平面的夹角 = 0
X 增量 = 1352.6681，Y 增量 = 0.0000，Z 增量 = 0.0000
```

【例3-1】下面以查询时钟长度为例，介绍距离查询的方法。

01 打开"时钟"文件，执行"工具" | "查询" | "距离"命令，根据提示指定查询点，如图3-19所示。

02 此时程序自动测量并显示两个点指定的距离，如图3-20所示。

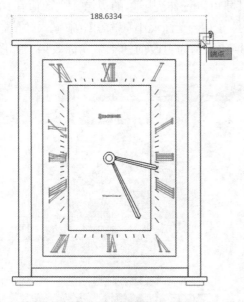

图3-19 指定点

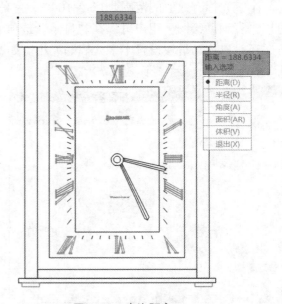

图3-20 查询距离

3.4.2 半径查询

在绘制图形时，使用该命令可以查询圆弧、圆和椭圆的半径。

用户可以通过以下方式调用"半径查询"命令：

● 执行"工具" | "查询" | "半径"命令。
● 在命令行输入MEASUREGEOM命令并按回车键。

命令行提示如下：

```
命令：_MEASUREGEOM
输入选项 [距离（D）/半径（R）/角度（A）/面积（AR）/体积（V）]〈距离〉：_radius
选择圆弧或圆：
半径 = 500.0000
直径 = 1000.0000
输入选项 [距离（D）/半径（R）/角度（A）/面积（AR）/体积（V）/退出（X）]〈半径〉：
*取消*
```

【例3-2】下面以查询装饰盘为例，介绍半径查询的方法。

01 打开"装饰盘"文件，执行"工具"|"查询"|"半径"命令，根据提示选择内侧圆，如图3-21所示。

02 此时系统会自动测量并显示圆或圆弧的半径和直径，如图3-22所示。

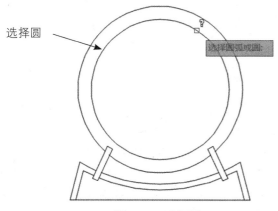

图3-21　选择圆

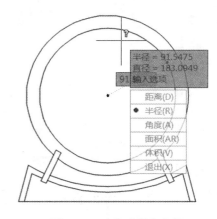

图3-22　查询半径和直径

📝 **知识点拨**

若查询半径时没有出现查询列表，可以按F12键进行切换。

3.4.3　角度查询

角度查询是指查询圆、圆弧、直线或顶点的角度。角度查询包括两种类型："查询两点虚线在XY平面内的夹角"和"查询两点虚线与XY平面内的夹角"。

在命令行输入MEASUREGEOM命令，按照提示选择相应的选项。然后选择线段，查询角度后按ESC键取消完成查询，此时查询的内容将显示在命令行中。

命令行的提示如下：

```
命令：_MEASUREGEOM
输入选项 [距离（D）/半径（R）/角度（A）/面积（AR）/体积（V）]〈距离〉：_angle
选择圆弧、圆、直线或 〈指定顶点〉：
选择第二条直线：
角度 = 67°
输入选项 [距离（D）/半径（R）/角度（A）/面积（AR）/体积（V）/退出（X）]〈角度〉：
*取消*
```

【例3-3】下面使用查询命令查询图形夹角。

01 打开"课桌"文件,执行"工具"|"查询"|"角度"命令,根据提示选择查询线,如图3-23所示。

02 此时系统会自动测量并显示查询线的角度,如图3-24所示。

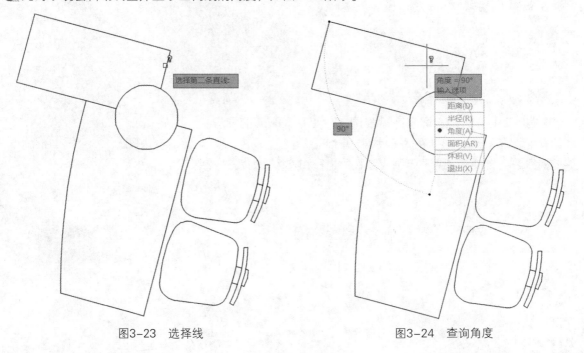

图3-23　选择线　　　　　　　　　　　　图3-24　查询角度

3.4.4　面积/周长查询

在AutoCAD中,使用面积命令可以查询若干个顶点的多边形区域,或指定对象围成区域的面积和周长。对于一些本身是封闭的图形,可以直接选择对象查询,对于由直线、圆弧等组成的封闭图形,就需要把组合长图形的点连接起来,形成封闭路径后进行查询。

在命令行输入MEASUREGEOM命令,按照提示输入AREA命令,指定图形的顶点。查询后按Esc取消。

命令行的提示如下:

```
命令: _MEASUREGEOM
输入选项 [距离(D)/半径(R)/角度(A)/面积(AR)/体积(V)] <距离>: _AREA
指定第一个角点或 [对象(O)/增加面积(A)/减少面积(S)/退出(X)] <对象(O)>:
指定下一个点或 [圆弧(A)/长度(L)/放弃(U)]:
指定下一个点或 [圆弧(A)/长度(L)/放弃(U)]:
指定下一个点或 [圆弧(A)/长度(L)/放弃(U)/总计(T)] <总计>:
指定下一个点或 [圆弧(A)/长度(L)/放弃(U)/总计(T)] <总计>:
区域 = 562500.0000, 周长 = 3000.0000
输入选项 [距离(D)/半径(R)/角度(A)/面积(AR)/体积(V)/退出(X)] <面积>:
*取消*
```

【例3-4】下面以查询装饰画面积为例，介绍查询面积的方法。

01 打开"装饰画"文件，执行"工具"|"查询"|"面积"命令，根据提示指定第一个点，如图3-25所示。

02 重复操作指定第二个和第三个点，如图3-26所示。

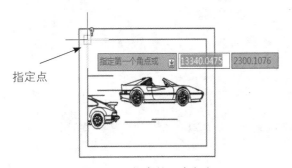

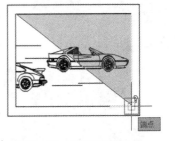

图3-25　指定第一个角点　　　　　　　　　图3-26　继续指定角点

03 最后指定第四个角度，如图3-27所示。

04 设置完成后即可查询装饰画面积，如图3-28所示。

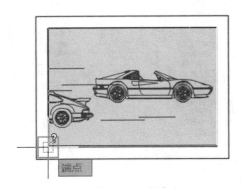

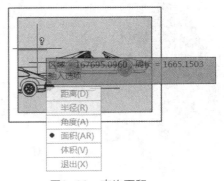

图3-27　指定点　　　　　　　　　　　　图3-28　查询面积

3.4.5　面域/质量查询

面域和质量查询可以查询面域和实体的质量特性。用户可以通过以下方式调用"面域/质量查询"命令：

● 执行"工具"|"查询"|"面域/质量特性"命令。

● 执行"工具"|"工具栏"|AutoCAD|"查询"命令调用查询工具栏，在工具栏单击"面域/质量特性"按钮。

● 在命令行输入MASSPROP命令并按回车键。

【例3-5】下面以查询机械零件面域/质量为例，介绍查询面域/质量的方法。

01 打开"机械零件"文件，执行"工具"|"查询"|"面域/质量特性"命令，返回绘图区选择图形，如图3-29所示。

02 按回车键弹出文本窗口，此时将显示图形信息，如图3-30所示。

03 继续按回车键，程序将显示其他信息，并提示用户是否将分析结果写入文件中，如图3-31所示。

04 输出Y并按回车键，此时弹出"创建质量与面域特性文件"，设置保存路径和名称，然后单击"保存"按钮，即可保存该图形的面域/质量特性，如图3-32所示。

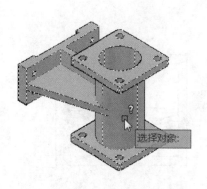

图3-29　选择图形

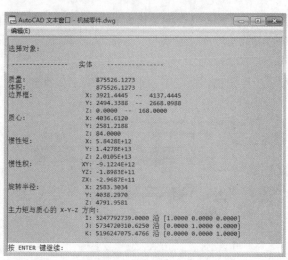

图3-30　显示图形信息

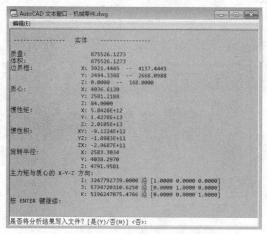

图3-31　查询其他信息

图3-32　单击"保存"按钮

3.5　上机实训

本章主要介绍了在绘图中的辅助绘图操作，下面通过更改自动捕捉的颜色和查询三居室室内面积两个实例对所学知识进行巩固。

3.5.1　更改自动捕捉的颜色

在绘制图形时，用户可以设置自动捕捉标记使位置更加突出，下面具体介绍更改自动捕捉颜色的方法。

01 打开"选项"对话框，选择"绘图"选项卡，在"自动捕捉设置"选项组中单击"颜色"按钮，如图3-33所示。

02 单击"颜色"的下拉菜单按钮▼，选择红色并单击"应用并关闭"按钮，如图3-34所示。

03 此时对话框中捕捉标记显示为红色，如图3-35所示。

04 应用捕捉时，捕捉的颜色就更改成了红色，如图3-36所示。

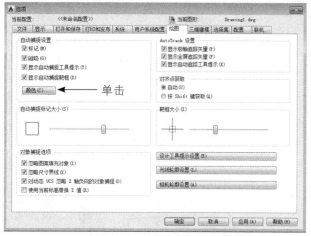

图3-33 "绘图"选项卡

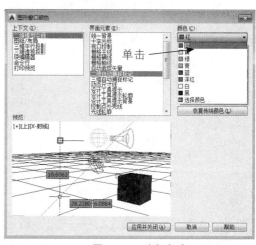

图3-34 选择颜色

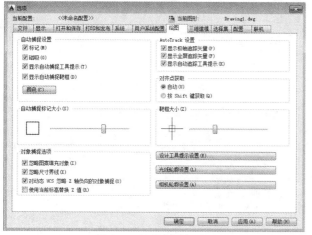

图3-35 对话框中的显示

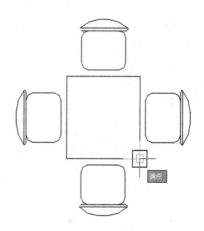

图3-36 捕捉时的颜色

3.5.2 查询三居室室内面积

下面将利用前面所学习的知识，查询三居室的室内面积，下面具体介绍查询三居室室内面积的方法。

01 打开"三居室平面布置图"文件，如图3-37所示。

02 执行"查询"|"面积"命令，如图3-38所示。

图3-37 打开文件

图3-38 执行"查询"|"面积"命令

03 根据提示指定第一个点为查询面积的开始点，如图3-39所示。

04 在绘图区利用自动捕捉功能沿逆时针方向指定查询面积的第二个点，如图3-40所示。

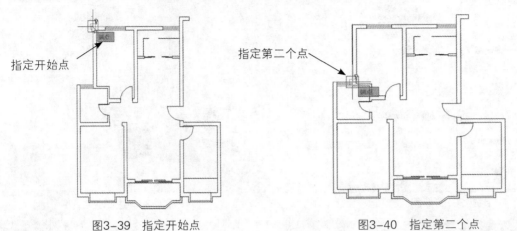

图3-39　指定开始点　　　　　　　　　　图3-40　指定第二个点

05 继续根据户形结构指定第三个点，如图3-41所示。

06 重复以上操作，指定第四个点，如图3-42所示。

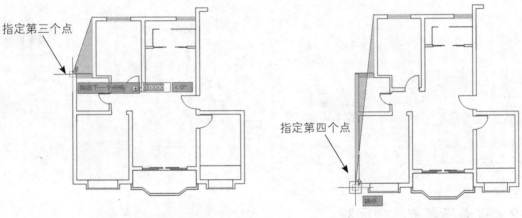

图3-41　指定第三个点　　　　　　　　　　图3-42　指定第四个点

07 重复以上操作，根据户型结构依次选择其余要进行查询的点，如图3-43所示。

08 按回车键后程序会自动计算出所选区域的面积和周长，如图3-44所示。

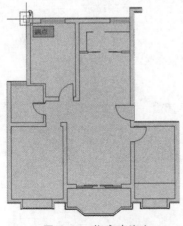
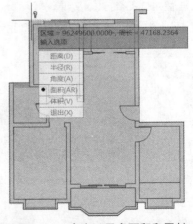

图3-43　指定查询点　　　　　　　　　　图3-44　查询三居室面积和周长

3.6 常见疑难解答 💡

　　下面罗列了辅助绘图操作中的常见的疑难问题，以供用户参考。

Q： 如何关闭备份*BAK文件？

A： 打开"选项"对话框，在"打开和保存"选项卡"文件安全措施"选项组中取消勾选"每次保存时均创建备份副本"复选框，设置完成后单击"确定"按钮，如图3-45所示。

图3-45　关闭备份*BAK文件

Q： 可以更改窗口选择区域的颜色吗？

A： 可以。在"选项"对话框中打开"选择集"选项卡，在"预览"选项组中单击"视觉效果设置"按钮，打开"视觉效果设置"对话框，单击"窗口选择区域颜色"选项框，在弹出的列表中选择颜色，如图3-46所示。设置完成后逐一单击"确定"按钮即可更改颜色，如图3-47所示。

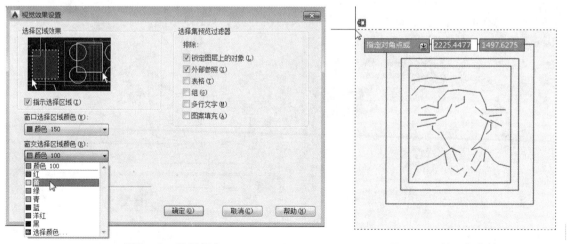

图3-46　选择颜色　　　　　　　　　　　图3-47　设置颜色效果

Q： 如何在捕捉功能中巧妙利用Tab键？

A： 在捕捉一个物体上的点时，只要将鼠标靠近某个或某些物体，不断地按Tab键，这个或这些物体的某些特殊点就会轮换显示出来，然后单击鼠标左键选择点后即可捕捉点。

3.7 拓展应用练习

为了让读者更好地掌握本章所学的知识，在此列举几个针对于本章的拓展案例，以供读者练手！

◉ 更改设计工具提示的显示

下面利用"工具提示外观"对话框设置设计工具提示的颜色和大小，如图3-48所示。使设置完成后绘图时提示的显示效果如图3-49所示。

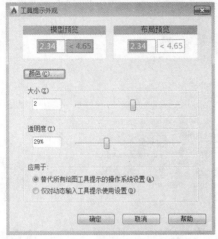

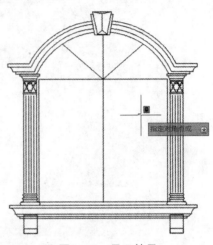

图3-48 "工具提示外观"对话框　　　　　图3-49 显示效果

操作提示：

01 在"选项"对话框的"绘图"选项卡中单击"设计工具提示设置"按钮。

02 打开"工具提示外观"对话框，从中设置其颜色和大小即可。

◉ 设置对象捕捉

在"草图设置"对话框中设置对象捕捉标记为"端点"和"中点"，如图3-50所示。设置完成后，绘制图形并经过特殊点时就会显示捕捉点的位置，如图3-51所示。

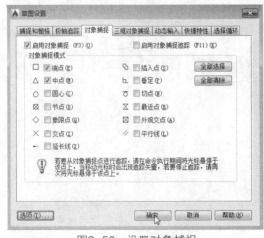

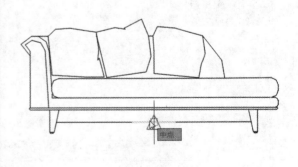

图3-50 设置对象捕捉　　　　　图3-51 捕捉中点

操作提示：

01 打开"对象捕捉"选项卡，单击"全部清除"按钮。

02 勾选"端点"和"中点"复选框，设置完成后单击"确定"按钮即可。

📺 **本章概述**   绘制二维图形是AutoCAD的绘图基础，只有掌握了绘制基本平面图形的方法与技巧后，才能够熟练地绘制出复杂的图形。本章将对基本二维图形的绘制操作进行介绍，其中包括点、线、曲线、矩形以及多边形等绘图操作。通过对本章内容的学习，读者能够熟练掌握二维图形的绘制方法与绘图技巧。

📖 **知识要点** ● 点的绘制；   ● 圆和圆弧的绘制；
              ● 线的绘制；   ● 椭圆和椭圆弧的绘制；
              ● 矩形和多边形的绘制；   ● 二维图形的绘制。

4.1　点的绘制

在AutoCAD中，点是构成图形的基础，任何图形都是由无数点组成的，点可以作为捕捉和移动对象的节点或参照点。用户可以使用多种方法创建点。在创建点之前，用户需要设置点的显示样式。

4.1.1　点样式的设置

默认情况下，点是以圆点的形式显示的，用户可以设置点的显示类型和大小。执行"格式"|"点样式"命令，打开"点样式"对话框，从中可以选择相应的点样式。

同时，点的大小也可以自定义，若选择"相对于屏幕设置大小"单选按钮，则点的大小是以百分数的形式实现的。若选择"按绝对单位设置大小"，则点的大小是以实际单位的形式实现的，如图4-1所示。

4.1.2　绘制单点或多点

点是组成图形的最基本的实体对象，下面将介绍单点或多点的绘制方法。

- 执行"绘图"|"点"|"单点"（或"多点"）命令，如图4-2所示。
- 在"默认"选项卡的"绘图"面板中，单击"多点"按钮，如图4-3所示。

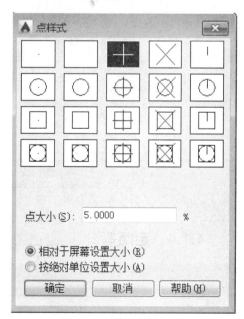

点大小(S): 5.0000　%

◉ 相对于屏幕设置大小(R)
○ 按绝对单位设置大小(A)

确定　　取消　　帮助(H)

图4-1 "点样式"对话框

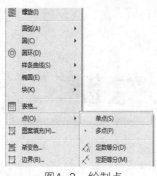

图4-2　绘制点

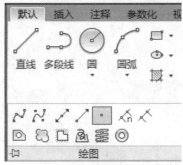

图4-3　绘制多点

4.1.3　定数等分

定数等分可以将图形按照固定的数值和相同的距离进行平均等分，在对象上按照平均分出的点的位置进行绘制，作为绘制的参考点。

在AutoCAD 2015中，用户可以通过以下方式绘制定数等分点：

● 执行"绘图"｜"点"｜"定数等分"命令。

● 在"默认"选项卡的"绘图"面板中，单击定数等分按钮 。

● 在命令行输入DIVIDE命令并按回车键。

【例4-1】下面以"定数等分入户门"为例，介绍定数等分的操作方法。

01 打开"点样式"对话框，选择 图形，然后单击"确定"按钮，如图4-4所示。

02 执行"绘图"｜"点"｜"定数等分"命令，选择圆形，根据命令行输入数值4并按回车键。这时图形上就会显示等分出的点了，如图4-5所示。

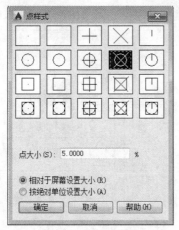

图4-4　设置点样式

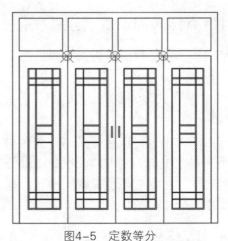

图4-5　定数等分

4.1.4　定距等分

定距等分点是从某一端点按照指定的距离划分的点。在被等分的对象不可以被整除的情况下，等分对象的最后一段要比之前的距离短。

在AutoCAD 2015中，用户可以通过以下方式绘制定距等分点：

● 执行"绘图"｜"点"｜"定距等分"命令。

● 在"默认"选项卡的"绘图"面板中，单击"定距等分"按钮 。

● 在命令行输入MEASURE命令并按回车键。

【例4-2】下面以"定距等分矩形"为例,介绍定距等分的使用方法。

① 执行"绘图"|"点"|"定距等分"命令,根据提示选择图形,如图4-6所示。

② 输入长度数值为150,然后按回车键完成定距等分的操作,如图4-7所示。

图4-6　选择图形

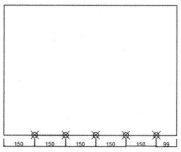

图4-7　定距等分

4.2　线的绘制

线在图形中是最基本的图形对象,许多复杂的图形都是由线组成的。根据用途不同,线分为直线、射线、样条曲线等。下面将对常见的几种类型进行介绍。

4.2.1　绘制直线

直线是各种绘图中最简单、最常用的一类图形对象。它既可以作为一条线段,也可以作为一系列相连的线段。绘制直线的方法非常简单,只需在绘图区内指定直线的起点和终点即可绘制一条直线。

用户可以通过以下方式调用"直线"命令:

● 执行"绘图"|"直线"命令。

● 在"默认"选项卡的"绘图"面板中单击"直线"按钮／。

● 在命令行输入L命令并按回车键。

【例4-3】下面以"绘制菱形"为例,介绍直线的绘制方法。

① 打开"草图设置"对话框,在"对象捕捉"选项卡中勾选"中点"复选框,如图4-8所示。

② 在绘图面板中单击"直线"按钮／。根据提示,捕捉已经绘制好的矩形的四个中点,绘制出一个四边形,如图4-9所示。

图4-8　选择中点图

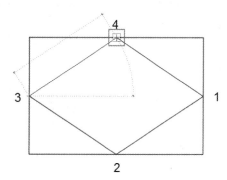

图4-9　绘制直线效果

4.2.2 绘制射线

射线是从一个端点出发向某一方向一直延伸的直线。射线是只有起始点没有终点的线段。执行"射线"命令后，在绘图区指定起点，再指定射线的通过点，即可绘制一条射线。

用户可以通过以下方式调用"射线"命令：

● 执行"绘图"|"射线"命令。

● 在"默认"选项卡的"绘图"面板中单击下拉菜单按钮 绘图▼ ，在弹出的选项卡中单击"射线"按钮 。

执行"射线"命令后，在绘图区单击鼠标左键即可绘制射线，用户可以重复进行绘制，如图4-10所示。

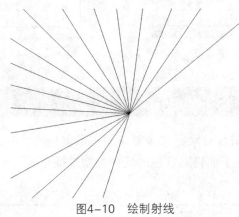

图4-10 绘制射线

📝 **知识点拨**

绘制射线时可以指定多个通过点，就可以绘制以同一起点为端点的多条射线，绘制完多条射线后，按Esc键或回车键即可完成操作。

4.2.3 绘制样条曲线

样条曲线是经过或接近影响曲线形状的一系列点的平滑曲线。用户可以通过以下方式调用"样条曲线"命令：

● 在"默认"选项卡的"绘图"面板中单击"样条曲线拟合"按钮 或"样条曲线控制点"按钮 。

● 在命令行输入SPLINE命令并按回车键。

绘制样条曲线分为样条曲线拟合和样条曲线控制点两种方式。如图4-11所示为拟合绘制的曲线，如图4-12所示为控制点绘制的曲线。

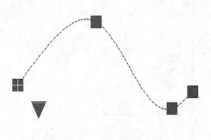

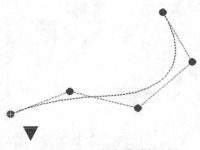

图4-11 样条曲线拟合　　　　　　图4-12 样条曲线控制点

选中样条曲线，在出现的夹点中可以编辑样条曲线。

单击夹点中的三角符号可进行类型切换，如图4-13所示。

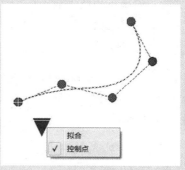

图4-13　切换类型

4.2.4　绘制修订云线

修订云线是由圆弧组成的，用于圈阅标记图形的某个部分，可以使用亮色，提醒用户改正错误。

用户可以通过以下方式调用"修订云线"命令：

● 在"默认"选项卡的"绘图"面板中单击"修订云线"按钮🔲。

● 在命令行输入REVCLOUD命令并按回车键。

4.2.5　绘制多线

多线是一种由平行线组成的图形，平行线段之间的距离和数目是可以设置的，多线可用于墙线和窗户等。

用户可以通过以下方式调用"多线"命令：

● 执行"绘图"|"多线"命令。

● 在命令行输入ML命令并按回车键。

在"多线编辑工具"对话框中可以编辑多线接口处的类型，用户可以通过以下方式打开该对话框：

● 执行"修改"|"对象"|"多线"命令。

● 在命令行输入MLEDIT命令并按回车键。

【例4-4】下面以"绘制两居室墙体"为例，介绍绘制和编辑多线的方法。

01 在命令行输入ML命令并按回车键，然后设置多线的对正类型和比例。

命令行的提示如下：

```
命令: ML
MLINE
当前设置: 对正 = 无, 比例 = 20.00, 样式 = STANDARD
指定起点或 [对正 ( J ) /比例 ( S ) /样式 ( ST )]: j
输入对正类型 [上 ( T ) /无 ( Z ) /下 ( B )] <无>: z
```

当前设置: 对正 = 无，比例 = 20.00，样式 = STANDARD

指定起点或 [对正（J）/比例（S）/样式（ST）]: s

输入多线比例 <20.00>: 240

当前设置: 对正 = 无，比例 = 240.00，样式 = STANDARD

02 设置完成后绘制墙体并封闭线口，如图4-14所示。

03 执行"修改"|"对象"|"多线"命令，打开"多线编辑工具"对话框，在对话框中单击"T形打开"按钮，如图4-15所示。

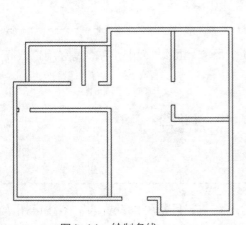

图4-14　绘制多线

图4-15　单击"T形打开"按钮

04 返回绘图区，根据提示选择第一条多线和第二条多线，如图4-16所示。

05 此时封闭区域将被打开，重复以上操作即可完成墙体的绘制，如图4-17所示。

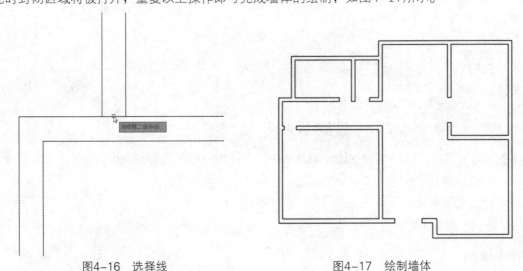

图4-16　选择线　　　　　　　　　　　　　图4-17　绘制墙体

4.2.6 绘制多段线

多段线是由相连的直线或弧线组合而成的，多线段具有多样性，它可以设置宽度，也可以在一条线段中显示不同的线宽，如图4-18所示。

用户可以通过以下方式调用"多线段"命令：

● 执行"绘图"|"多段线"命令。

● 在"默认"选项卡的"绘图"面板中单击"多段线"按钮 ♪ 。

● 在命令行输入PLINE命令并按回车键。

图4-18 绘制多段线

4.3 矩形和多边形的绘制

矩形和多边形是最基本的几何图形。其中，多边形包括三角形、四边形、五边形和其他多边形等。

4.3.1 绘制矩形

矩形是最常用的几何图形。用户可以通过以下方式调用"矩形"命令：

● 执行"绘图"|"矩形"命令。

● 在"默认"选项卡的"绘图"面板中单击"矩形"按钮 □ ▾ 。

● 在命令行输入RECTANG命令并按回车键。

矩形分为普通矩形、倒角矩形和圆角矩形，用户可以随意指定矩形的两个对角点创建矩形，也可以指定面积和尺寸创建矩形。下面将对其绘制方法进行介绍。

1. 普通矩形

在"默认"选项卡的"绘图"面板中单击"矩形"按钮 □ ▾ 。在任意位置指定第一个角点，再根据提示输入D，并按回车键，输入矩形的长度和宽度后按回车键，然后单击鼠标左键，即可绘制一个长为600，宽为400的矩形，如图4-19所示。

2. 倒角矩形

执行"绘图"|"矩形"命令。根据命令行提示输入C，输入倒角距离为80，再输入长度和宽度分别为600和400，然后单击鼠标左键即可绘制倒角矩形，如图4-20所示。

命令行提示如下。

```
命令: _rectang
当前矩形模式: 倒角=80.0000 x 60.0000
指定第一个角点或 [倒角（C）/标高（E）/圆角（F）/厚度（T）/宽度（W）]: c
指定矩形的第一个倒角距离 <80.0000>: 80
指定矩形的第二个倒角距离 <60.0000>: 80
指定第一个角点或 [倒角（C）/标高（E）/圆角（F）/厚度（T）/宽度（W）]:
指定另一个角点或 [面积（A）/尺寸（D）/旋转（R）]: d
指定矩形的长度 <10.0000>: 600
指定矩形的宽度 <10.0000>: 400
指定另一个角点或 [面积（A）/尺寸（D）/旋转（R）]:
```

3. 圆角矩形

在命令行输入RECTANG命令并按回车键。根据提示输入F，设置半径为50，然后制定两个对角点即可完成绘制圆角矩形的操作，如图4-21所示。

命令行提示如下。

```
命令：_rectang
指定第一个角点或 [倒角(C)/标高(E)/圆角(F)/厚度(T)/宽度(W)]: f
指定矩形的圆角半径 <0.0000>: 100
指定第一个角点或 [倒角(C)/标高(E)/圆角(F)/厚度(T)/宽度(W)]:
指定另一个角点或 [面积(A)/尺寸(D)/旋转(R)]:
```

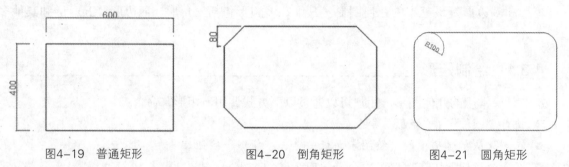

图4-19 普通矩形   图4-20 倒角矩形   图4-21 圆角矩形

知识点拨

用户也可以设置矩形的宽度，执行"绘图"|"矩形"命令。根据提示输入W，再输入线宽的数值，指定两个对角点即可绘制一个有宽度的矩形，如图4-22所示。

图4-22 宽度为20的圆角矩形

4.3.2 绘制多边形

多边形是指由三条或三条以上长度相等的线段组成的闭合图形。默认情况下，多边形的边数为4。用户可以通过以下方式调用"多边形"命令：

- 执行"绘图"|"多边形"命令。
- 在"默认"选项卡的"绘图"面板中单击"矩形"按钮的小三角符号□·，在弹出的列表中单击"多边形"按钮⬠。
- 在命令行输入POLYGON命令并按回车键。

绘制多边形时分为内接圆和外接圆两种方式，内接圆就是多边形在一个虚构的圆外。外接圆也就是多边形在一个虚构的圆内。下面将对其相关内容进行介绍。

1. 内接圆方式

在命令行输入POLYGON命令并按回车键，根据提示设置多边形的边数、内切和半径。设置完成后的效果如图4-23所示。

命令行提示如下。

```
命令：POLYGON
```

输入侧面数 <7>: 6
指定正多边形的中心点或 [边 (E)]:
输入选项 [内接于圆 (I)/外切于圆 (C)] <I>: i
指定圆的半径: 150

2.外接圆方式

在命令行输入POLYGON命令并按回车键，根据提示设置多边形的边数、内切和半径。设置完成后的效果如图4-24所示。

命令行提示如下。

命令: POLYGON
输入侧面数 <7>: 6
指定正多边形的中心点或 [边 (E)]:
输入选项 [内接于圆 (I)/外切于圆 (C)] <I>: c
指定圆的半径: 150

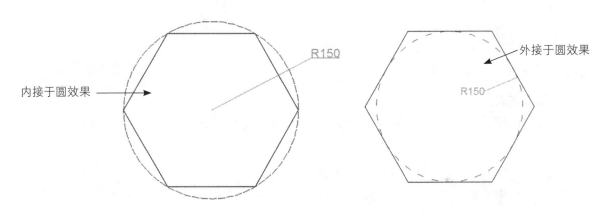

内接于圆效果

R150

外接于圆效果

R150

图4-23 绘制内接于圆的六边形　　　　图4-24 绘制外接于圆的六边形

4.4 圆和圆弧的绘制

圆是闭合的图形，而圆弧是圆的一部分。绘制圆和圆弧有很多方法，本节将对其常见的绘制方法进行详细介绍。

4.4.1 绘制圆

圆是常用的基本图形。要创建圆，可以指定圆心，输入半径值；也可以任意拉取半径长度绘制。用户可以通过以下方式调用"圆"命令：

- 执行"绘图"|"圆"命令的子命令，如图4-25所示。
- 在"默认"选项卡的"绘图"面板中单击"圆"按钮，选择绘制圆的方式可以通过单击按钮下的小三角符号 ▼ 选择按钮，如图4-26所示。
- 在命令行输入C命令并按回车键。

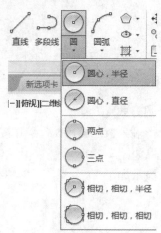

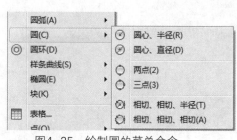

图4-25　绘制圆的菜单命令　　　　　　　　图4-26　绘制圆的按钮

1. 圆心、半径/直径

圆心、半径方式是指先确定圆心，然后输入半径或者直径，即可完成绘制操作。执行"绘图"|"圆"|"圆心，半径"命令后命令行提示如下。

```
命令：_circle
指定圆的圆心或 [三点（3P）/两点（2P）/切点、切点、半径（T）]：
指定圆的半径或 [直径（D）] <577.4744>: 100
```

2. 三点方式

在绘图区随意指定三点或者捕捉图形的点即可绘制圆。执行"三点"命令后命令行提示如下。

```
命令：_circle
指定圆的圆心或 [三点（3P）/两点（2P）/切点、切点、半径（T）]：_3p 指定圆上的第一
个点：
指定圆上的第二个点：
指定圆上的第三个点：
```

3.相切、相切、半径

选择图形对象的两个相切点，再输入半径值即可绘制圆，如图4-27所示。执行"相切、相切、半径"命令后命令行提示如下。

```
命令：_circle
指定圆的圆心或 [三点（3P）/两点（2P）/切点、切点、半径（T）]：_ttr
指定对象与圆的第一个切点：
指定对象与圆的第二个切点：
指定圆的半径 <150.0000>: 100
```

4.相切、相切、相切

选择图形对象的三个相切点，即可绘制一个与图形相切的圆。如图4-28所示。执行"相切、相切、相切"命令后命令行提示如下。

命令：_circle
指定圆的圆心或 [三点（3P）/两点（2P）/切点、切点、半径（T）]：_3p 指定圆上的第一个点：_tan 到
指定圆上的第二个点：_tan 到
指定圆上的第三个点：_tan 到

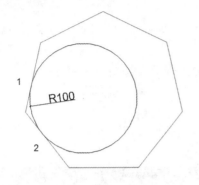

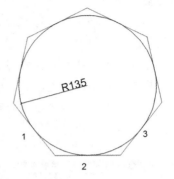

图4-27 "相切、相切、半径"绘制圆　　图4-28 "相切、相切、相切"绘制圆

4.4.2 绘制圆弧

绘制圆弧的方法有很多种，默认情况下，绘制圆弧需要三点："圆弧的起点、圆弧上的点和圆弧的端点"。

用户可以通过以下方式调用"圆弧"命令：

● 执行"绘图"|"圆弧"命令的子命令，如图4-29所示。
● 在"默认"选项卡的"绘图"面板中单击"圆弧"按钮，选择绘制圆弧的方式可以通过单击按钮下的小三角符号 ▼，在弹出的列表中选择相应选项。
● 在命令行输入ARC命令并按回车键。

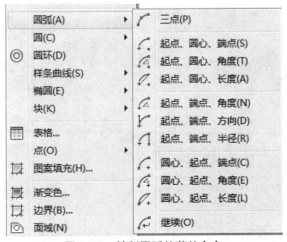

图4-29 绘制圆弧的菜单命令

下面将对圆弧中各命令的功能逐一进行介绍。

● 三点：通过指定圆弧的起点、圆弧上的点和圆弧的端点绘制。
● 起点、圆心、端点：指定圆弧的起点、圆心和端点绘制。

- 起点、圆心、角度：指定圆弧的起点、圆心和角度绘制。
- 起点、圆心、长度：所指定的弦长不可以超过起点到圆心距离的两倍。
- 起点、端点、角度：指定圆弧的起点、端点和角度绘制。
- 起点、端点、方向：指定圆弧的起点、端点和方向绘制。首先指定起点和端点，这时用鼠标指定方向，圆弧会根据指定的方向进行绘制。指定方向后单击鼠标左键，即可完成圆弧的绘制。
- 起点、端点、半径：指定圆弧的起点、端点和半径绘制，绘制完成的圆弧半径是指定的半径长度。
- 圆心、起点、端点：首先指定圆心，再指定起点和端点绘制。
- 圆心、起点、角度：指定圆弧的圆心、起点和角度绘制。
- 圆心、起点、长度：指定圆弧的圆心、起点和长度绘制。
- 继续：与最后绘制的对象相切。

4.5 椭圆和椭圆弧的绘制

椭圆是通过指定长轴和短轴来进行绘制的，而椭圆弧是通过指定长轴、短轴和角度来绘制的，椭圆弧是椭圆的一部分。下面将对其绘制方法进行介绍。

4.5.1 绘制椭圆

椭圆的形状受指定的长轴和短轴的端点影响，长轴也就是椭圆中较长的轴，短轴则是较短的轴。用户可以通过以下方式调用"椭圆"命令：

- 执行"绘图"|"椭圆"命令的子命令，如图4-30所示。
- 在"默认"选项卡的"绘图"面板中单击"椭圆"按钮⬭▾，选择绘制椭圆弧的方式可以通过单击按钮下的小三角符号▾选择按钮，如图4-31所示。
- 在命令行输入ELLIPSE命令并按回车键。

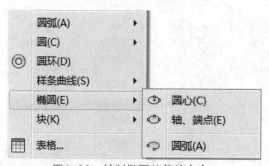

图4-30 绘制椭圆的菜单命令

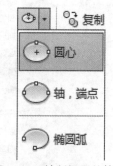

图4-31 绘制椭圆的按钮

1. 圆心方式

圆心方式是指首先指定椭圆的圆心，再指定长轴和短轴的端点即可绘制椭圆。

在绘制时，执行"绘图"|"椭圆"|"圆心"命令，根据命令行提示在绘图区会确定圆心位置，然后指定椭圆的长轴端点，如图4-32所示。随后指定椭圆的短轴端点，如图4-33所示。最后单击鼠标左键完成绘制椭圆的操作。

命令行提示如下。

```
命令：_ellipse
指定椭圆的轴端点或 [圆弧（A）/中心点（C）]：_c
指定椭圆的中心点：
指定轴的端点：
指定另一条半轴长度或 [旋转（R）]：
```

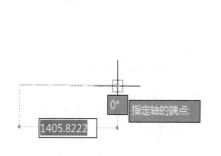

图4-32 指定长轴端点

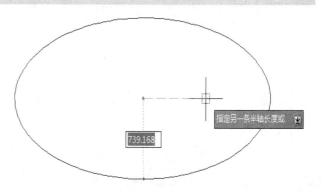

图4-33 指定短轴端点

2. 轴、端点方式

轴、端点方式不需要确定圆弧的圆心，只需要确定长轴和短轴的端点，即可绘制椭圆。按照轴、端点方式绘制椭圆，命令行提示如下。

```
命令：_ellipse
指定椭圆的轴端点或 [圆弧（A）/中心点（C）]：
指定轴的另一个端点：
指定另一条半轴长度或 [旋转（R）]：
```

4.5.2 绘制椭圆弧

椭圆弧是椭圆的一部分弧线，绘制椭圆弧首先需要确定长轴的端点和短轴的长度，再确定起始点和终止点。用户可以通过以下方式调用"椭圆弧"命令：

● 执行"绘图"|"椭圆"|"圆弧"命令。
● 在"默认"选项卡的"绘图"面板中单击"椭圆"下拉菜单按钮 ⬭ ▾，在弹出的列表中单击"椭圆弧"按钮。
● 在命令行输入ELLIPSE命令并按回车键。

绘制椭圆弧，命令行提示如下。

```
命令：_ellipse
指定椭圆的轴端点或 [圆弧（A）/中心点（C）]：_a
指定椭圆弧的轴端点或 [中心点（C）]：
指定轴的另一个端点：
指定另一条半轴长度或 [旋转（R）]：
指定起点角度或 [参数（P）]：
指定端点角度或 [参数（P）/夹角（I）]：
```

【例4-5】下面以"绘制马桶盖"为例，介绍椭圆弧的绘制方法。

01 执行"绘图"|"椭圆"|"圆弧"命令，指定长轴的端点和短轴的长度，如图4-34所示。

02 在需要指定起点角度的位置上单击鼠标左键，即可指定起点角度，如图4-35所示。

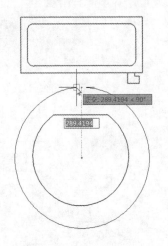

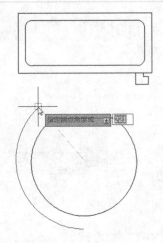

图4-34　指定长轴和短轴的端点　　　　图4-35　指定起点角度

03 在合适位置单击鼠标左键即可指定终点角度，如图4-36所示。

04 利用直线连接圆弧和矩形，完成马桶盖的绘制，如图4-37所示。

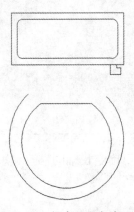

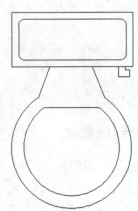

图4-36　指定终点角度　　　　图4-37　椭圆弧效果

4.6　上机实训

在学习了本章的知识内容后，接下来通过两个案例练习来巩固所学的知识，以做到学以致用。

4.6.1　绘制沙发和茶几

本例的沙发和茶几主要利用了"直线"、"圆弧"等命令进行绘制，下面具体介绍沙发和茶几的绘制方法：

01 执行"绘图"|"圆弧"|"起点、端点、角度"命令，指定长度为480并按回车键。

02 按回车键指定圆弧角度为254°，如图4-38所示。

03 按回车键即可绘制圆弧，如图4-39所示。

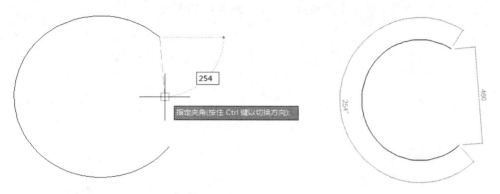

图4-38 指定圆弧角度　　　　　图4-39 绘制圆弧效果

04 重复以上步骤绘制圆弧，如图4-40所示。

05 执行"绘图"|"直线"命令连接圆弧的两个端点，如图4-41所示。

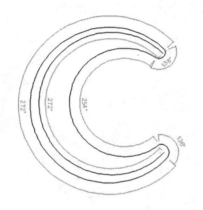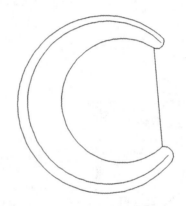

图4-40 绘制靠背　　　　　图4-41 连接圆弧端点

06 重复以上步骤绘制沙发坐垫，如图4-42所示。

07 执行"绘图"|"圆"|"圆心、半径"命令，指定圆心位置，根据提示输入半径大小。

08 再次执行"绘图"|"圆"|"圆心、半径"，开启对象捕捉模式，选择其圆心作为当前创建圆的圆心，并设置半径大小为306，然后按回车键即可创建茶几，如图4-43所示。

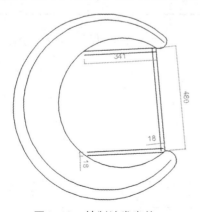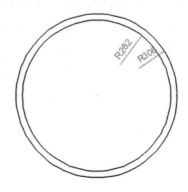

图4-42 绘制沙发坐垫　　　　　图4-43 创建茶几

09 调整沙发和茶几颜色，并将其移动到合适的位置，再执行"修改"|"镜像"命令，根据提示选择镜像对象，如图4-44所示。

⑩ 按回车键，然后指定镜像的第一个点和第二个点，如图4-45所示。

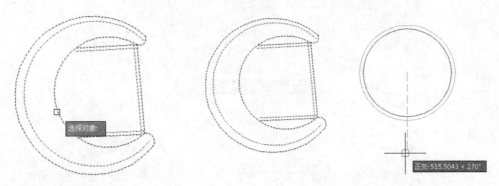

图4-44 选择镜像对象 　　　　　　 图4-45 指定镜像点

⑪ 单击鼠标左键，根据提示输入N镜像并复制沙发。

⑫ 按回车键即可创建镜像对象，将镜像对象旋转移动到合适的位置，沙发和茶几就绘制完成了，如图4-46所示。

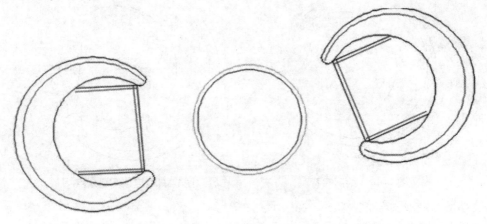

图4-46 　 绘制沙发和茶几

4.6.2 绘制立面台灯

本例将利用"直线"、"矩形"、"多段线"、"圆弧"、"圆"等命令绘制立面台灯，下面具体介绍其操作方法。

① 执行"绘图"|"直线"命令，绘制灯罩，如图4-47所示。

② 再执行"直线"命令绘制灯罩的线段，如图4-48所示。

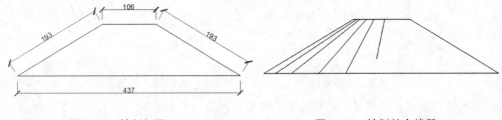

图4-47 绘制灯罩 　　　　　　 图4-48 绘制其余线段

03 执行"绘图"|"矩形"命令，绘制一个长为51mm，宽为11mm的矩形，并将其移至灯罩的中间位置。

04 执行"绘图"|"多段线"命令，绘制灯罩下方的零件，如图4-49所示。

05 执行"绘图"|"圆"|"圆心、半径"命令，根据提示输入圆的半径大小，如图4-50所示。

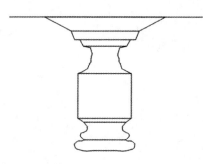

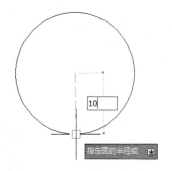

图4-49 绘制零件　　　　　　　　　　图4-50 输入半径大小

06 按回车键即可完成绘制圆的操作，将圆移至合适的位置，然后执行"修改"|"修剪"命令，并根据提示选择修剪图形，如图4-51所示。

07 按回车键选择需要修剪的线段，如图4-52所示。

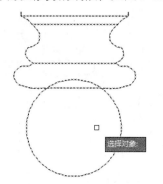

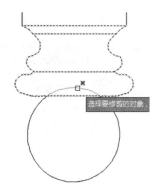

图4-51 选择修剪图形　　　　　　　　图4-52 选择修剪线段

08 单击鼠标左键，即可修剪图形。修剪完成后，执行"绘图"|"圆弧"|"起点、圆心、角度"命令，在绘图区指定圆弧起点，如图4-53所示。

09 根据提示指定圆心位置，并设置圆弧角度，如图4-54所示。

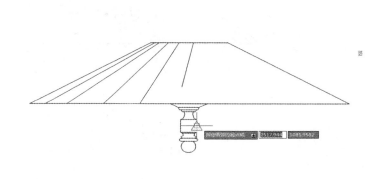

图4-53 指定圆弧起点　　　　　　　　图4-54 设置圆弧角度

10 设置完成后按回车键即可绘制圆弧，如图4-55所示。

⑪ 复制零件至空白处，执行"修改"|"镜像"命令，选择图形并按回车键，然后指定镜像线点，如图4-56所示。

图4-55 绘制圆弧

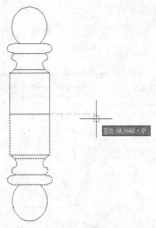

图4-56 指定镜像点

⑫ 根据提示输入Y，如图4-57所示。

⑬ 按回车键即可镜像图形，如图4-58所示。

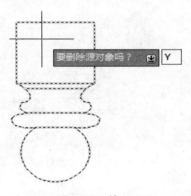

图4-57 输入Y

图4-58 镜像效果

⑭ 删除下方矩形，并执行"绘图"|"直线"命令绘制台灯底座，如图4-59所示。

⑮ 将底座移至合适的位置，此时台灯就绘制完成了，如图4-60所示。

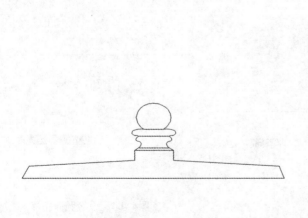

图4-59 台灯底座

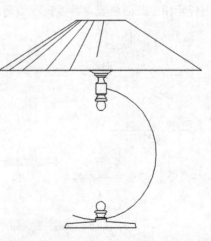

图4-60 绘制台灯

4.7 常见疑难解答

Q：如何显示绘图区中的全部图形？

A： 在命令行输入ZOOM命令，按回车键，然后根据提示输入A即可显示全部图形。用户还可以双击鼠标滚轮，扩展空间大小。

Q：绘图时没有虚线框显示怎么办？

A： 这时需要修改系统变量DRAGMODE。在命令行输入DRAGMODE命令，按回车键，根据提示输入ON，再次进行绘图时就会出现虚线框，如图4-61所示。

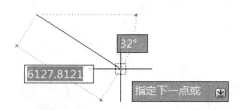

图4-61　显示虚线框效果

> **知识点拨**
>
> 当系统变量为ON时，在进行绘图拖动鼠标时，会显示对象的轮廓；当系统变量为OFF时，则在拖动时不显示对象轮廓。

Q：使用的线型为虚线，为什么看上去是实线？

A： 这是因为"线型比例"不合适引起的，也就是说"线型比例"太大或太小了，使虚线效果显示不出来。首先确定线型为虚线，然后选择线段，单击鼠标右键，在弹出的快捷菜单列表中选择"特性"选项，在"特性"面板中将"线型比例"设置为合适的数值，如图4-62所示。设置完成后即可显示出虚线效果。

图4-62　"特性"面板

Q：如何快速移动或复制图形？

A： AutoCAD 是以Windows为操作平台运行的，所以在Windows中的某些命令同样适用于该软件，这里主要是介绍这对快捷键。例如，可以使用快捷键Ctrl+C复制图形，用Ctrl+V将图形粘贴到新图纸文件中。使用Ctrl+A可以选择图纸中的全部对象。

4.8 拓展应用练习

　　为了让读者更好地掌握二维图形的绘制操作，在此列举几个针对于本章的拓展案例，以供读者练手！

◎ 绘制立面台灯

　　利用"直线"、"圆"、"矩形"等命令绘制如图4-63所示的台灯。

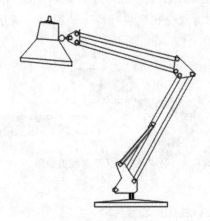

图4-63　绘制立面台灯

　　操作提示：

01 利用"矩形"命令绘制台灯底座。

02 利用"直线"命令绘制台灯支架。

03 利用"圆"等命令绘制其他配件。

◎ 绘制沙发立面

　　利用"矩形"、"直线"、"圆弧"等命令绘制如图4-64所示的沙发立面。

图4-64　绘制沙发立面

　　操作提示：

01 利用"矩形"、"直线"、"圆弧"等命令绘制沙发轮廓。

02 利用"倒角"命令对沙发执行倒圆角操作。

03 利用"矩形"等命令绘图命令绘制装饰画框。

第**5**章

编辑二维图形

本章概述　　绘制二维图形后，用户可以对其做进一步的编辑操作，更加完美地将图纸呈现出来。在编辑图形之前，首先要选择图形，然后再进行编辑。因此，本章将对图形的选择、图形的编辑、图案填充等知识内容进行逐一介绍。通过对本章内容的学习，用户可以熟悉并掌握编辑二维图形的一系列操作方法和技巧。

知识要点
- 选择图形；
- 图案填充；
- 图形基本编辑操作；
- 编辑复杂图形。

5.1　选择图形

在编辑二维图形之前，首先要选择图形，选择时用户可以选择单个图形，也可以选择多个实体对象形成一个选择集。本节将对图形的选择操作知识进行介绍。

5.1.1　设置对象的选择模式

打开"选项"对话框，单击打开"选择集"选项卡，在"选择集"选项卡中可以设置选择模式，如图5-1所示。

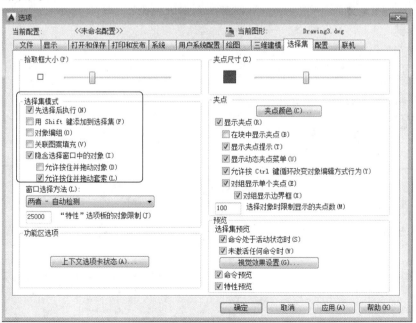

图5-1　"选项"对话框

在"选择集模式"选项组中，各复选框的功能介绍如下。

- 先选择后执行：打破传统选择的次序，可以在命令行的提示下，先选择图形对象，再执行修改命令。
- 用Shift键添加到选择集：按住Shift键才可以同时选择对象。
- 对象编组：勾选该复选框后，若选择对象编组中的一个图形对象，则整个编组中的图形对象都将被选中。
- 关联图案填充：选择关联填充的对象，则填充的边界对象也会被选中。
- 隐含选择窗口中的对象：包括"允许按住并拖动对象"和"允许按住并拖动套索"两种方式，若勾选"允许按住并拖动对象"，复选框则以矩形选择窗口的形式选择对象；若勾选"允许按住并拖动套索"复选框，则以套索选择窗口的形式选择对象。

知识点拨

用拾取框选择单个实体。在命令行输入SELECT命令并按回车键，这时光标会变成拾取框，可以单击鼠标左键拾取对象。若勾选"隐含选择窗口中的对象"选项，当拾取框没有选择图形时，拾取框会更改成设置的选择方式来选择图形。

5.1.2　快速选择图形对象

在复杂图形中，由于图形太多，单个地选择对象很浪费时间。如果图形的特性是一致的，那么可以使用快速选择图形对象这一功能。在"快速选择"对话框中，用户可根据图形对象的颜色、图案填充和类型来创建一个选择集。

用户可以通过以下方式调用"快速选择"命令：

- 执行"工具"|"快速选择"命令。
- 在"默认"选项卡的"实用工具"面板中单击"快速选择"按钮 。
- 在命令行输入QSELECT命令并按回车键。

【例5-1】下面以"选择椅子"为例，介绍快速选择的操作方法。

⓵ 执行"工具"|"快速选择"命令，打开"快速选择"对话框，如图5-2所示。

⓶ 在"特性"选项组中选择"图层"选项，如图5-3所示。

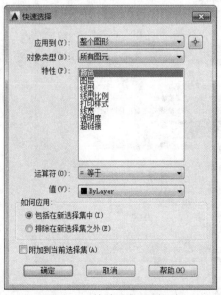

图5-2　"快速选择"对话框

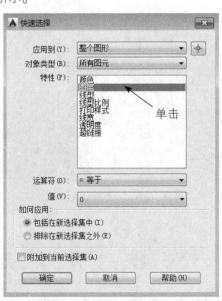

图5-3　选择颜色

03 在"值"选项组中选择图层名称，如图5-4所示。

04 单击"确定"按钮即可选择相应的图形，如图5-5所示。

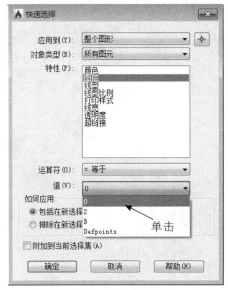

图5-4　选择图层

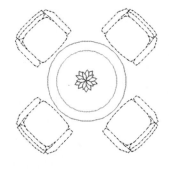

图5-5　"快速选择"效果

5.1.3　编组选择图形对象

编组选择就是将单个图形进行编组，创建一个选择集，一个图形可以作为多个编组成员的对象，在"对象编组"对话框中可以创建对象编组，也可以编辑编组，进行添加或删除、重命名、重排等操作。

用户可以通过以下方式打开"对象编组"对话框：

● 在"默认"选项卡的"组"面板中单击下拉菜单按钮 组▼ ，在弹出的列表中单击"编组管理器"按钮 品 。

● 在命令行输入CLASSICGROUP命令并按回车键。

在对图形进行编组后，即可对该编组进行编辑。

📝 **知识点拨**

"对象编组"对话框中常用按钮的含义介绍如下。

● 添加：添加编组中的图形。

● 删除：删除编组中的图形。

● 重命名：重新命名编组。

● 重排：可以重新对编组对象进行排序。

● 分解：取消编组。

● 可选择的：设置编组的可选择性。

【例5-2】下面以"圆形成组"为例，介绍编组选择的方法。

01 在命令行输入CLASSICGROUP命令并按回车键，打开"对象编组"对话框，在"编组名"文本框中输入"圆形"，然后单击"新建"按钮，如图5-6所示。

02 在绘图区中选择圆形，如图5-7所示。

图5-6　命名编组

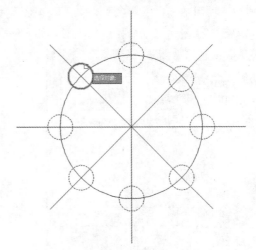

图5-7　选择圆形

03 按回车键返回"对象编组"对话框，此时，在"编组名"列表中显示创建好的编组，可选择状态为"是"，如图5-8所示。

04 单击"确定"按钮完成编组图形操作。此时，在"选择集模式"勾选对象编组的情况下，单击图形中的圆形就会选择整个编组，如图5-9所示。

图5-8　保持"可选择的"状态为"是"

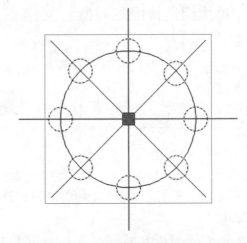

图5-9　编组后的选择效果

5.2 图形基本编辑操作

　　绘制复杂图形时，需要对图形进行编辑操作，其中包括删除图形、镜像图形、阵列图形、环形阵列图形、路径阵列图形、旋转图形、偏移图形、打断图形、延伸图形、倒角和圆角等。

5.2.1 删除图形

　　在绘制图形时，经常会因为操作的失误而需要删除图形对象，删除图形对象操作是图形编辑操作中最基本的操作。用户可以通过以下方式调用"删除"命令：

- 执行"修改"|"删除"命令。

- 在"默认"选项卡的"修改"面板中，单击"删除"按钮 ✎。
- 在命令行输入ERASE命令并按回车键。

✒ **知识点拨**

选中需要删除的对象后按Delete键同样可以删除图形对象。

5.2.2　镜像图形

在建筑图形中，对称图形是非常常见的。在绘制好图形后，若使用镜像命令操作，即可得到一个相同并方向相反的图形。用户可以利用以下方法调用"镜像"命令：

- 执行"修改"|"镜像"命令。
- 在"默认"选项卡的"修改"面板中，单击"镜像"按钮 ⚑。
- 在命令行输入MIRROR命令并按回车键。

【例5-3】下面以绘制桌椅组合为例，介绍镜像图形的方法。

01 打开已经绘制好的"桌椅组合"文件，如图5-10所示。

02 选中椅子，如图5-11所示。

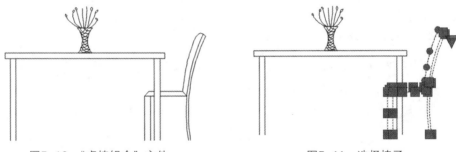

图5-10　"桌椅组合"文件　　　　　　　　　图5-11　选择椅子

03 打开对象捕捉，执行"修改"|"镜像"命令。然后指定镜像线的第一点，如图5-12所示。

04 打开"正交模式"，再指定镜像线的第二点，如图5-13所示。

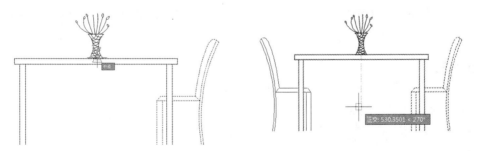

图5-12　指定第一点　　　　　　　　　图5-13　指定第二点

05 指定镜像线的点之后，命令行会出现提示，输入N并按回车键。命令行提示如下。

```
命令：_mirror 找到 11 个
指定镜像线的第一点：指定镜像线的第二点：
要删除源对象吗？[是（Y）/否（N）] <N>：n
自动保存到 C:\Users\Administrator\appdata\local\temp\5.2.2桌椅组合（镜像）
_1_1_6646.sv$ ...
```

06 完成镜像图形后，效果如图5-14所示。

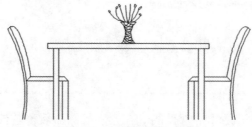

图5-14 "镜像图形"效果

5.2.3 阵列图形

阵列图形是一种有规则的复制图形命令。当绘制的图形需要有规则地分布时，就可以使用阵列图形命令实现，阵列图形包括矩形阵列、环形阵列和路径阵列3种。

用户可以通过以下方式调用"阵列"命令：

● 执行"修改"|"阵列"命令的子命令，如图5-15所示。
● 在"默认"选项卡的"修改"面板中，单击"阵列"的下拉菜单按钮选择阵列方式，如图5-16所示。
● 在命令行输入AR命令并按回车键。

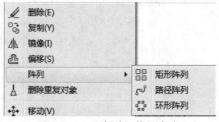

图5-15 "阵列"菜单命令

图5-16 阵列按钮

知识点拨

在命令行输入CO命令，并按回车键，根据提示输入0，就可以选择阵列类型，该命令同样可以阵列图形。

1. 矩形阵列

矩形阵列是指图形呈矩形结构阵列。执行"矩形阵列"命令后，命令行会出现相应的设置选项，下面将对这些选项的具体含义进行介绍。

● 关联：指定阵列中的对象是关联的还是独立的。
● 基点：指定需要阵列基点和夹点的位置。
● 计数：指定行数和列数，并可以动态地观察变化。
● 间距：指定行间距和列间距并使其在移动光标时可以动态观察结果。
● 列数：编辑列数和列间距。"列数"指定阵列中图形的列数，"列间距"指定每列之间的距离。
● 行数：指定阵列中的行数、行间距和行之间的增量标高。"行数"指定阵列中图形的行数，"行间距"指定各行之间的距离，"总计"指定起点和端点行数之间的总距离，"增量标高"用于设置每个后续行的增大或减少。

● 层数：指定阵列图形的层数和层间距。"层数"用于指定阵列中的层数，"层间距"用于Z标值中指定每个对象等效位置之间的差值。"总计"在Z坐标值中用于指定第一个和最后一个层中对象等效位置之间的总差值。

● 退出：退出阵列操作。

【例5-4】下面以绘制门面装饰为例，介绍矩形阵列这一功能。

01 执行"修改"|"阵列"|"矩形阵列"命令，选择图形对象，如图5-17所示。

02 按回车键，根据命令行的提示输入COL命令并按回车键，然后输入列数为2列，间距为350。

03 再次按回车键确定设置，在命令行输入R命令并按回车键，设置行数为4，行间距为-420，即可完成矩形阵列，效果如图5-18所示。

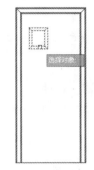
图5-17 选择图形

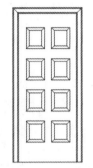
图5-18 矩形阵列

2. 环形阵列

环形阵列是指图形呈环形结构阵列。环形阵列需要指定有关参数。在执行"环形阵列"命令后，命令行会显示关于环形阵列的选项，下面对这些选项的含义进行介绍。

● 中心点：指定环形阵列的围绕点。

● 旋转轴：指定由两个点定义的自定义旋转轴。

● 项目：指定阵列图形的数值。

● 项目间角度：指定阵列图形对象和表达式指定项目之间的角度。

● 填充角度：指定阵列中第一个和最后一个图形之间的角度。

● 旋转项目：控制是否旋转图形本身。

● 退出：退出环形阵列命令。

【例5-5】下面将以绘制圆形餐桌为例，介绍环形阵列的操作方法。

01 打开"圆形餐桌"文件，执行"修改"|"阵列"|"环形阵列"命令，选择椅子图形，如图5-19所示。

02 根据命令行提示指定餐桌圆心为环形阵列的中心点，如图5-20所示。

图5-19 选择图形

图 5-20 指定中心点

03 指定中心点后，系统将自动复制6个图形，如图5-21所示。

04 根据提示，输入I，然后输入项目数为8，按回车键完成环形阵列，效果如图5-22所示。

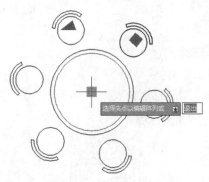 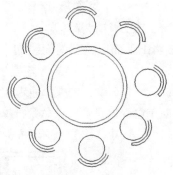

图5-21　默认环形效果　　　　　　　　　　图5-22　设置项目数的最终效果

3. 路径阵列

路径阵列是指图形根据指定的路径进行阵列。路径可以是曲线、弧线、折线等线段。执行"路径阵列"命令后，命令行会显示关于路径阵列的相关选项。下面具体介绍每个选项的含义。

- 路径曲线：指定用于阵列的路径对象。
- 方法：指定阵列的方法。包括定数等分和定距等分两种。
- 切向：指定阵列的图形如何相对于路径的起始方向对齐。
- 项目：指定图形数和图形对象之间的距离。"沿路径项目数"用于指定阵列图形数，"沿路径项目之间的距离"用于指定阵列图形对象之间的距离。
- 对齐项目：控制阵列图形是否与路径对齐。
- Z方向：控制图形是否保持原始Z方向或沿三维路径自然倾斜。

【例5-6】下面以绘制道路绿化区为例，介绍路径阵列的操作方法。

01 打开"植物布局"文件，执行"修改"|"阵列"|"路径阵列"命令，选择图形，如图5-23所示。

02 按回车键选择路径曲线，如图5-24所示。

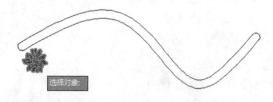 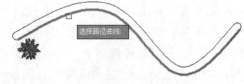

图5-23　选择图形对象　　　　　　　　　　图5-24　选择路径曲线

03 选择路径曲线后，系统就会自动阵列出图形对象，如图5-25所示。

04 根据提示输入I，然后输入500，再指定项目数量为7，按回车键即可，效果如图5-26所示。

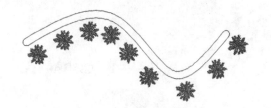 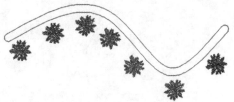

图5-25　默认路径阵列效果　　　　　　　　图5-26　路径阵列效果

5.2.4　旋转图形

旋转图形是指将图形按照指定的角度进行旋转。用户可以通过以下方式旋转图形：

● 执行"修改"|"旋转"命令。

● 在"默认"选项卡的"修改"面板中单击"旋转"按钮↻。

● 在命令行输入RO命令并按回车键。

【例5-7】下面以旋转组合沙发为例，介绍旋转的操作方法。

01 打开"组合沙发"文件，执行"修改"|"旋转"命令，选择沙发图形，如图5-27所示。

02 按回车键，指定旋转基点，如图5-28所示。

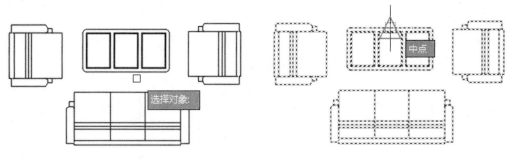

图5-27　选择图形对象　　　　　　　　　　图5-28　指定基点

03 指定基点后，输入旋转角度，如图5-29所示。

04 按回车键完成旋转操作，如图5-30所示。

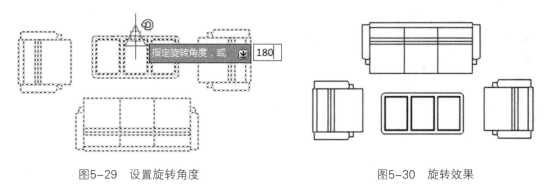

图5-29　设置旋转角度　　　　　　　　　　图5-30　旋转效果

5.2.5　偏移图形

偏移图形是指按照一定的偏移值将图形进行复制和位移。偏移后的图形和原图形的形状相同。用户可以通过以下方式调用"偏移"命令：

● 执行"修改"|"偏移"命令。

● 在"默认"选项卡的"修改"面板中单击"偏移"按钮⊆。

● 在命令行输入O命令并按回车键。

偏移图形后，命令行提示如下。

```
命令: _offset
当前设置: 删除源=否　图层=源　OFFSETGAPTYPE=0
```

指定偏移距离或 [通过（T）/删除（E）/图层（L）] <20.0000>: 150

选择要偏移的对象，或 [退出（E）/放弃（U）] <退出>:

指定要偏移的那一侧上的点，或 [退出（E）/多个（M）/放弃（U）] <退出>:

5.2.6 打断图形

在建筑绘图中，很多复杂的图形都需要进行打断图形操作，打断图形是指将图形剪切和删除图形。用户可以通过以下方式调用"打断"命令：

● 执行"修改"|"打断"命令。

● 在"默认"选项卡中，单击"修改"面板的下拉菜单按钮，在弹出的列表中单击"打断"按钮。

● 在命令行输入BR命令并按回车键。

执行"打断"命令后，命令行提示如下。

命令: _break

选择对象:

指定第二个打断点 或 [第一点（F）]:

5.2.7 延伸图形

执行"延伸"命令后，指定的图形会被延伸到指定的边界。用户可以通过以下方式调用"延伸"命令：

● 执行"修改"|"延伸"命令。

● 在"默认"选项卡的"修改"面板中单击"延伸"按钮。

● 在命令行输入EX命令并按回车键。

【例5-8】下面以绘制窗格为例，介绍延伸的操作方法。

⓿❶ 打开"窗格"文件，执行"修改"|"延伸"命令，选择延伸边界对象，如图5-31所示。

⓿❷ 按回车键，选择需要延伸的对象，如图5-32所示。

图5-31　选择边界对象

图5-32　选择需要延伸的对象

⓿❸ 选择对象后单击鼠标左键，即可延伸对象到指定的边界，如图5-33所示。

⓿❹ 按照上述方法，依次指定需要延伸的对象，即可完成操作，然后按回车键结束操作，如图5-34所示。

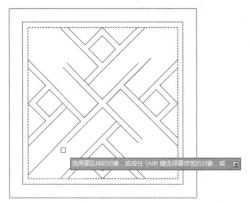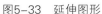

图5-33 延伸图形   图5-34 延伸图形后的效果

5.2.8 倒角和圆角

倒角和圆角可以修饰图形。对于两条相邻的边界多出的线段，倒角和圆角都可以进行修剪。倒角是对图形相邻的两条边进行修饰，圆角则是根据指定的圆弧和半径来进行倒角。

1. 倒角

执行"倒角"命令可以对绘制的图形进行倒角操作，既可以修剪多余的线段，还可以设置图形中两条边的倒角距离和角度。

用户可以通过以下方式调用"倒角"命令：

● 执行"修改"|"倒角"命令。
● 在"默认"选项卡的"修改"面板中单击"倒角"按钮。
● 在命令行输入CHA命令并按回车键。

执行"倒角"命令后，命令行提示如下。

```
命令：_chamfer
（"修剪"模式）当前倒角距离 1 = 0.0000，距离 2 = 0.0000
选择第一条直线或 [放弃（U）/多段线（P）/距离（D）/角度（A）/修剪（T）/方式（E）/
多个（M）]：
```

下面具体介绍命令行中各选项的含义。

● 放弃：取消"倒角"命令。
● 多段线：根据设置的倒角大小对多段线进行倒角。
● 距离：设置倒角尺寸的距离。
● 角度：根据第一个倒角尺寸和角度设置倒角尺寸。
● 修剪：修剪多余的线段。
● 方式：设置倒角的方法。
● 多个：可以对多个对象进行倒角。

【例5-9】下面以绘制地面拼花为例，介绍绘制倒角的方法。

01 执行"矩形"命令，在绘图区绘制一个长为1000mm，宽为1000mm的矩形，在功能区单击"偏移"按钮，选择矩形，并将其绘制向内偏移20mm。

02 再次执行"偏移"命令，将内侧矩形偏移100mm，重复以上操作绘制图形，如图5-35所示。

03 在"默认"选项卡的"修改"面板中单击"倒角"按钮,在命令行输入D,根据提示输入第一个和第二个倒角的距离均为100,如图5-36所示。

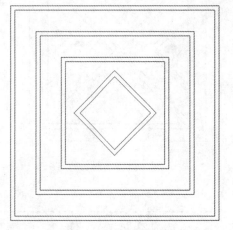

图5-35 绘制长方形

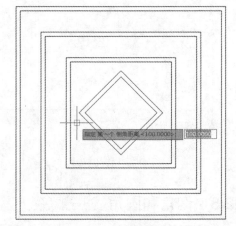

图5-36 设置倒角距离

04 然后选择第一条倒角的直线,再选择第二条倒角的直线,完成倒角操作,如图5-37所示。

05 按回车键继续选择倒角线段,完成其余倒角操作,如图5-38所示。

倒角效果

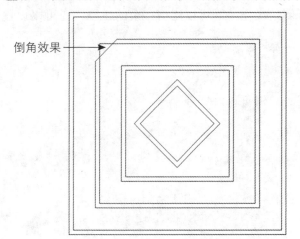

图5-37 倒角效果

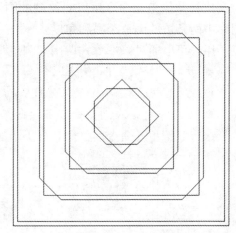

图5-38 绘制地面拼花

2. 圆角

圆角是指通过指定的圆弧半径大小将多边形的边界棱角部分光滑地连接起来。圆角是倒角的一种表现形式。

用户可以通过以下方式调用"圆角"命令:

- 执行"修改"|"圆角"命令。
- 在"默认"选项卡的"修改"面板中单击"圆角"按钮。
- 在命令行输入F命令并按回车键。

执行"圆角"命令后,命令行提示如下。

```
命令: _fillet
当前设置: 模式 = 修剪, 半径 = 0.0000
选择第一个对象或 [放弃(U)/多段线(P)/半径(R)/修剪(T)/多个(M)]:
```

5.3 图案填充

为了使绘制的图形更加丰富多彩，用户需要对封闭的图形进行图案填充。比如，在绘制顶棚布置图和地板材质图时都需要对图形进行图案填充。下面将对图案填充的相关知识进行详细介绍。

5.3.1 图案填充的设置

要进行图案填充前，首先需要进行设置，用户既可以通过"图案填充"选项卡进行设置（如图5-39所示），又可以在"图案填充和渐变色"对话框中进行设置。

图5-39 图案填充选项卡

用户可以使用以下方式打开"图案填充和渐变色"对话框：

- 执行"绘图"｜"图案填充"命令，打开"图案填充"选项卡，在"选项"面板中单击"图案填充设置"按钮，如图5-40所示。
- 在命令行输入H命令，按回车键，再输入T。

1. 类型

类型中包括3个选项，若选择"预定义"选项，则可以使用系统填充的图案；若选择"用户定义"选项，则需要定义由一组平行线或者相互垂直的两组平行线组成的图案；若选择"自定义"选项，则可以使用事先自定义好的图案。

2. 填充图案

单击"图案"下拉列表，即可选择图案名称，如图5-41所示。用户也可以单击"图案"右侧的按钮，在"填充图案选项板"对话框预览填充图案，如图5-42所示。

图5-40 "图案填充和渐变色"对话框

图5-41 选择图案名称

图5-42 预览填充图案

3. 颜色

在"类型和图案"选项组的"颜色"下拉列表中指定颜色，如图5-43所示。若列表中并没有需要的颜色，则可以选择"选择颜色"选项，打开"选择颜色"对话框，选择颜色，如图5-44所示。

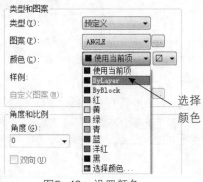

图5-43　设置颜色

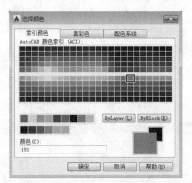

图5-44　"选择颜色"对话框

4. 样例

在样例中同样可以设置填充图案。单击"样例"选项框，弹出"填充图案选项板"对话框，如图5-45所示。从中选择需要的图案，单击"确定"按钮即可完成操作，如图5-46所示。

图5-45　"样例"选项框

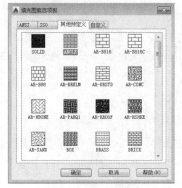

图5-46　选择图案

5. 角度和比例

角度和比例用于设置图案的角度和比例，该选项组可以通过两个方面进行设置。

（1）设置角度和比例

当图案类型为"预定义"选项时，"角度"和"比例"列表框处于激活状态，"角度"是指填充图案的角度，"比例"是指填充图案的比例。在选项框中输入相应的数值，就可以设置线型的角度和比例。如图5-47所示为设置前的效果，如图5-48所示为设置后的效果（设置角度为45，比例为20）。

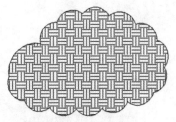

图5-47　设置前的效果

图5-48　设置后的效果

（2）设置角度和间距

当图案类型为"用户定义"选项时，"角度"和"间距"列表框处于激活状态，用户可以设置角度和间距，如图5-49所示。

当勾选"双向"复选框时，平行的填充图案就会更改为互相垂直的两组平行线填充图案。如图5-50所示为勾选"双向"复选框的前后效果。

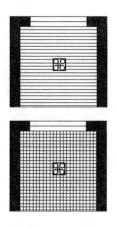

图5-49　角度和间距　　　　　　　图5-50　勾选"双向"复选框前后效果

6. 图案填充原点

许多图案填充需要对齐填充边界上的某一点。在"图案填充原点"选项组中就可以设置图案填充原点的位置。设置原点位置包括"使用当前原点"和"指定的原点"两种选项，如图5-51所示。

（1）使用当前原点

选择该选项，可以使用当前UCS的原点（0，0）作为图案填充的原点。

图5-51　"图案填充原点"选项组

（2）指定的原点

选择该选项，可以自定义原点位置，通过指定一点位置作为图案填充的原点。

● 单击"单击以设置新原点"按钮⊞可以在绘图区指定一点作为图案填充的原点。

● 选择"默认为边界范围"可以以填充边界的左上角、右上角、左下角、右下角和圆心作为原点。

● 选择"存储为默认原点"可以将指定的原点存储为默认的填充图案原点。

7. 边界

该选项组主要用于选择填充图案的边界，也可以进行删除边界、重新创建边界等操作。

● 添加：拾取点。将拾取点任意放置在填充区域上，就可以预览填充效果，如图5-52所示。单击鼠标左键，就可以完成图案填充了。

● 添加：选择对象。根据选择的边界填充图形，如图5-53所示。若选择的边界不是封闭状态，则会显示错误提示信息。

● 删除边界：在利用拾取点或者选择对象定义边界后，单击"删除边界"按钮，可以取消系统自动选取或用户选取的边界，形成新的填充区域。

图5-52　预览填充图案

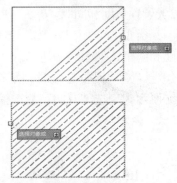

图5-53　选择边界效果

8. 选项

该选项组用于设置图案填充的一些附属功能，其中包括注释性、关联、创建独立的图案填充、绘图次序和继承特性等功能，如图5-54所示。下面将对常用选项的含义进行介绍。

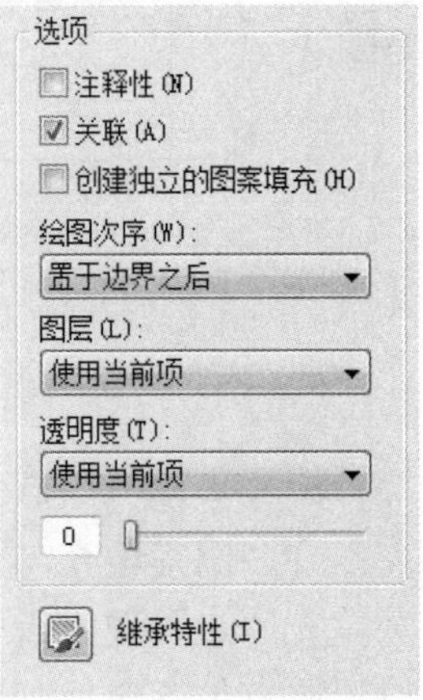

- 注释性：将图案填充为注释性。此特性会自动完成缩放注释过程，从而使注释能够以正确的大小在图纸上打印或显示。
- 关联：在未勾选"注释性"复选框时，关联处于激活状态。关联图案填充随边界的更改而自动更新，而非关联的图案填充则不会随边界的更改而自动更新。
- 创建独立的图案填充：创建独立的图案填充。它不随边界的修改而修改图案填充。
- 绘图次序：该选项用于指定图案填充的绘图次序。
- 继承特性：将现有图案填充的特性应用到其他图案填充上。

图5-54　"选项"选项组

9. 孤岛

孤岛是指定义好的填充区域内的封闭区域。在"图案填充和渐变色"对话框中的右下角单击"更多选项"按钮，即可打开"更多选项"界面，如图5-55所示。

图5-55　"图案填充和渐变色"对话框

下面将对孤岛选项区中各选项的含义进行介绍。

- 孤岛显示样式："普通"是指从外部向内部填充，如果遇到内部孤岛，就断开填充，直到遇到另一个孤岛后，再进行填充，如图5-56所示。"外部"是指遇到孤岛后断开填充图案，不再继续向里填充，如图5-57所示。"忽略"是指系统忽略孤岛对象，所有内部结构都将被填充图案覆盖，如图5-58所示。
- 边界保留：勾选"保留边界"复选框，将保留填充的边界。
- 边界集：用来定义填充边界的对象集。默认情况下，系统根据当前视口确定填充边界。
- 允许的间隙：在公差中设置允许的间隙大小。其默认值为0，这时对象是完整封闭的区域。
- 继承选项：指用户在使用继承特性填充图案时是否继承图案填充原点。

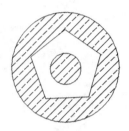
图5-56 "普通"填充效果

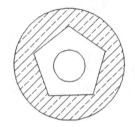
图5-57 "外部"填充效果

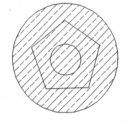
图5-58 "忽略"填充效果

10. 渐变色

渐变色主要用于设置填充图案为渐变色。利用该功能可以对封闭区域进行渐变色填充。如图5-59所示为"渐变色"选项卡。

下面具体介绍该选项卡中各选项组的含义。

- 颜色：该选项组包含"单色"和"双色"两种选项，若勾选"单色"单选按钮，则使用的渐变色填充只有一种颜色，但可以设置颜色的明暗程度；若勾选"双色"单选按钮，则可以将渐变色设置为两种颜色过渡。
- 方向：勾选"居中"复选框，渐变色会居中显示。单击"角度"下拉菜单按钮，在弹出的列表中可以选择渐变色的填充角度，也可以在选项框内直接输入角度数值。

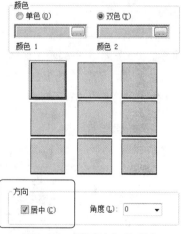
图5-59 "渐变色"选项卡

5.3.2 图案填充

设置完成后，就可以进行图案填充操作了，用户可以通过以下方式调用"图案填充"命令：

- 执行"绘图"|"图案填充"命令。
- 在"默认"选项卡的"修改"面板中单击下拉菜单按钮 修改 ▼，在弹出的列表中单击"编辑图案填充"按钮。
- 在命令行输入H命令并按回车键。

【例5-10】下面通过绘制沙发图案为例来介绍图案填充的方法。

01 打开"沙发"文件，如图5-60所示。

02 在命令行输入H命令并按回车键，再根据提示输入T，打开"图案填充和渐变色"对话框，如图5-61所示。

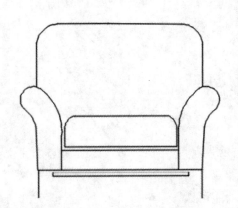

图5-60 打开文件

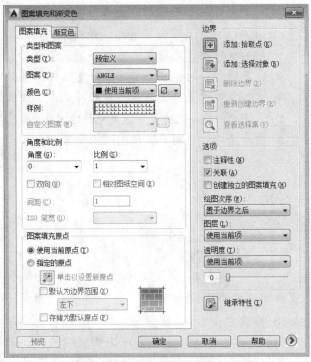

图5-61 "图案填充和渐变色"对话框

03 在"类型"下拉列表中选择"预定义"类型，设置填充图案类型，如图5-62所示。

04 单击"样例"选项框，在弹出的"填充图案选项板"中选择图案后，单击"确定"按钮完成操作，如图5-63所示。

图5-62 设置填充图案类型

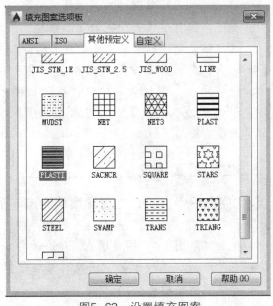

图5-63 设置填充图案

05 单击"颜色"选项框，在弹出的列表中选择"选择颜色"选项，如图5-64所示。

06 在"选择颜色"对话框中选择颜色并单击"确定"按钮完成操作，如图5-65所示。

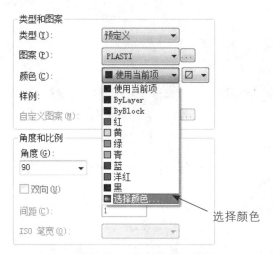

图5-64 "选择颜色"选项

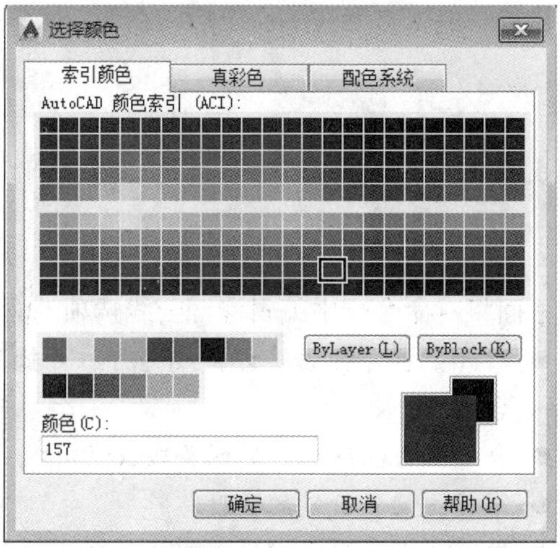

图5-65 选择颜色

07 在"角度和比例"选项组中设置角度为90，比例为10，如图5-66所示。

08 单击"添加：拾取点"按钮，返回绘图区选择需要填充的闭合图形，此时就会预览到填充后的效果，如图5-67所示。然后按回车键即可完成图案填充操作。

图5-66 设置角度和比例

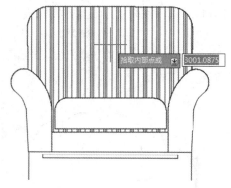

图5-67 选择填充图形

5.4 编辑复杂图形

样条曲线可以绘制复杂的图形，而修订云线可以提醒用户修改内容。这两种线段都是不规则的线段，往往不能一次绘制出想要的结果，所以我们需要编辑线段。下面具体介绍编辑这两种线段的方法和技巧。

5.4.1 编辑修订云线

修订云线用于在检查阶段提醒用户注意图形的某个部分。它是由连续圆弧组成的多段线，所以云线也属于多段线。用户可以通过以下方式调用"编辑多段线"命令：

● 执行"修改"|"对象"|"多段线"命令。

● 在"默认"选项卡的"修改"面板中单击下拉菜单按钮 修改 ▼，在弹出的列表中单击"编辑多段线"按钮 。

● 在命令行输入PEDIT命令并按回车键。

执行"编辑多段线"命令后，命令行提示如下。

```
命令：_pedit
选择多段线或 [多条（M）]：
输入选项 [打开（O）/合并（J）/宽度（W）/编辑顶点（E）/拟合（F）/样条曲线（S）/非
曲线化（D）/线型生成（L）/反转（R）/放弃（U）]：
```

下面将对命令行中编辑修订云线选项的含义进行介绍。

● 打开：将合并的修订云线进行打开操作，若选择的样条曲线不是封闭的图形，则是"闭合选项"。

● 合并：将在线段上的两条或几条样条线合并成一条云线。

● 宽度：设置云线的宽度。

● 编辑顶点：用于提供一组子选项。用户能够编辑顶点和与顶点相邻的线段。

● 样条曲线：将修订云线转换为样条曲线。

● 非曲线化：将修订云线转换为多段线。

● 反转：改变修订云线的方向。

● 放弃：取消上一次的编辑操作。

【例5-11】下面将通过具体编辑操作来介绍修订云线中各选项的效果。

01 执行"绘图" | "修订云线"命令绘制一个修订云线，如图5-68所示。

02 执行"修改" | "对象" | "多段线"命令后，选择云线，单击"打开"选项。完成操作后的效果如图5-69所示。

图5-68 修订云线

图5-69 "打开"效果

03 双击"云线打开"快捷菜单列表，选择"宽度"选项，输入宽度值为100并按回车键即可，如图5-70所示。

04 重复进行操作，选择"样条曲线"选项，效果如图5-71所示。

图5-70 设置宽度效果

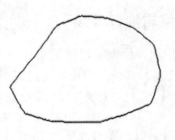

图5-71 "样条曲线"效果

5.4.2 编辑样条曲线

样条曲线是经过或接近影响曲线形状的一系列点的平滑曲线。创建样条曲线后，可以增加、删除样条曲线上的移动点，还可以打开或者闭合路径。

用户可以通过以下方式调用"编辑样条曲线"命令：

- 执行"修改"|"对象"|"样条曲线"命令。
- 在"默认"选项卡的"修改"面板中单击下拉菜单按钮 **修改 ▼**，在弹出的列表中单击"编辑样条曲线"按钮 ⌀。
- 在命令行输入Splinedit命令并按回车键。

📝 知识点拨

在绘图区选择样条曲线双击鼠标左键，在弹出的快捷菜单列表中也可以编辑样条曲线。

执行"编辑样条曲线"命令后，命令行提示如下。

```
命令：_splinedit
选择样条曲线：
输入选项 [闭合（C）/合并（J）/拟合数据（F）/编辑顶点（E）/转换为多段线（P）/反转（R）/放弃（U）/退出（X）] <退出>：
```

下面具体介绍命令行每个选项的含义。

- 闭合：将未闭合的图形进行闭合操作。如果选中的样条曲线为闭合，则"闭合"选项变为"打开"。
- 合并：将在线段上的两条或几条样条曲线合并成一条样条曲线。
- 拟合数据：对样条曲线的拟合点、起点以及端点进行拟合编辑。
- 编辑顶点：编辑顶点操作。其中，"提升阶数"是控制样条曲线的阶数，阶数越高，控制点越高，根据提示，可以输入需要的阶数。"权值"是改变控制点的权重。
- 转换为多段线：将样条曲线转换为多段线。
- 反转：改变样条曲线的方向。
- 放弃：取消上一次的编辑操作。
- 退出：退出编辑样条曲线。

【例5-12】下面将以绘制装饰品模型为例，介绍样条曲线的应用。

① 将绘图空间更改为三维建模，切换视图至前视图，在视图中绘制一个样条曲线，如图5-72所示。

② 单击并拖动节点即可更改样条曲线的形状，效果如图5-73所示。

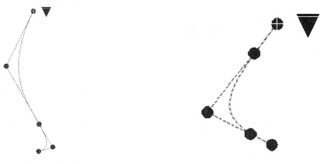

图5-72 绘制样条曲线　　　　　图5-73 拖动节点

03 再绘制一条直线，执行"绘图"|"建模"|"旋转"命令，根据提示选择样条曲线，按回车键将直线的两个端点作为旋转点，然后输入旋转角度，如图5-74所示。

04 此时线段将被旋转，将视图更改外西南等轴测。更改显示样式后，即可显示模型效果，如图5-75所示。

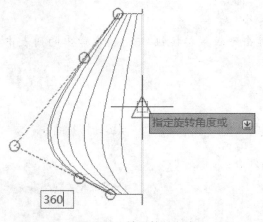

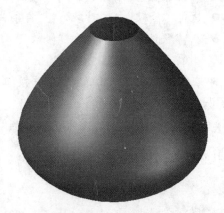

图5-74 输入旋转角度　　　　　　　　　　　图5-75 创建工艺品

5.5 上机实训

为了更好地掌握本章所学习的知识，接下来练习绘制餐桌餐椅平面图和双人床平面图。

5.5.1 绘制餐桌组合

餐桌的形状对用餐氛围有一定影响。长方形的餐桌适用于较大型的聚会场合。下面将介绍长方形餐桌组合的绘制，使用的知识包括"阵列"、"镜像"、"复制"以及"修剪"等。

01 执行"绘图"|"矩形"命令，绘制一个长1500mm、宽800mm的矩形。然后执行"绘图"|"偏移"命令，设置偏移距离为20mm，选中矩形，将鼠标放入矩形内部，矩形将向内偏移20mm，如图5-76所示。

02 再绘制一个长400mm、宽400mm的矩形，绘制完成后将图形进行分解。

03 执行"修改"|"偏移"命令，将矩形的上边线向上偏移100mm，将偏移线段的两端用直线连接，形成封闭图形，如图5-77所示。

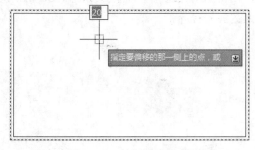

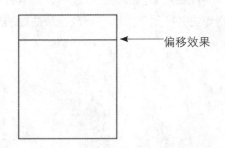

图5-76 绘制餐桌轮廓　　　　　　　　　　　图5-77 餐椅轮廓

04 将连接的两条直线向内偏移15mm，如图5-78所示。

05 删除外侧直线，执行"修改"|"修剪"命令，修剪图形，修剪效果如图5-79所示。

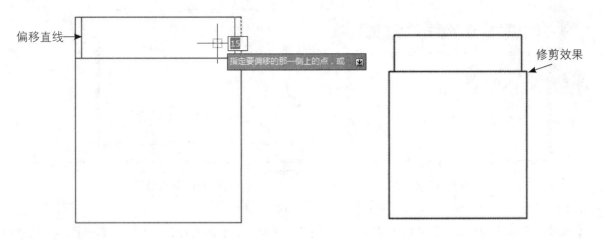

图5-78　偏移直线　　　　　　　　　　图5-79　修剪效果

06 修建完成后，在其中绘制一个长25mm，宽60mm的矩形，将其移至餐椅靠背的适当位置，如图5-80所示。

07 然后利用"矩形阵列"命令，设置阵列列数为9，行数为10。阵列效果如图5-81所示。

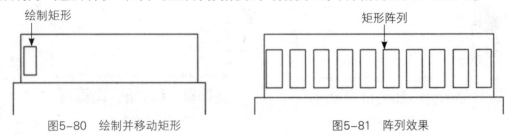

图5-80　绘制并移动矩形　　　　　　图5-81　阵列效果

08 再次执行"修改"｜"偏移"命令将餐椅靠背的上下两条线各向内偏移15mm，将多余的线段进行修剪。至此，餐椅就绘制完成了。

09 将绘制好的餐椅移动到餐桌的适当位置，如图5-82所示。

10 将绘制的餐椅进行阵列，并设置阵列列数为3，行数为1，列间距为480，如图5-83所示。

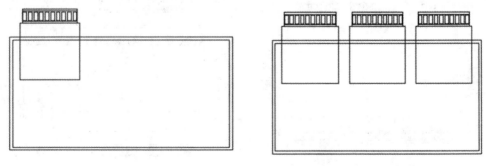

图5-82　移动餐椅　　　　　　　　　图5-83　餐椅阵列效果

11 将阵列的餐椅进行分解，再执行"修改"｜"修剪"命令，将多余的线段进行修剪，效果如图5-84所示。

12 执行"修剪"｜"镜像"命令，选择镜像基点并设置镜像角度，就会预览到镜像效果，如图5-85所示。

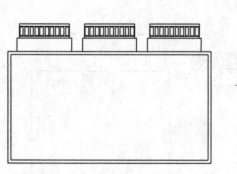

图5-84 修剪椅子多余线段

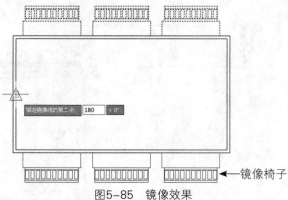

← 镜像椅子

图5-85 镜像效果

⑬ 按回车键完成镜像操作,并根据提示输入N命令并按回车键。

⑭ 选择其中一把餐椅,复制并旋转餐椅,将复制的餐椅移动到餐桌的左侧,如图5-86所示。

⑮ 将左侧餐椅镜像至右侧,如图5-87所示。

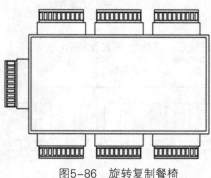

图5-86 旋转复制餐椅

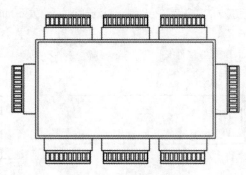

图5-87 镜像左侧餐椅

⑯ 将餐桌的外框线分解,然后将上下外框线向内偏移150mm,并将多余线段进行修剪,效果如图5-88所示。

⑰ 执行"绘图"|"直线"命令,绘制长为50mm的线段,将绘制的线段进行阵列,设置阵列数为165,列宽为9,行数为1,效果如图5-89所示。

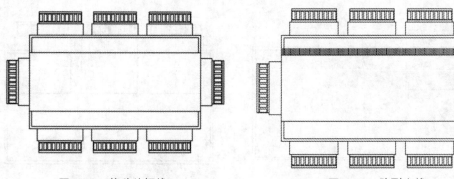

图5-88 偏移外框线

图5-89 阵列直线

⑱ 镜像阵列的线段至下侧。至此,桌布就绘制完成了,如图5-90所示。

⑱ 执行"绘图"|"圆"|"圆心、半径"命令,绘制一个半径为50mm的圆,然后将绘制的圆向内偏移20mm,并绘制直线,完成灯具的绘制。

⑳ 复制灯具至餐桌的左右两侧,然后插入绿植,使桌面更加丰富,如图5-91所示。

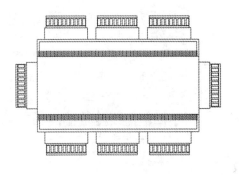

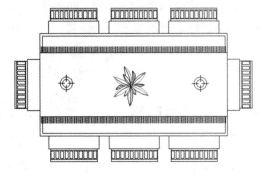

图5-90　绘制桌布　　　　　　　　　　　图5-91　绘制灯具

㉑ 在命令行输入H命令并按回车键，根据提示输入T，在"图案填充和渐变色"对话框中单击"样例"列表框，如图5-92所示。

㉒ 在"填充图案选项板"对话框中选择图案，单击"确定"按钮完成操作，如图5-93所示。

图5-92　"图案填充和渐变色"对话框

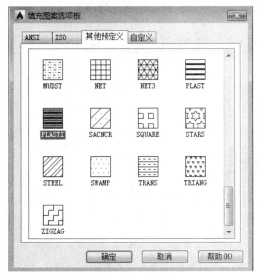

图5-93　设置图案

㉓ 返回"图案填充和渐变色"对话框，在"颜色"下拉列表中选择"选择颜色"选项，在"选择颜色"对话框中设置颜色，如图5-94所示。

㉔ 在"角度和比例"选项组中设置比例为5，如图5-95所示。

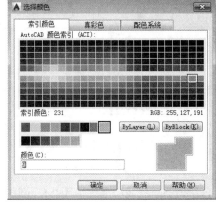

图5-94　设置颜色

图5-95　设置填充比例

㉕ 在"边界"选项组中单击"添加：拾取点"按钮，返回绘图区，在餐桌内任意指定位置，完成图案填充，如图5-96所示。

㉖ 至此，餐桌就绘制完成了。最后保存文件即可。

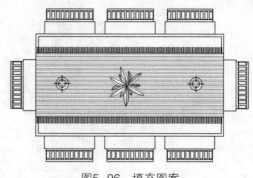

图5-96 填充图案

5.5.2 绘制时尚双人床 ------------------

本例将利用"直线"、"矩形"、"偏移"、"圆弧"等命令绘制双人床，下面具体介绍绘制双人床的方法。

① 执行"绘图"|"矩形"命令，绘制一个长为1800mm、宽为2000mm的矩形，然后利用"直线"命令绘制床的靠背，如图5-97所示。

② 再次使用"矩形"命令绘制长为1800mm、宽为50mm的床头柜，并放置在合适的位置，如图5-98所示。

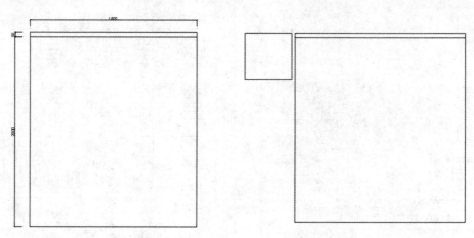

图5-97 绘制床板和靠背　　　　　　　　　图5-98 绘制床头柜

③ 在"默认"选项卡的"修改"面板中单击"偏移"按钮，设置偏移距离为20。

④ 按回车键，根据提示选择偏移对象，并将鼠标放置在矩形内部，如图5-99所示。

⑤ 单击鼠标左键即可偏移矩形，如图5-100所示。

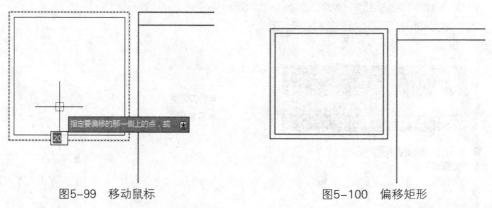

图5-99 移动鼠标　　　　　　　　　　图5-100 偏移矩形

⑥ 执行"绘图"|"圆心、半径"命令，绘制半径为93mm和103mm的同心圆，并添加过圆形的垂直线，作为台灯的平面图，如图5-101所示。

07 执行"修改"|"镜像"命令，选择镜像对象，并指定镜像点，如图5-102所示。

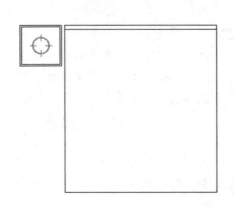

图5-101 绘制台灯

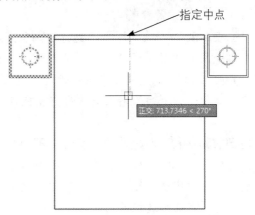

指定中点

图5-102 指定镜像点

08 单击鼠标，并根据提示输入N，然后按回车键即可镜像床头柜。

09 执行"插入"|"块"命令，选择插入的块并单击"确定"按钮，如图5-103所示。

10 返回绘图区指定插入块的位置，并单击鼠标左键即可插入定义过的块，如图5-104所示。

图5-103 单击"确定"按钮

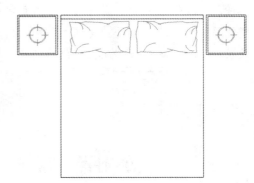

图5-104 插入枕头

11 执行"绘图"|"多段线"命令即可绘制被子的形状，如图5-105所示。

12 再次插入之前定义好的"方毯"和"地毯"块。插入完成后，双人床就绘制完成了，效果如图5-106所示。

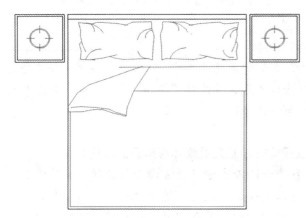

图5-105 绘制被子形状

图5-106 绘制时尚双人床

5.6 常见疑难解答 💡

在学习的过程中，读者可能会提出各种各样的疑问，在此我们对常见的问题及其解决办法进行了汇总，以供读者参考。

Q：为什么在AutoCAD填充后看不到标注箭头变成了空心？

A：这些都是因为填充显示的变量设置关闭了。执行"工具"|"选项"命令打开"选项"对话框，在"显示"选项卡的"显示性能"选项组中勾选"应用实体填充"复选框，然后单击"确定"按钮，返回绘图区再次进行填充操作，即可显示出填充效果。

Q：从左到右和从右到左框选图形有什么不同？

A：框选是指利用拖动鼠标形成的矩形区域选择对象。从左到右框选为窗交模式，选择图形的所有顶点和边界完全在矩形范围内时才会被选中；从右到左框选为交叉模式，图形中任意一个顶点和边界在矩形选框范围内就会被选中。

Q：镜像图形中文字翻转了怎么办？

A：当在AutoCAD中选择图形进行镜像时，如果其中包含文字，通常我们希望文字保持原始状态，因为如果文字也反过来的话，就会不可读。所以AutoCAD针对文字镜像进行了专门的处理，并提供了一个变量控制。控制文字镜像的变量是MIRRTEXT，当其值为0时，可保持镜像过来的字体不旋转；其值为1时，文字会按实际进行镜像。如图5-107所示为变量为0的效果，如图5-108所示为变量为1的效果。

图5-107　变量为0的镜像效果　　　　图5-108　变量为1的镜像效果

Q：如何将一个平面图形旋转并与一根斜线平行？

A：首先测量斜线角度，然后旋转图形，但是如果斜线的角度并不是一个整数，这种旋转就会有一定的误差。遇到这种情况，用户可以选择平面图形，再执行"旋转"命令，将目标点和旋转点均设置为斜线上的点，即可使平面图形与斜线平行。

Q：创建环形阵列的时候始终是沿逆时针方向进行旋转，怎么更改环形阵列的旋转方向？

A：在使用"阵列"命令对对象进行阵列时，系统默认沿着逆时针方向进行旋转。如果需要更改其旋转角度，则在"环形阵列"面板中可以更改这一设置。进行环形阵列后，双击阵列图形，打开"环形阵列"面板，在其中设置旋转方向。设置完成后图形将以顺时针方向进行旋转。

5.7 拓展应用练习

为了让读者更好地掌握编辑图形的知识，在此列举几个针对于本章的拓展案例，以供读者练手！

◎ 绘制并编辑窗帘

利用"直线"、"圆弧"等命令以及编辑命令绘制如图5-109所示的窗帘图形。

操作提示：

① 利用"直线"、"圆弧"等命令绘制窗帘轮廓。

② 对绘制好的窗帘执行镜像操作即可，如图5-110所示。

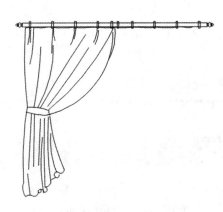

图5-109　绘制窗帘布　　　　　　　　　图5-110　镜像窗帘

◎ 绘制洗衣机

利用"直线"、"矩形"、"圆"命令以及编辑图形命令绘制如图5-111所示的洗衣机图形。

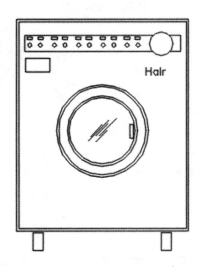

图5-111　绘制洗衣机

操作提示：

① 利用"矩形"命令绘制洗衣机边框和内部轮廓。

② 利用"圆"、"直线"等命令绘制洗衣机面板并对其进行简单装饰。

第6章
块、外部参照及设计中心

本章概述　如果图形中含有大量相同的图形，那么用户便可以把这些图形保存为图块进行调用。此外，用户还可以把已有的图形文件以参照的形式插入到当前图形中，或者通过AutoCAD设计中心使用和管理这些文件。

知识要点
- 图块的应用；
- 编辑及管理图块；
- 外部参照的使用；
- 设计中心的应用；
- 动态图块。

6.1　图块的应用

图块是由一个或多个对象组成的对象集合，它将不同的形状、线型、线宽和颜色的对象组合定义成块。利用图块可以减少大量重复的操作步骤，从而提高设计和绘图的效果。

6.1.1　创建图块

创建图块就是将已有的图形对象定义为图块。图块分为内部图块和外部图块两种。内部块是跟随定义的文件一起保存的，存储在图形文件内部，只可以在存储的文件中使用，其他文件不能调用。

用户可以通过以下方式创建图块。

- 执行"绘图"|"块"|"创建"命令。
- 在"插入"选项卡的"块定义"面板中单击"创建"按钮。
- 在命令行输入B命令并按回车键。

执行以上任意一种方法均可以打开"块定义"对话框，如图6-1所示。

其中，"块定义"对话框中各选项的含义介绍如下。

- 名称：用于设置块的名称。
- 基点：指定块的插入基点。用户可以输

图6-1　"块定义"对话框

入坐标值定义基点，也可以单击"拾取点"按钮定义插入基点。
- 对象：指定新块中的对象和设置创建块之后如何处理对象。
- 方式：指定插入后的图块是否具有注释性、是否按统一比例缩放和是否允许被分解。
- 在块编辑器中打开：当创建块后，打开块编辑器可以编辑块。
- 说明：指定图块的文字说明。

【例6-1】下面将以创建绿植图块为例，介绍创建块的方法。

01 执行"绘图"|"块"|"创建"命令，打开"块定义"对话框，在"对象"选项组中单击"选择对象"按钮，如图6-2所示。

02 返回绘图区选择图形，如图6-3所示。

图6-2 单击"选择对象"按钮   图6-3 选择图形

03 按回车键返回"块定义"对话框。此时，选择的图形就会在"名称"列表框后显示出来。在"基点"选项组中单击"拾取点"按钮，如图6-4所示。

04 返回绘图区，指定将绿植的中心点作为基点，如图6-5所示。

图6-4 单击"拾取点"按钮   图6-5 指定基点

05 按回车键返回对话框，在"设置"选项组中单击"块单位"下拉列表，在弹出的列表中选择"毫米"作为单位，如图6-6所示。

06 在"名称"列表框中输入名称为"绿植"，完成块命名。

07 单击"确定"按钮创建块，在绘图区选择图形，即可预览图块的夹点显示状态，如图6-7所示。

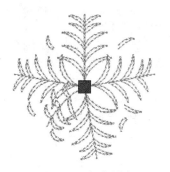

图6-6 设置单位   图6-7 完成创建

6.1.2 存储图块

存储块是指将图形存储到本地磁盘中，用户可以根据需要将块插入到其他图形文件中。用户可以通过以下方式创建外部块：

● 在"默认"选项卡的"块定义"面板中单击"写块"按钮。

● 在命令行输入W命令并按回车键。

执行以上任意一种方法即可打开"写快"对话框，如图6-8所示。其中各选项的含义介绍如下。

● 块：将创建好的块保存至本地磁盘。

● 整个图形：将全部图形保存块。

● 对象：指定需要的图形保存磁盘的块对象。用户可以使用基点指定块的基点位置，使用"对象"选项组设置块和插入后如何处理对象。

● 目标：设置块的保存路径。

● 插入单位：设置插入后图块的单位。

图6-8 "写快"对话框

【例6-2】下面将以存储花瓶图块为例，介绍创建存储图块的方法。

01 执行"插入"|"块"命令，打开"写块"对话框，选择"对象"选项，激活"基点"和"对象"选项组，如图6-9所示。

02 在"对象"选项组中单击"选择对象"按钮，返回绘图区选择图形对象，如图6-10所示。

图6-9 选择"对象"选项

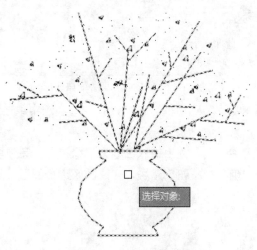

图6-10 选择图形对象

03 按回车键返回对话框，单击"拾取点"按钮，如图6-11所示。

04 指定图形的插入基点，如图6-12所示。

05 设置"插入单位"为毫米，单击"文件名和路径"下拉列表右侧的按钮，如图6-13所示。

06 输入图块名称，设置存储路径，单击"保存"按钮完成设置，如图6-14所示。

图6-11 单击"拾取点"按钮

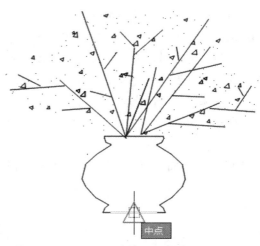

图6-12 设置基点

图6-13 单击下拉列表右侧按钮

图6-14 设置图块名称和保存路径

07 设置插入图块的单位，并单击"确定"按钮完成存储图块的操作。

6.1.3 插入图块

当图形被定义为块之后，就可以使用插入块命令将图形插入到当前图形中。用户可以通过以下方式调用插入块命令。

● 执行"插入"|"块"命令。

● 在"插入"选项卡的"块"面板中单击"插入"按钮 。

● 在命令行输入I命令并按回车键。

执行以上任意一种操作即可打开"插入"对话框，如图6-15所示。

其中，各选项的含义介绍如下。

图6-15 "插入"对话框

- 名称：用于选择插入块或图形的名称。
- 插入点：用于设置插入块的位置。
- 比例：用于设置块的比例。"统一比例"复选框用于确定插入块在X、Y、Z这三个方向的插入块比例是否相同。若勾选该复选框，则只需要在X文本框中输入比例值。
- 旋转：用于设置插入图块的旋转度数。
- 块单位：用于设置插入块的单位。
- 分解：用于将插入的图块分解成组成块的各基本对象。

【例6-3】下面将以绘制装饰画为例，介绍插入块的操作方法。

① 首先利用"直线"命令绘制画框，如图6-16所示。

② 执行"插入"|"块"命令，打开"插入"对话框，单击"名称"下拉列表后的"浏览"按钮，如图6-17所示。

③ 打开"选择图形文件"对话框，打开外部块存储的文件夹，选择需要插入的块，如图6-18所示。

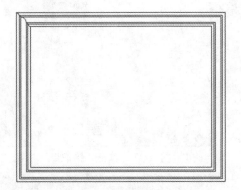

图6-16　绘制画框

图6-17　"插入"对话框

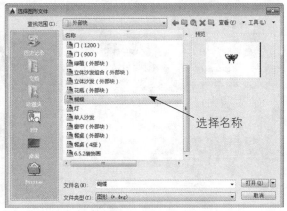

图6-18　选择块

④ 单击"打开"按钮，返回"插入"对话框，设置块单位为毫米，然后单击"确定"按钮完成插入块操作，如图6-19所示。

⑤ 这时，绘图区就会显示出插入的块了，效果如图6-20所示。

图6-19　单击"确定"按钮

图6-20　插入效果

6.2 编辑及管理块的使用

除了可以创建普通的块之外，用户还可以创建带有属性的块，块的属性是块的组成部分。这些文字对象属性包含在块中，若要编辑和管理块，就要先定义块的属性，使属性和图形一起被定义在块中，再进行编辑和管理。

6.2.1 编辑块的属性

在编辑块的属性之前，用户需要先定义块的属性。定义属性后，才可以进行块的编辑。定义块属性后，用户可以像修改其他对象一样对属性图块进行编辑。

1. 定义块属性

块属性可以在"属性定义"对话框中进行定义。用户执行"绘图"|"块"|"定义属性"命令即可打开"属性定义"对话框，如图6-21所示。

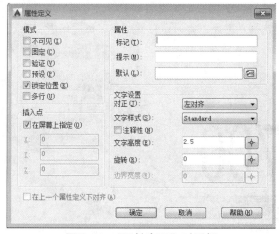

图6-21 "属性定义"对话框

其中，各选项的含义介绍如下。

● 模式：设置属性模式。其中，"不可见"指插入块时是否显示属性值，"固定"指插入块时所属块是否是固定值，"验证"指插入块时提醒验证属性值是否正确，"预设"指属性值是否直接预设成它的默认值。"锁定位置"指锁定块参照中属性的位置，"多行"指属性值可以包含多行文字。

● 插入点：设置属性值的插入点。在选项框内输入相应的坐标值即可。

● 属性：设置定义块的属性。

● 文字设置：设置属性文字。

📝 **知识点拨**

在"插入"选项卡的"块"定义面板中，单击"定义属性"按钮，也可以打开"属性定义"对话框。

【例6-4】下面将以设置墙体标高为例，介绍属性定义的方法。

①① 执行"绘图"|"直线"命令，绘制一个标记符号，如图6-22所示。

②② 执行"绘图"|"块"|"定义属性"命令，打开"属性定义"对话框。

③③ 在对话框中设置各参数，如图6-23所示。

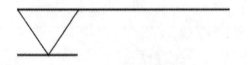

图6-22 绘制标记符号 　　　　　　　　图6-23 设置参数

04 单击"确定"按钮返回绘图区，指定标记符号的基点，如图6-24所示。

05 设置完成后，在"插入"选项卡的"块定义"面板中单击"写块"按钮，打开"写块"对话框，利用对话框选项选择对象，指定插入基点，并设置存储路径，然后单击"确定"按钮，如图6-25所示。

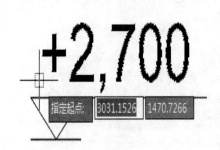

图6-24 指定基点 　　　　　　　　　　图6-25 存储图块

06 执行"插入"|"块"命令，打开"插入"对话框，单击"浏览"按钮，打开存储的图块，如图6-26所示。

07 单击"确定"按钮完成操作，此时返回绘图区，单击鼠标左键指定插入点。

08 此时将弹出"编辑属性"对话框，在"编辑属性"对话框中可以设置标高，如图6-27所示。

图6-26 选择插入块 　　　　　　　　　图6-27 设置标高

09 单击"确定"按钮完成设置，这时绘图区就会显示设置后的标高，如图6-28所示。

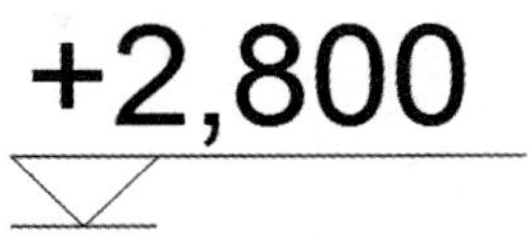

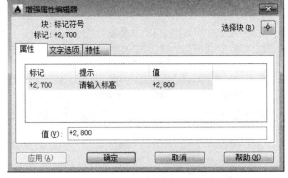

2. 编辑块属性

定义块属性后插入块时，如果不需要属性完全一致的块，就需要对块进行编辑操作。在"增强属性编辑器"对话框中可以对图块进行编辑。用户可以通过以下方式打开"增强属性编辑器"对话框。

图6-28 设置标高效果

● 执行"修改"|"对象"|"编辑"|"文字"命令。

● 在命令行输入EATTEDIT命令并按回车键，根据提示选择块。

执行以上任意一种操作即可打开"增强属性编辑器"对话框，如图6-29所示。

下面将对"增强属性编辑器"对话框中各选项卡的含义进行介绍。

● 属性：显示块的标识、提示和值。选择属性，对话框下方的值选项框将会出现属性值，可以在该选项框中进行设置。

● 文字选项：该选项卡用来修改文字格式。其中包括文字样式、对正、高度、旋转、宽度因子、倾斜角度、反向和倒置等选项。

图6-29 "增强属性编辑器"对话框

● 特性：在其中可以设置图层、线型、颜色、线宽和打印样式等选项。

📝 **知识点拨**

双击创建好的属性图块，同样可以打开"增强属性编辑器"对话框。

6.2.2 块属性管理器

在"插入"选项卡的"块定义"面板中单击"管理属性"按钮，即可打开"块属性管理器"对话框，如图6-30所示。从中即可编辑定义好的属性图块。

下面将对"块属性管理器"对话框中各选项的含义进行介绍。

● 块：列出当前图形中定义属性后的图块。

● 属性列表：显示当前选择图块的属性特性。

图6-30 "块属性管理器"对话框

● 同步：更新具有当前定义的属性特性选定块的全部实例。

● 上移和下移：在提示序列的早期阶段移动选定的属性标签。

● 编辑：单击"编辑"按钮，可以打开"编辑属性"对话框。在该对话框中可以修改定义图块的属性，如图6-31所示。

● 删除：从块定义中删除选定的属性。

● 设置：单击"设置"按钮，可以打开"块属性设置"对话框，如图6-32所示。从中可以设置属性信息的列出方式。

图6-31 "编辑属性"对话框

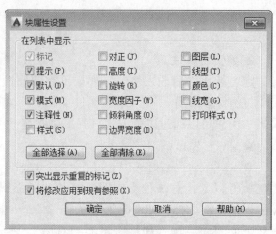

图6-32 "块属性设置"对话框

6.3 外部参照的使用

在实际绘图过程中，如果需要按照某个图进行绘制，就可以使用外部参照，外部参照可以作为图形的一部分。外部参照和块有很多相似的部分，但也有所区别。作为外部参照的图形会随着原图形的修改而更新。

6.3.1 附着外部参照

若需要使用外部参照图形，首先需要附着外部参照，在"插入"选项卡中单击"附着"按钮，即可打开"选择参照文件"对话框，如图6-33所示。从中选择文件后，将打开"附着外部参照"对话框，如图6-34所示。然后单击"确定"按钮即可将图形文件以外部参照的方式插入到当前图形中。

图6-33 "选择参照文件"对话框

图6-34 "附着外部参照"对话框

📝 **知识点拨**

在命令行输入XATTACH命令也可以打开"选择参照文件"对话框。

6.3.2 管理外部参照

附着外部参照后可以在"外部参照"面板中编辑和管理外部参照。用户可以通过以下方式打开"外部参照"面板。

● 执行"插入"|"外部参照"命令。

● 在"插入"选项卡的"参照"面板中单击"外部参照"按钮◢。

● 在命令行输入XREF命令并按回车键。

执行以上任意一种操作即可打开"外部参照"面板，如图6-35所示。其中各选项的含义介绍如下：

● 附着：单击"附着"按钮，即可添加不同格式的外部参照文件。

● 文件参照：显示当前图形中各种外部参照的文件名称。

● 详细信息：显示外部参照文件的详细信息。

● 列表图：单击该按钮，设置图形以列表的形式显示。

● 树状图：单击该按钮，设置图形以树状的形式显示。

✎ 知识点拨

在"文件参照"列表框中，在外部文件上单击鼠标右键，即可打开快捷菜单。用户可以根据快捷菜单的选项编辑外部文件。

图6-35 "外部参照"面板

6.3.3 剪裁外部文件

用户可以对外部文件进行裁剪。用户可以通过以下方式调用"剪裁"命令。

● 执行"修改"|"剪裁"|"外部参照"命令。

● 在"插入"选项卡的"参照"面板中单击"剪裁"按钮▣。

● 在命令行输入CLIP命令并按回车键。

【例6-5】下面将以裁剪花瓶为例，介绍剪裁外部文件的方法。

01 在"插入"选项卡的"参照"面板中单击"附着"按钮▣，在"选择参照文件"对话框中选择文件，单击"打开"按钮，打开"附着外部参照"对话框。

02 在"附着外部参照"对话框中单击"确定"按钮，将图形文件插入到当前图形中，如图6-36所示。

03 在"插入"选项卡的"参照"面板中单击"剪裁"按钮▣，然后选择外部文件，如图6-37所示。

图6-36 插入外部文件

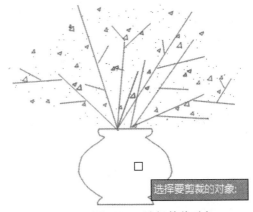

选择要剪裁的对象:

图6-37 选择剪裁对象

04 在弹出的快捷菜单列表中选择"新建边界"选项，如图6-38所示。然后再单击"矩形"选项，如图6-39所示。

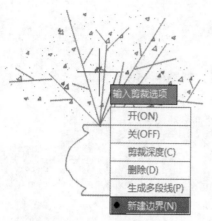

图6-38 选择"新建边界"选项

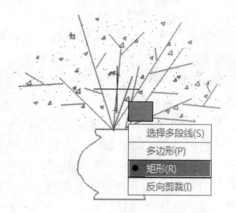

图6-39 单击"矩形"选项

05 设置完成后,指定边界区域,如图6-40所示。

06 设置边界区域后,就完成了剪裁外部文件操作,如图6-41所示。

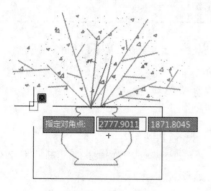

图6-40 指定剪裁边界

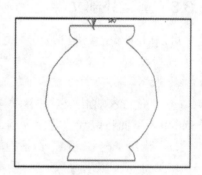

图6-41 裁剪效果

知识点拨

单击剪裁后的外部对象,在下边框上会出现向上的箭头,如图6-42所示。单击该箭头后,会更改裁剪区域,此时绘图区将显示被裁剪的区域,下边框向上的箭头就更改成了向下的箭头,如图6-43所示。

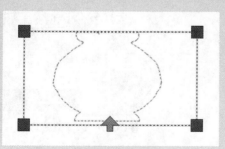

图6-42 选择外部文件

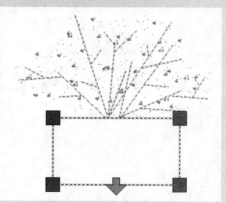

图6-43 更改裁剪区域

6.3.4 编辑外部参照

块和外部参照都被视为参照，用户可以使用在位参照编辑来修改当前图形中的外部参照，也可以重定义当前图形中的块定义。

用户可以通过以下方式打开"参照编辑"对话框。

● 执行"工具"|"外部参照和块在位编辑"|"在位编辑参照"命令。
● 在"插入"选项卡的"参照"面板中，单击"参照"下拉菜单按钮，在弹出的列表中单击"编辑参照"按钮 。
● 在命令行输入REFEDIT命令并按回车键。
● 双击需要编辑的外部参照图形。

【例6-6】下面将以编辑立体沙发为例，介绍编辑外部参照的方法。

01 在"插入"选项卡的"参照"面板中单击"附着"按钮，打开需要参照的文件。

02 在"附着外部参照"对话框中设置各参数，如图6-44所示。

03 单击"确定"按钮，指定插入点，插入外部参照文件，如图6-45所示。

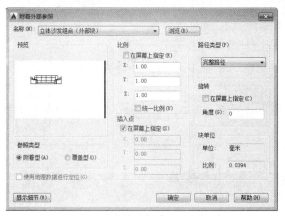

图6-44 "附着外部参照"对话框

图6-45 指定插入点

04 执行"工具"|"外部参照和块在位编辑"|"在位编辑参照"命令，选择需要编辑的外部参照对象，如图6-46所示。

05 在"参照编辑"对话框的"参照名"列表中选择文件名，预览区就会预览选择的图形，如图6-47所示。

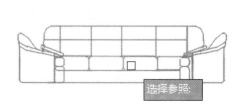

图6-46 选择外部参照文件

图6-47 "参照编辑"对话框

06 单击"确定"按钮，进入编辑窗口，这时外部参照更改成了黑色，如图6-48所示。

07 选中外部参照，将图形进行分解，执行"颜色"|"格式"命令，在弹出的对话框中设置合适的颜色，然后单击"确定"按钮完成操作，效果如图6-49所示。

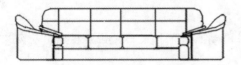
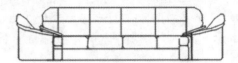

图6-48 编辑状态   图6-49 更改颜色效果

08 单击功能区右侧的"编辑参照"下拉菜单按钮，在弹出的列表中单击"保存修改"按钮，即可保存编辑后的外部参照。

知识点拨

"参照编辑"对话框中各选项的含义介绍如下。

- 自动选择所有嵌套的对象：控制嵌套对象是否包含在参照编辑任务中。
- 提示选择嵌套的对象：控制是否在参照编辑中逐个选择嵌套对象。
- 创建唯一图层、样式和块名：控制在参照编辑中提取的图层、样式和块名是否是唯一可修改的。
- 锁定不在工作集中的对象：锁定所有不在工作集中的对象，避免在操作过程中意外编辑和选择了宿主图形中的对象。

6.4 设计中心的应用

在AutoCAD设计中心中，用户可以浏览、查找、预览和管理AutoCAD图形；可以将原图形中的任何内容拖动到当前图形中；还可以对图形进行修改，使用起来非常方便。下面将具体介绍如何打开"设计中心"选项板和如何插入设计中心内容。

6.4.1 "设计中心"选项板

AutoCAD设计中心向用户提供了一个高效且直观的工具。在"设计中心"选项板中，用户可以浏览、查找、预览和管理AutoCAD图形。用户可以通过以下方式打开"设计中心"选项板：

- 执行"工具"|"选项板"|"设计中心"命令。
- 在"视图"选项板的"选项板"面板中单击"设计中心"按钮。
- 在命令行输入ADCENTER命令并按回车键。
- 按Ctrl+R快捷键。

执行上任意一种操作即可打开"设计中心"选项板，如图6-50所示。

从选项板中可以看出设计中心是由工具栏和选项卡组成的。工具栏包括"加载"、"上一级"、"搜索"、"主页"、"树状图切换"、"预览"、"说明"、"视图"和"内容窗口"等工具。选项卡包括"文件夹"、"打开的图形"和"历史记录"。

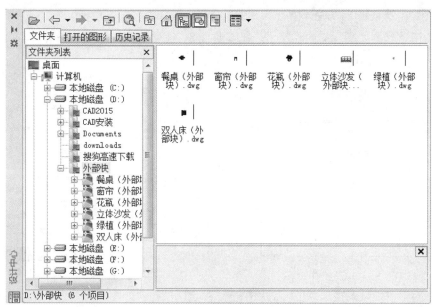

图6-50 "设计中心"选项板

1. 工具栏

工具栏控制内容区中信息的显示和搜索。下面具体介绍各选项的含义。

- 加载：单击加载按钮，显示加载对话框，可以浏览本地和网络驱动器的Web文件，然后选择文件加载到内容区域。
- 上一级：返回显示上一个文件夹和上一个文件夹中的内容和内容源。
- 搜索：对指定位置和文件名进行搜索。
- 主页：返回到默认文件夹。单击树状图按钮，在文件上单击鼠标右键即可设置默认文件夹。
- 树状图切换：显示和隐藏树状图，更改内容窗口的大小显示。
- 预览：显示或隐藏内容区域选定项目的预览。
- 说明：显示和隐藏内容区域窗格中选定项目的文字说明。
- 视图：更改内容窗口中文件的排列方式。
- 内容窗口：显示选定文件夹中的文件。

2. 选项卡

"设计中心"选项卡是由"文件夹"、"打开的图形"和"历史记录"组成的。

- 文件夹：可浏览本地磁盘或局域网中所有的文件、图形和内容。
- 打开的图形：显示软件已经打开的图形。
- 历史记录：显示最近编辑过的图形名称及目录。

6.4.2 "设计中心"选项板的应用

通过"设计中心"选项板可以方便地插入图块，引用图像和外部参照。可以在图形之间进行对复制图层、图块、线型、文字样式、标注样式和用户定义等内容的操作。

【例6-7】下面将以绘制电视背景墙为例，介绍如何插入设置中心内容。

01 首先打开"电视背景墙"文件，如图6-51所示。

02 执行"工具"|"选项板"|"设计中心"命令，打开"设计中心"选项板。

03 在内容窗口中选择需要插入的内容文件，在文件上单击鼠标右键，在弹出的快捷菜单列表中选择"插入为块"选项，如图6-52所示。

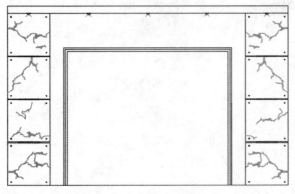

图6-51　打开文件

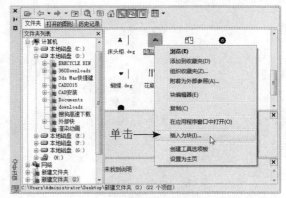

图6-52　单击"插入为块"选项

04 在"插入"对话框中设置插入单位，然后单击"确定"按钮，如图6-53所示。

05 在绘图区指定插入点即可插入设计中心内容。填充图案后，效果如图6-54所示。

图6-53　设置插入单位

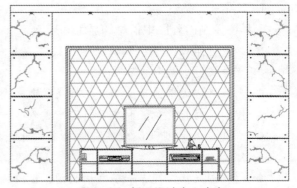

图6-54　插入设计中心内容

6.5　动态图块

块是指将在不同图层上的图形组合成块，以方便用户使用。动态图块则是带有可变量的块，和块相比，动态图块多了参数和动作，因此它具有灵活和智能性。下面将具体介绍创建和编辑动态块的方法。

6.5.1　创建动态块

动态块是指使用块编辑添加参数和动作，向图块添加动态行为。添加动态行为后，可以利用加点进行图块调节，省略了输入和命令的步骤，因此使用起来非常方便。

【例6-8】下面将以创建动态门为例，介绍创建动态块的方法。

01 在"插入"选项板的"块"面板中单击"插入"按钮，在绘图区插入门图块，如图6-55所示。

02 单击"块编辑器"按钮，打开"编辑块定义"对话框，并在列表中选择"门"选项，如图6-56所示。

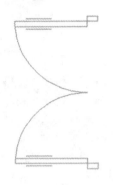

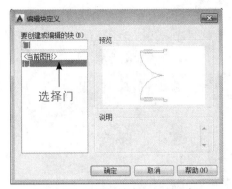

图6-55 插入图块　　　　　　　　图6-56 "编辑块定义"对话框

03 单击"确定"按钮，进入添加参数和动作状态，打开"块编写选项板"，在"参数"选项卡中单击"线性"按钮，如图6-57所示。

04 在绘图区捕捉门的两个端点，然后拖动鼠标向下移动，指定标签位置，如图6-58所示。

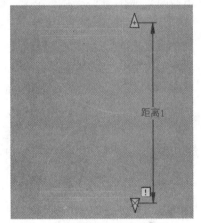

图6-57 块编写选项板　　　　　　　图6-58 添加线性参数

05 在"参数"选项卡中单击"旋转"按钮。

06 然后在绘图区中指定基点，并输入参数半径为500mm，指定默认旋转角度为0°，按回车键即可完成操作，如图6-59所示。

07 在"块编写选项板"中打开"动作"选项卡，如图6-60所示。

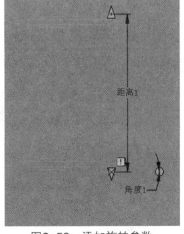

图6-59 添加旋转参数　　　　　　　图6-60 "动作"选项卡

08 单击"缩放"按钮,在绘图区选择线性参数,根据提示选择门图形,然后按回车键即可添加缩放动作,此时线性参数周围会出现缩放的小图标,如图6-61所示。

09 重复上述操作,完成添加旋转动作操作,操作完成后的效果如图6-62所示。

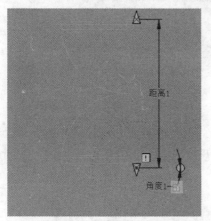

图6-61 添加缩放动作

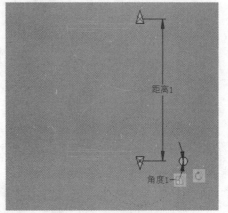

图6-62 添加旋转动作

10 在功能区的右侧单击"关闭块编辑器"按钮,在弹出的对话框中选择"将更改保存到门"选项,保存更改,如图6-63所示。

11 设置完成后,单击图块,在其下方会出现两个箭头和一个原点,如图6-64所示。

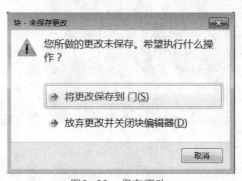

图6-63 保存更改

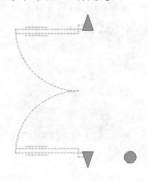

图6-64 显示图标

12 拖曳其中一个箭头就可以设置图块的大小,如图6-65所示。

13 拖曳原点,即可对门进行旋转,如图6-66所示。

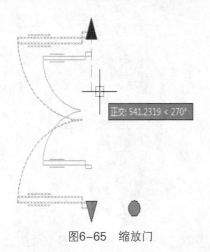

图6-65 缩放门

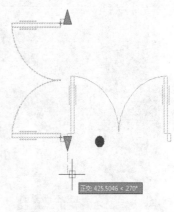

图6-66 旋转门

6.5.2 编辑动态块

若想要编辑动态块，就需要在"块编写选项板"中进行操作。进入"块编写选项板"后首先要在"编辑块定义"对话框中选择需要编辑的动态块，然后单击"确定"按钮，即可进入编辑状态。

用户可以通过以下方式打开"编辑块定义"对话框。

● 执行"工具"|"块编辑器"命令。

● 在"插入"选项卡的"块定义"面板中单击"块编辑器"按钮。

● 在命令行输入BEDIT命令并按回车键。

● 双击需要编辑的图块。

在"编辑块定义"对话框中选择需要编辑的动态块后进入编辑状态，并打开"块编写选项板"。该选项板由"参数"、"动作"、"参数集"和"约束"组成。

1. 参数

单击"参数"按钮打开"参数"选项卡，如图6-67所示。其中包括"点"、"线性"、"极轴"、"XY"、"旋转"、"对齐"、"翻转"、"可见性"、"查寻"、"基点"等选项。

● 点：在图块中指定一处作为点，外观类似于坐标标注。

● 线性：显示两个目标之间的距离。

● 极轴：显示两个目标之间的距离和角度。可以使用夹点和"特性"选项板来共同更改距离值和角度值。

● XY：显示指定夹点的X距离和Y距离。

● 旋转：在图块指定旋转点，定义旋转参数和旋转角度。

● 对齐：定义X位置、Y位置和角度。对齐参数对应于整个块。该选项不需要设置动作。

● 翻转：用于翻转对象。翻转参数显示为投影线。

● 可见性：设置对象在图块中的可见性。该选项不需要设置动作，在图形中单击加点即可显示参照中所有可见性状态的列表。

● 查寻：添加查寻参数，与查寻动作相关联并创建查询表，利用查询表查寻指定动态块的定义特性和值。

● 基点：指定动态块的基点。

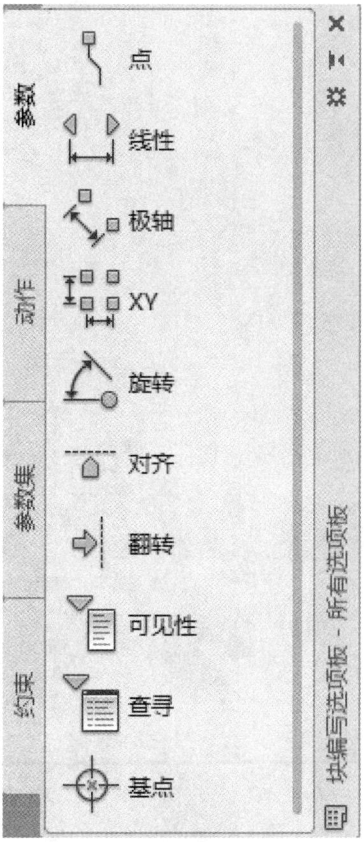

【例6-9】下面将以添加装饰画线型参数为例，介绍添加参数的方法。

图6-67 "参数"选项卡

01 将"装饰画"图块插入到当前文件中，如图6-68所示。

02 双击图块，在弹出的"编辑块定义"对话框中选择需要编辑的图块，如图6-69所示。

03 单击"确定"按钮，进入编辑状态，在"块编写选项板"的"参数"选项卡中选择"线性"选项，如图6-70所示。

04 在图块中指定起点，如图6-71所示。

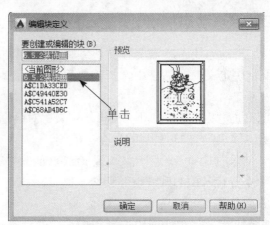

图6-68 插入图块 图6-69 选择图块名

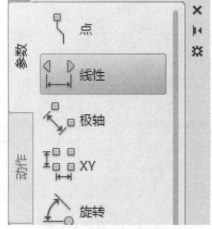

图6-70 选择"线性"选项

图6-71 指定起点

05 指定起点后,再指定端点,如图6-72所示。

06 拖动鼠标至合适位置单击鼠标左键,得到线性标记。

07 重复以上操作,再添加一个线性参数,如图6-73所示。

图6-72 指定端点

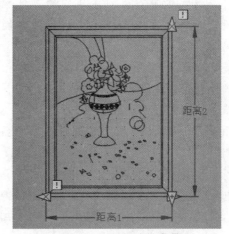

图6-73 添加线性参数

2. 动作

添加参数后,在"动作"选项板添加动作,才可以完成整个操作。单击"动作"按钮打开

"动作"选项卡，如图6-74所示。该选项卡由"移动"、"缩放"、"拉伸"、"极轴拉伸"、"旋转"、"翻转"、"阵列"、"查寻"、"块特性表"等选项组成。

下面具体介绍选项卡中各选项的含义。

- 移动：移动动态块。在"点"、"线性"、"极轴"、"XY"等参数选项下可以设置该动作。
- 缩放：使图块进行缩放操作。在"线性"、"极轴"、"XY"等参数选项下可以设置该动作。
- 拉伸：使对象在指定的位置移动和拉伸指定的距离。在"点"、"线性"、"极轴"、"XY"等参数选项下可以设置该动作。
- 极轴拉伸：当通过"特性"选项板更改关联的极轴参数上的关键点时，该动作将使对象旋转、移动和拉伸指定的距离。在"极轴"参数选项下可以设置该动作。
- 旋转：使图块进行旋转操作。在"旋转"参数选项下可以设置该动作。
- 翻转：使图块进行翻转操作。在"翻转"参数选项下可以设置该动作。
- 阵列：使图块按照指定的基点和间距进行阵列。在"线性"、"极轴"、"XY"等参数选项下可以设置该动作。

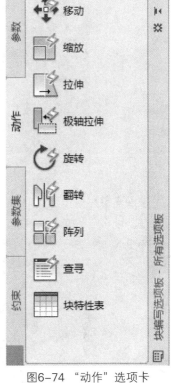

图6-74 "动作"选项卡

- 查寻：添加并与查寻参数相关联后，将创建一个查询表，可以使用查询表指定动态的自定义特性和值。

【例6-10】下面将以添加射灯旋转动作为例，具体介绍添加动作的方法。

01 添加旋转参数后，效果如图6-75所示。

02 打开"动作"选项卡，选择"旋转"选项，如图6-76所示。

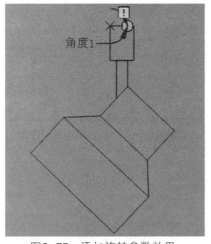

图6-75 添加旋转参数效果

图6-76 单击"旋转"选项

03 根据提示选择旋转参数，如图6-77所示。

04 再根据提示选择需要编辑的对象，如图6-78所示。

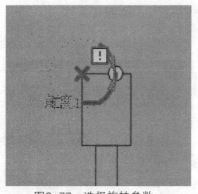

图6-77　选择旋转参数

图6-78　选择编辑对象

⑤ 按回车键完成操作。此时，在角度周围会显示一个旋转的小图标，如图6-79所示。

⑥ 在功能区右侧单击"关闭块编辑器"按钮，在弹出的对话框中选择"将更改保存到灯"选项，保存更改，如图6-80所示。

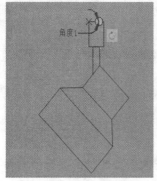

图6-79　添加旋转动作

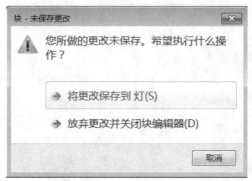

图6-80　保存更改

3. 参数集

单击"参数集"按钮，即可打开"参数集"选项卡，如图6-81所示。参数集是参数和动作的结合，在"参数集"选项卡中可以向动态块定义添加一对参数和动作，操作方法和添加参数和动作的方法相同，参数集中包含的动作将自动添加到块定义中，并与添加的参数相关联。

- 点移动：添加点参数，再设置移动动作。
- 线性移动：添加线性参数，再设置移动动作。
- 线性拉伸：添加线性参数，再设置拉伸动作。
- 线性阵列：添加线性参数，再设置阵列动作。
- 线性移动配对：添加线性动作，此时系统会自动添加两个移动动作，一个与准基点相关联，另一个与线性参数的端点相关联。
- 线性拉伸配对：添加两个加点的线性参数，再设置拉伸动作。
- 极轴移动：添加极轴参数，再设置移动动作。
- 极轴拉伸：添加极轴参数，再设置拉伸动作。
- 环形阵列：添加极轴参数，再设置阵列动作。
- 极轴移动配对：添加极轴参数，系统会自

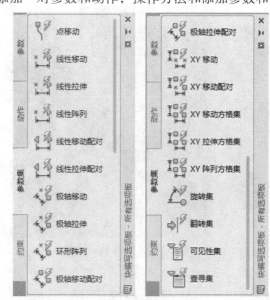

图6-81　"参数集"选项卡

动添加两个移动动作，一个与准基点相关联，另一个与线性参数的端点相关联。

● 极轴拉伸配对：添加极轴参数，系统会自动添加两个移动动作，一个与准基点相关联，另一个与线性参数的端点相关联。

● XY移动：添加XY参数，再设置移动动作。

● XY移动配对：添加带有两个夹点的XY参数，再设置移动动作。

● XY移动方格集：添加带有四个夹点的XY参数，再设置拉伸动作。

● XY拉伸方格集：添加带有四个夹点的XY参数和与每个夹点相关联的拉伸动作。

● XY阵列方格集：添加XY参数，系统会自动添加与该XY参数相关联的阵列动作。

● 旋转集：指定旋转基点，设置半径和角度，再设置旋转动作。

● 翻转集：指定投影线的基点和端点，再设置翻转动作。

● 可见性集：添加可见性参数，该选项不需要设置动作。

● 查寻集：添加查寻参数，再设置查寻动作。

【例6-11】创建参数集和添加参数和动作的方法相同。下面以创建可见性集为例，介绍创建参数集的方法。

㉛ 插入"单人沙发"图块，如图6-82所示。

㉜ 双击图块，在打开的对话框中选择"单人沙发"文件，进入编辑状态。

㉝ 在"参数集"选项卡中单击"可见性集"按钮，如图6-83所示。

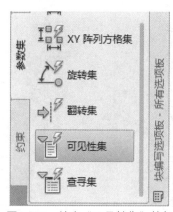

图6-82　插入图块　　　　　图6-83　单击"可见性集"按钮

㉞ 在绘图区指定位置，此时就会出现一个黄色的警示图标，如图6-84所示。

㉟ 双击黄色图标，在弹出的"可见性状态"对话框中单击"新建"按钮，如图6-85所示。

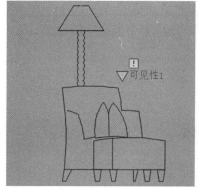

图6-84　显示警示图标　　　　　图6-85　"可见性状态"对话框

06 在"新建可见性状态"对话框内设置"可见性状态名称"为"不可见状态1"，在"新状态的可见性选项"选项组中单击"在新状态中隐藏所有现有对象"单选按钮，单击"确定"按钮完成设置，如图6-86所示。

07 返回"可见性状态"对话框，单击创建的可见性状态名，然后单击"确定"按钮，如图6-87所示。

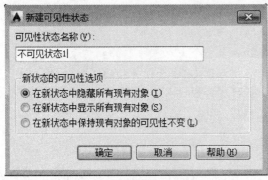

图6-86　新建可见性状态

图6-87　选择不可见状态

08 此时，动态块将被隐藏，如图6-88所示。

09 单击功能区右侧的"关闭块编辑器"按钮，选择"将更改保存到单人沙发"选项，即可保存更改。

10 返回绘图区，单击图块，将显示一个可见性夹点，单击该夹点将弹出下拉列表，在下拉列表中可以更改可见性状态，如图6-89所示。

图6-88　隐藏动态块

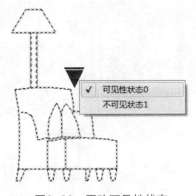

图6-89　更改可见性状态

4. 约束

约束分为几何约束和约束参数。几何约束主要是约束对象的形状以及位置的限制，约束参数是对动态块中的参数进行约束。只有约束参数才可以编辑动态块的特性。约束后的参数包含参数信息，可以显示或编辑参数值。下面具体介绍"约束"选项卡中各选项的含义。

（1）几何约束

● 重合：约束两个点使其重合。

● 垂直：约束两条线段保持垂直状态。

● 平行：约束两条线段保持水平状态。

● 水平：约束一条线或一个点与当前UCS的X轴保持水平。

● 相切：约束两条曲线保持相切或与其延长线保持相切。

● 竖直：约束一条直线或一对点，使其与当前UCS的Y轴平行。

● 共线：约束两条直线位于一条无限长的直线上。

- 同心：约束两个或多个圆保持一个中心点。
- 平滑：约束一条样条曲线，使其与其他样条曲线、直线、圆弧或多段线彼此相连并保持 G2连续性。
- 对称：约束两条线段或者两个点保持对称。
- 相等：约束两条线段和半径具有相同的属性值。
- 固定：约束一个点或一条线段在一个固定的位置上。

（2）约束参数

- 对齐：约束一条直线的长度或两条直线之间、一个对象上的一点与一条直线之间以及不同对象上两点之间的距离。
- 水平：约束一条直线或不同对象上的两点之间在X轴反向上的距离。
- 竖直：约束一条直线或不同对象上的两点之间在Y轴反向上的距离。
- 角度：约束两条直线和多线段的圆弧夹角的角度值。
- 半径：约束图块的半径值。
- 直径：约束图块的直径值。

6.6 上机实训

本章主要介绍了图块的应用、编辑及管理块的使用、外部参照的使用、设计中心的应用和动态图块等知识。下面将利用本章所学知识绘制两居室平面布置图和卧室立面图。

6.6.1 绘制两居室平面布置图

本例主要利用插入块、创建动态块、编辑动态块等命令绘制两居室平面图，下面具体介绍绘制两居室平面图的方法。

01 打开已经绘制好的"墙线"文件，如图6-90所示。

02 单击"插入"按钮，打开"插入"对话框，在"名称"列表框后单击"浏览"按钮，如图6-91所示。

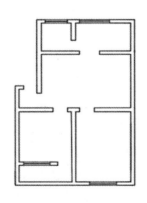

图6-90 打开文件

图6-91 "插入"对话框

03 在"选择图形文件"对话框中选择需要的文件，如图6-92所示。

04 单击"打开"按钮打开文件，然后单击"确定"按钮。

05 在绘图区指定插入点，如图6-93所示。

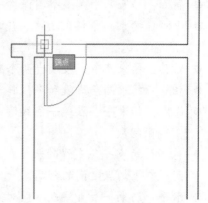

图6-92　选择图块图　　　　　　　　　　图6-93　指定插入点

06 双击插图的图块，打开"编辑块定义"对话框，选择"门（900）"选项，如图6-94所示。

07 单击"确定"按钮进入编辑状态，在"参数"选项卡中单击"线性"按钮，然后指定图形的两个端点，拖动鼠标得到标记，如图6-95所示。

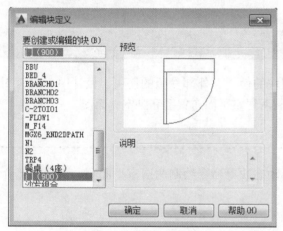

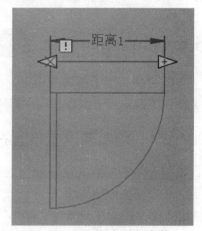

图6-94　选择编辑的块　　　　　　　　　　图6-95　添加线性参数

08 单击"旋转"按钮，指定基点，再输入参数半径为500，旋转角度为0°，如图6-96所示。

09 进入"动作"选项卡，然后单击"缩放"按钮，在左上方的叉号单击鼠标左键，在弹出的"选项集"对话框中选择"线性参数"选项，如图6-97所示。

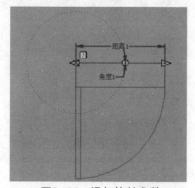

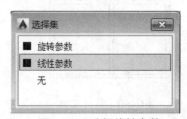

图6-96　添加旋转参数　　　　　　　　　　图6-97　选择线性参数

10 根据提示选择门图形，按回车键完成操作。这时，线性参数周围就会出现一个缩放的小图标，如图6-98所示。

⑪ 重复以上步骤，完成旋转操作，如图6-99所示。

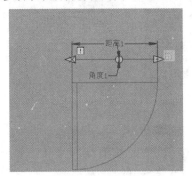
图6-98 设置缩放动作

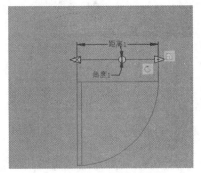
图6-99 设置旋转动作

⑫ 至此，动态块就设置完成了，保存设置后退出编辑状态，再复制设置好的图块至指定位置。

⑬ 因为每个门的大小都不相同，重复地调用命令非常不方便。因此，下面我们利用动态块旋转和放大缩小图形，选择门图块单击圆形符号，旋转至合适的位置，如图6-100所示。

⑭ 更改图形方向后，拖动三角符号至合适的大小，如图6-101所示。

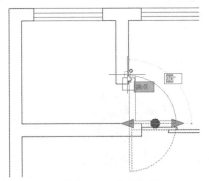
图6-100 旋转图块

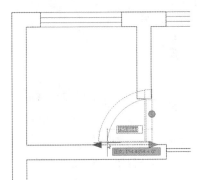
图6-101 缩放图块

⑮ 执行"绘图"|"直线"命令绘制大门，并重复以上步骤插入其余门，如图6-102所示。

⑯ 执行"插入"|"块"命令，插入"沙发组合"图块，如图6-103所示。

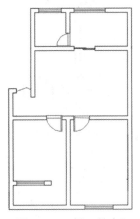
图6-102 插入其余门

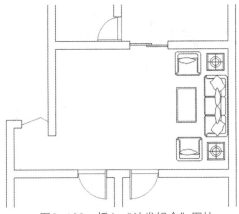
图6-103 插入"沙发组合"图块

⑰ 按Ctrl+2组合键打开"设计中心"选项板，选中文件并单击鼠标右键，在弹出的快捷菜单列表中选择"插入为块"选项，如图6-104所示。

⑱ 此时将打开"插入"对话框，然后单击"确定"按钮，如图6-105所示。

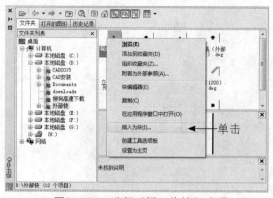

图6-104 选择"插入为块"选项

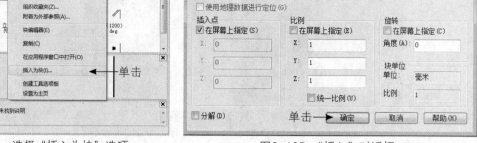

图6-105 "插入"对话框

⑲ 在绘图区指定插入点即可插入餐桌，如图6-106所示。

⑳ 执行"直线"和"复制"命令绘制橱柜台面，如图6-107所示。

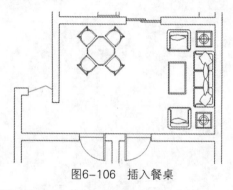

图6-106 插入餐桌

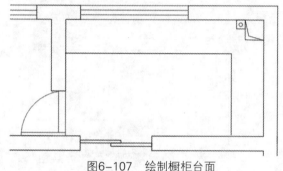

图6-107 绘制橱柜台面

㉑ 执行"插入"命令，插入水槽和煤气灶，将其放置在合适的位置上，如图6-108所示。

㉒ 重复以上步骤，将其余家具插入当前图形中，最后执行"绘图"|"矩形"命令绘制柜子，完成两居室平面布置图的设计，如图6-109所示。

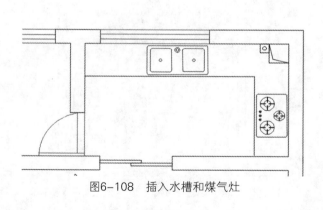

图6-108 插入水槽和煤气灶

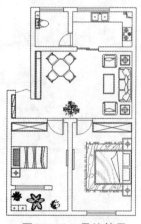

图6-109 最终效果

6.6.2 绘制卧室立面图

本案例将通过"偏移"、"插入"、"创建"、"图案填充"和"线性"等命令绘制卧室立面图。下面具体介绍其操作方法。

01 执行"绘图"|"直线"命令绘制立面墙线，如图6-110所示。

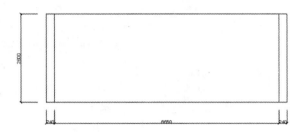

图6-110 绘制立面墙线

02 执行"插入"|"块"命令，打开"插入"对话框，单击"浏览"按钮，如图6-111所示。

03 打开"选择图形文件"对话框，选择"床"图块，然后单击"打开"按钮，如图1-112所示。

图6-111 单击"浏览"按钮   图6-112 选择插入图块

04 返回"插入"对话框，单击"确定"按钮，返回绘图区指定插入点，即可插入图块，如图6-113所示。

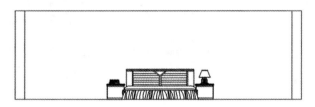

图6-113 插入图块效果

05 执行"修改"|"偏移"命令，将墙体线向内分别偏移400mm后再次偏移1200mm，如图6-114所示。

图6-114 偏移尺寸线

06 在功能区单击"矩形"按钮，绘制一个尺寸为500mm×500mm的正方形，并将其复制移动到合适的位置，创建装饰画框，如图6-115所示。

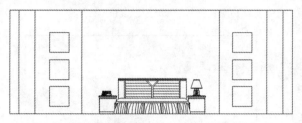

图6-115　创建装饰画框

07 单击"插入"按钮,将装饰物放置在画框内,水平绘制装饰墙线,并对其进行倒角操作,完成装饰墙面轮廓的绘制,如图6-116所示。

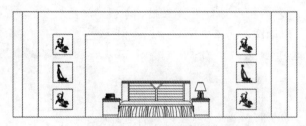

图6-116　绘制装饰墙面轮廓

08 在命令行输入HA命令并按回车键继续输入T,打开"图案填充和渐变色"对话框,在其中设置填充图案、角度和比例,如图6-117所示。

09 单击"添加:拾取点"按钮,返回绘图区,指定拾取点即可预览填充效果,如图6-118所示。

图6-117　设置图案填充

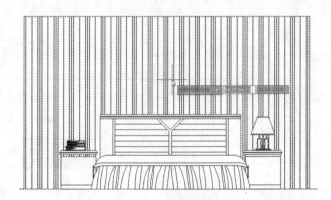

图6-118　预览填充效果

10 按回车键即可完成填充,重复以上操作填充墙体,完成立面图的绘制,效果如图6-119所示。

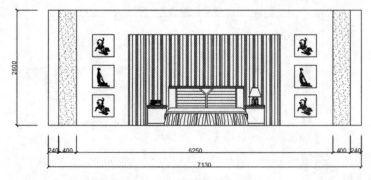

图6-119　绘制卧室立面图

6.7 常见疑难解答

在学习本章内容时，读者可能会遇到一些问题。在这里我们对常见的问题进行了汇总，以帮助读者更好地理解前面所介绍的知识。

Q：自己定义的图块，为什么插入图块时图形离插入点很远？

A：在创建图块时必须要及时设置插入点，否则在插入图块时不容易准确定位。定义图块的默认插入点为（0，0，0）点，如果图形离原点很远，插入图形后，插入点就会离图形很远，有时甚至会到视图外。单击"写块"对话框中的"拾取点"按钮，可以设置图块的插入点，如图6-120所示。

Q：为什么打不开"外部参照"选项卡？

A：执行"插入"|"外部参照"命令即可打开选项卡。如果还是打不开的话，可能是设置了自动隐藏，所以"外部参照"的选项板依附在绘图窗口两侧，如图6-121所示。

图6-120 "写块"对话框

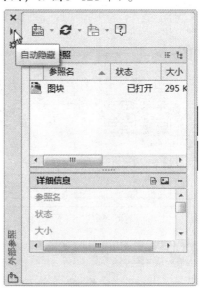

图6-121 "外部参照"选项卡

Q：插入的图块无法编辑，怎么办？

A：通过两种方法可以解决这一问题：（1）如果过图块被组合在一起，则在"默认"选项卡的"组"面板中单击"接触编组"按钮，即可分解图块。（2）在文件设为"只读"的情况下，用户右击该文件名，在打开的快捷菜单中选择"属性"选项，在打开的对话框中，取消勾选"只读"复选框即可，如图6-122所示。

Q：属性块中的属性文字不能显示，这是为什么？

A：如果打开一个图，发现图块中的属性文字没有显示，首先不要怀疑图出错了，而应该检查一下变量的设置。如果ATTMODE变量为0，则图形中的所有属性都不显示，这时只需在命令行输入ATTMODE后，将参数设置为1就可以显示文字了。

图6-122 取消勾选"只读"复选框

6.8 拓展应用练习

为了让读者更好地掌握本章所学的知识，在此列举几个针对于本章的拓展案例，以供读者练手！

◎ 绘制衣柜

利用本章所学的知识，在如图6-123所示的基础上继续添加图块，以完成该立面图的绘制。

操作提示：

01 打开"衣柜"文件，执行"插入"|"块"命令。

02 打开"选择图形文件"对话框，依次选择图形并插入花瓶、衣服和被子等图块。

03 调整图块的位置与大小，完成衣柜的绘制，如图6-124所示。

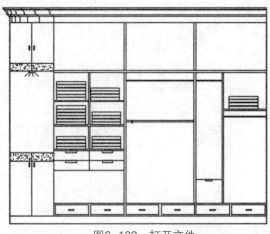

图6-123 打开文件

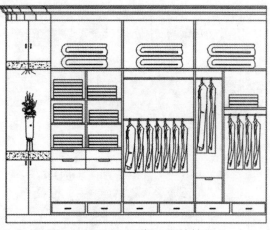

图6-124 插入图块效果

◎ 绘制双人床组合

利用"设计中心"选项板完成如图6-125所示双人床的绘制。

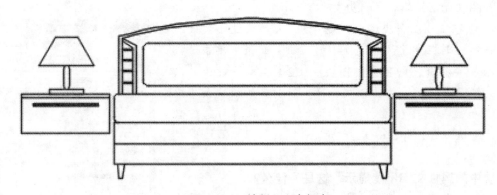

图6-125 绘制双人床组合

操作提示：

01 打开"双人床"图块。执行"工具"|"选项板"|"设计中心"命令，打开"设计中心"选项板。

02 打开"床头柜"图块所处位置，并在图块上单击鼠标左键，选择"插入为块"选项。

03 将图块插入至文件中，并将其镜像至另一侧，完成双人床的绘制。

第 **7** 章
文本与表格的应用

🔘 **本章概述**   在一幅完整的CAD图纸中，文字注释是必不可少的，如文字标注、文字说明等。本章将对文本内容的添加与设置技巧进行介绍。通过对本章内容的学习，读者可以掌握单行文本、多行文本、表格的添加操作，并能熟练地使用这些功能进行快速绘图。

🔘 **知识要点**   ● 设置和管理文字样式；   ● 创建和编辑多行文本；

              ● 创建和编辑单行文本；   ● 表格的使用。

▌7.1   创建文字样式

文字注释是绘图的最后一步，在进行注释之前，用户不仅可以创建和设置文字样式，还可以管理文字样式，从而更加快捷地对建筑图形进行标注，达到统一和美观的效果。

7.1.1   设置文字样式

在实际绘图中，用户可以根据要求设置文字样式和创新的样式。设置文字样式，可以使文字标注看上去更加美观和统一。文字样式包括选择字体文件、设置文字高度、设置宽度比例、设置文字显示等。

文字样式需要在"文字样式"对话框中进行设置，如图7-1所示。用户可以通过以下方式打开"文字样式"对话框：

● 执行"格式"|"文字样式"命令。

● 在"默认"选项卡的"注释"面板中单击下拉菜单按钮，在弹出的列表中单击"文字注释"按钮 **A**。

● 在"注释"选项卡的"文字"面板中单击右下角的箭头 ⅵ。

● 在命令行输入ST命令并按回车键。

其中，"文字样式"对话框中各选项的含义介绍如下。

● 样式：显示已有的文字样式。单击"所有样式"列表框右侧的三角符号，在弹出的列表中可以设置"样式"列表框是显示所有样式还是正在使用的样式。

● 字体：包含"字体名"和"字体样式"选项；"字体名"用于设置文字

图7-1   "文字样式"对话框

注释的字体；"字体样式"用于设置字体格式，如斜体、粗体或者常规字体。

- 大小：包含"注释性"、"使文字方向与布局匹配"和"高度"选项。其中"注释性"用于指定文字为注释性，"高度"用于设置字体的高度。
- 效果：修改字体的特性，如高度、宽度因子、倾斜角以及是否颠覆显示。
- 置为当前：将选定的样式置为当前。
- 新建：创建新的样式。
- 删除：单击"样式"列表框中的样式名，会激活"删除"按钮，单击该按钮即可删除样式。

7.1.2 管理文字样式

如果在绘制图形时，创建的文字样式太多，这时我们就可以通过"重命名"和"删除"来管理文字样式。

执行"格式"|"文字样式"命令，打开"文字样式"对话框，在文字样式上单击鼠标右键，然后选择"重命名"选项，输入"文字注释"后按回车键即可对文字样式进行重命名，如图7-2所示。选中"文字注释"样式名，单击"置为当前"按钮，即可将其置为当前，如图7-3所示。

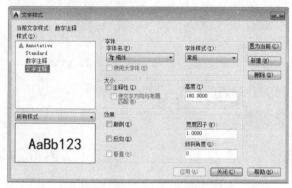

图7-2 重命名文字样式

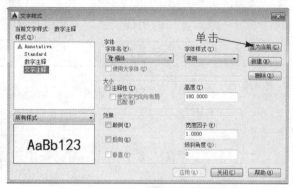

图7-3 单击"置为当前"按钮

知识点拨

单击"数字注释"样式名，此时"删除"按钮被激活，单击"删除"按钮，如图7-4所示。在对话框中单击"确定"按钮，文字样式将被删除，如图7-5所示。设置完成后单击"关闭"按钮，即可完成设置操作。

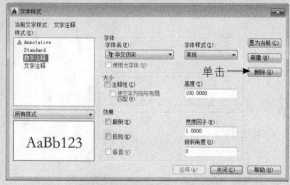

图7-4 单击"删除"按钮

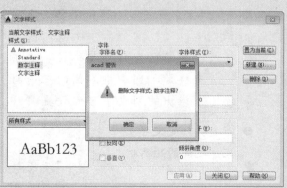

图7-5 "警告提示"对话框

7.2 创建和编辑单行文本

单行文本主要用于创建简短的文本内容。按回车键即可将单行文本分为两行，它的每一行都是一个文字对象，并且可以对每个文字对象进行单独的修改。

7.2.1 创建单行文本

用户可以通过以下方式调用"单行文字"命令。

● 执行"绘图"|"文字"|"单行文字"命令。

● 在"默认"选项卡的"文字注释"面板中单击"单行文字"按钮A。

● 在"注释"选项卡的"文字"面板中单击下拉菜单按钮，在弹出的列表中单击"单行文字"按钮A。

● 在命令行输入TEXT命令并按回车键。

执行"绘图"|"文字"|"单行文字"命令，在绘图区指定一点，根据提示输入高度为100，角度为0，并输入文字，然后在文字之外的位置单击鼠标左键，即可完成创建单行文字的操作。

设置后命令行提示如下。

```
命令：_text
当前文字样式："Standard"    文字高度：50.0000    注释性：否    对正：左
指定文字的起点  或  [对正（J）/样式（S）]：
指定高度 <50.0000>：100
指定文字的旋转角度 <0>：0
```

由命令行可知单行文字的设置由对正和样式组成，下面具体介绍各选项的含义。

1. 对正

"对正"选项主要用于对文本的排列方式和排列方向进行设置。根据提示输入J后，命令行提示如下。

```
输入选项  [左（L）/居中（C）/右（R）/对齐（A）/中间（M）/布满（F）/左上（TL）/中上
（TC）/右上（TR）/左中（ML）/正中（MC）/右中（MR）/左下（BL）/中下（BC）/右下（BR）]：
```

● 居中：确定标注文本基线的中点，选择该选项后，输入后的文本均匀地分布在该中点的两侧。

● 对齐：指定基线的第一端点和第二端点，通过指定的距离，输入的文字只保留在该区域。输入文字的数量取决于文字的大小。

● 中间：文字在基线的水平点和指定高度的垂直中点上对齐，中间对齐的文字不保持在基线上。"中间"选项和"正中"选项不同，"中间"选项使用的中点是所有文字包括下行文字在内的中点，而"正中"选项使用的中点是大写字母高度的中点。

● 布满：指定文字按照由两点定义的方向和一个高度值布满整个区域，输入的文字越多，文字之间的距离就越小。

2. 样式

用户可以选择需要使用的文字样式。执行"绘图"|"文字"|"单行文字"命令，根据提示

输入S并按回车键，然后再输入设置好的样式的名称，即可显示当前样式的信息，这时，单行文字的样式将发生更改。

设置后命令行提示如下。

```
命令: _text
当前文字样式: "Standard"    文字高度: 100.0000    注释性: 否    对正: 布满
指定文字基线的第一个端点 或 [对正(J)/样式(S)]: s
输入样式名或 [?] <Standard>: 文字注释
当前文字样式: "Standard"    文字高度: 180.0000    注释性: 否    对正: 布满
```

【例7-1】下面以为洗菜池添加说明为例，介绍创建单行文本的方法。

01 在"默认"选项卡的"文字注释"面板中单击"单行文字"按钮 AI，如图7-6所示。

02 此时，文本窗口显示当前文字的样式，如图7-7所示。

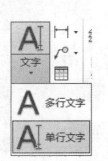

图7-6　单击"单行文字"按钮

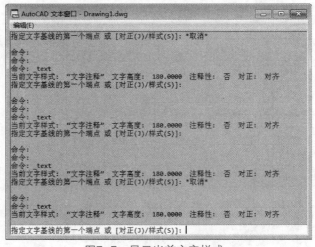

图7-7　显示当前文字样式

03 在绘图区指定文字的起点，并输入文字大小为60，旋转角度为0，如图7-8所示。

04 按回车键完成设置，输入文字后，在空白处单击鼠标左键即可退出输入。最后将输出的文字移至合适位置，如图7-9所示。

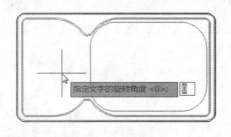

图7-8　设置旋转角度

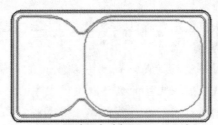

(不锈钢水槽815x450)

图7-9　创建单行文本

7.2.2　编辑单行文本

用户可以执行TEXTEDIT命令编辑单行文本内容，还可以通过"特性"选项板修改对正方式和缩放比例等。

1. TEXTEDIT命令

用户可以通过以下方式执行文本编辑命令。

● 执行"修改"｜"对象"｜"文字"｜"编辑"命令。

● 在命令行输入TEXTEDIT命令并按回车键。

● 双击单行文本。

执行以上任意一种操作，即可进入文字编辑状态，用户就可以对单行文字进行相应的修改。

2. "特性"选项板

选择需要修改的单行文本，单击鼠标右键，在弹出的快捷菜单列表中选择"特性"选项，打开"特性"选项板，如图7-10所示。

其中，选项板中各选项的含义介绍如下。

● 常规：设置文本的颜色和图层。

● 三维效果：设置三维材质。

● 文字：设置文字的内容、样式、注释性、对正、高度、旋转、宽度因子和倾斜角度等。

● 几何图形：修改文本的位置。

● 其他：修改文本的显示效果。

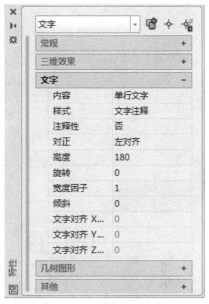

图7-10 "特性"选项板

7.3 创建和编辑多行文本

多行文本是一个或多个文本段落，其每行文字都可以作为一个整体来处理，且每个文字都可以是不同的颜色和文字格式。用户在绘图区指定对角点即可形成创建多行文本的区域。

7.3.1 创建多行文本

用户可以通过以下方式调用"多行文字"命令。

● 执行"绘图"｜"文字"｜"多行文字"命令。

● 在"默认"选项卡的"文字注释"面板中单击"多行文字"按钮A。

● 在"注释"选项卡的"文字"面板中单击下拉菜单按钮，在弹出的列表中单击"多行文字"按钮A。

● 在命令行输入T命令并按回车键。

执行"多行文本"命令后，在绘图区指定对角点，即可输入多行文字。输入完成后单击功能区右侧的"关闭文字编辑器"按钮，即可创建多行文本。

设置多行文本的命令行提示如下。

```
命令: _mtext
当前文字样式: "文字注释"  文字高度: 180  注释性: 否
指定第一角点:
指定对角点或 [高度（H）/对正（J）/行距（L）/旋转（R）/样式（S）/宽度（W）/栏
（C）]:
```

【例7-2】下面以创建机械分类文本为例，介绍创建多行文本的方法。

01 执行“绘图”|“文字”|“多行文字”命令，在绘图区指定第一点并拖动鼠标，如图7-11所示。

02 单击鼠标左键确定第二点，进入输入状态，如图7-12所示。

abc

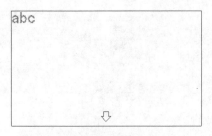

图7-11　拖动鼠标

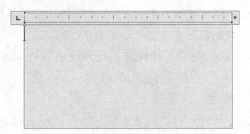

图7-12　输入状态

03 在文本框内输入CAD画图的步骤，如图7-13所示。

04 输入完成后单击功能区右侧的“关闭文字编辑器”按钮，即可完成创建多行文字的操作，如图7-14所示。

机械设计分类：
1.新型设计：应用成熟的科学技术或经过实验证明是可行的新技术，设计过去没有过的新型机械。
2.继承设计：根据使用经验和技术发展对已有的机械进行设计更新，以提高其性能、降低其制造成本或减少其运用费用
3.变型设计：为适用新的需要对已有的机械做部分的修改或增删而发展出不同于标准型的变型产品

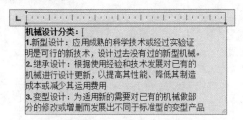

图7-13　输入多行文本

机械设计分类：
1.新型设计：应用成熟的科学技术或经过实验证明是可行的新技术，设计过去没有过的新型机械。
2.继承设计：根据使用经验和技术发展对已有的机械进行设计更新，以提高其性能、降低其制造成本或减少其运用费用
3.变型设计：为适用新的需要对已有的机械做部分的修改或增删而发展出不同于标准型的变型产品

图7-14　单击“关闭文字编辑器”按钮

7.3.2　编辑修改多行文本

编辑多行文本和单行文本的方法一致，用户可以执行TEXTEDIT命令编辑多行文本内容，还可以通过“特性”选项板修改对正方式和缩放比例等。

编辑多行文本的“特性”面板的“文字”展卷栏内增加了“行距比例”、“行间距”、“行距样式”和“背景遮罩”等选项，但缺少了“倾斜”和“宽度”选项，相应的“其他”选项组却消失了。

【例7-3】下面以编辑机械设计分类文本为例，介绍编辑修改多行文本的方法。

01 双击多行文本进入编辑状态，如图7-15所示。

02 选中标题，可以在“文字编辑器”选项板的“格式”面板中设置字体，如图7-16所示。

机械设计分类：
1.新型设计：应用成熟的科学技术或经过实验证明是可行的新技术，设计过去没有过的新型机械。
2.继承设计：根据使用经验和技术发展对已有的机械进行设计更新，以提高其性能、降低其制造成本或减少其运用费用
3.变型设计：为适用新的需要对已有的机械做部分的修改或增删而发展出不同于标准型的变型产品

图7-15　双击多行文本

附加模块
Autodesk 360
BIM 360
精选应用
文字编辑器
匹配
楷体
汉仪菱心体简
汉仪行楷简
汉仪超粗宋简
汉仪超粗黑简
汉仪醒示体简
汉仪长宋简
汉仪长美黑简
汉仪长艺体简
汉仪雁翎体简
汉仪雪峰体简
汉仪魏碑简
汉仪黑咪体简
隶书
黑体
对正
项目
行距
段落
单击

图7-16　设置字体

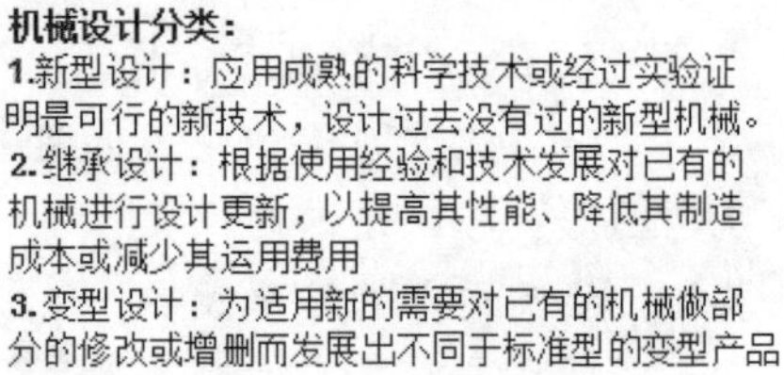

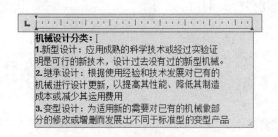

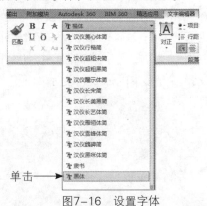

03 设置字体为黑体，在"段落"面板中单击"居中"按钮 ≡，将标题居中，如图7-17所示。

04 然后选中正文内容，单击"斜体"按钮 *I*，将文字设置为倾斜，如图7-18所示。

图7-17 设置黑体和居中效果　　　　　　图7-18 设置斜体效果

05 选择所有文字，在"文字编辑器"选项卡的"段落"面板中单击"对正"按钮，可以设置文字的对正方式，选择"正中MC"选项设置默认对正方式为正中，如图7-19所示。

06 "正中"效果如图7-20所示。

图7-19 设置默认对正方式为"正中MC"　　　图7-20 "正中"效果

07 将文本中的数字编号删除掉，选中需要标记的文本，在"段落"面板中选择"以项目符号标记"选项，在弹出的下拉菜单中选择相应的命令，如图7-21所示。

08 依次设置符号标记后的效果如图7-22所示。

图7-21 设置大写字母编号　　　　　　图7-22 设置标记符号效果

09 单击"段落"面板右下角的箭头，可以打开"段落"对话框，在其中勾选"段落行距"复选框，此时"行距"和"设置值"选项组将会被激活，设置"行距"选项为"多个"，值为"2.5"，如图7-23所示。

10 设置完成后，文本将更改行距，如图7-24所示。

图7-23 设置行距　　　　　　　　　图7-24 设置行距效果

11 单击"关闭文字编辑器"按钮完成操作。

7.4 表格的使用

表格是一种以行和列的格式提供信息的工具，其最常见的用法是门窗表和其他一些关于材料、面积的表格。使用表格可以帮助用户清晰地表达一些统计数据。下面将具体介绍如何设置表格样式、创建和编辑表格和调用外部表格等知识。

7.4.1 设置表格样式

在创建表格前要设置表格样式，方便以后调用。在"表格样式"对话框中可以选择设置表格样式的方式。用户可以通过以下方式打开"表格样式"对话框。

● 执行"格式"|"表格样式"命令。
● 在"注释"选项卡中单击"表格"面板右下角的箭头。
● 在命令行输入TABLESTYLE命令并按回车键。

打开"表格样式"对话框后单击"新建"按钮，如图7-25所示。输入表格名称，单击"继续"按钮，即可打开"新建表格样式"对话框，如图7-26所示。

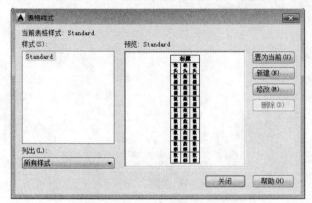

图7-25 "表格样式"对话框　　　　　图7-26 "新建表格样式"对话框

下面将具体介绍"表格样式"对话框中各选项的含义。

● 样式：显示已有的表格样式。单击"所有样式"列表框右侧的三角符号，在弹出的下拉列表中，可以设置"样式"列表框是显示所有表格样式还是显示正在使用的表格样式。
● 预览：预览当前的表格样式。
● 置为当前：将选中的表格样式置为当前。
● 新建：单击"新建"按钮，即可新建表格样式。
● 修改：修改已经创建好的表格样式。
● 删除：删除选中的表格样式。

在"新建表格样式"对话框的"单元样式"选项组"标题"下拉列表框中包含了"数据"、"标题"和"表头"3个选项，在"常规"、"文字"和"边框"3个选项卡中，可以分别设置"数据"、"标题"和"表头"的相应样式。

1. 常规

在"常规"选项卡中可以设置表格的颜色、对齐方式、格式、类型和页边距等特性。下面具体介绍该选项卡中各选项的含义。

- 填充颜色：设置表格的背景填充颜色。
- 对齐：设置表格文字的对齐方式。
- 格式：设置表格中的数据格式。单击右侧的 ▢ 按钮，即可打开"表格单元格式"对话框，在对话框中可以设置表格的数据格式，如图7-27所示。
- 类型：设置是数据类型还是标签类型。
- 页边距："水平"和"垂直"分别设置表格内容距边线的水平和垂直距离，如图7-28所示。

图7-27 "表格单元格式"对话框

图7-28 设置页边距效果

2. 文字

打开"文字"选项卡，在该选项卡中主要设置文字的样式、高度、颜色、角度等，如图7-29所示。

3. 边框

打开"边框"选项卡，在该选项卡中可以设置表格边框的线宽、线型、颜色等，此外，在该选项卡中还可以设置有无边框或是否是双线，如图7-30所示。

图7-29 "文字"选项卡

图7-30 "边框"选项卡

【例7-4】下面将以创建表格样式为例，介绍设置表格样式的方法。

01 执行"格式"｜"表格样式"命令，打开"表格样式"对话框，如图7-31所示。

02 单击"新建"按钮，打开"创建新的表格样式"对话框，如图7-32所示。

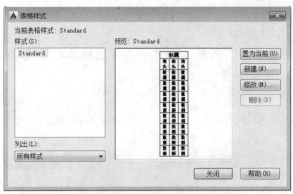

图7-31 "表格样式"对话框

图7-32 "创建新的表格样式"对话框

03 输入新建样式名，单击"继续"按钮，打开"新建表格样式"对话框，如图7-33所示。

04 在"单元样式"选项组单击"标题"列表框，在弹出的下拉列表框中可以选择相应的选项进行设置，如图7-34所示。

图7-33 "新建表格样式"对话框

图7-34 选择选项

05 单击"对齐"列表框，在弹出的下拉列表框中选择"中上"选项，以设置对正效果，如图7-35所示。

06 打开"文字"选项卡，单击"文字颜色"列表框，在弹出的下拉列表中选择文字颜色，如图7-36所示。

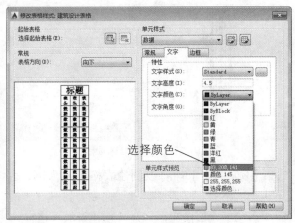

图7-35 选择"中上"选项

图7-36 选择文字颜色

07 重复以上步骤，设置标题和表头，如图7-37所示。

08 打开"边框"选项卡，单击"颜色"列表框，在弹出的下拉列表中选择边框颜色，如图7-38所示。

图7-37　设置标题和表头效果　　　　　图7-38　选择边框颜色

09 设置边框颜色后，如图7-39所示。单击"确定"按钮，返回"表格样式"对话框。

10 单击"关闭"按钮，即可完成设置操作，如图7-40所示。

图7-39　设置边框颜色效果　　　　　图7-40　单击"关闭"按钮

7.4.2　创建表格

在AutoCAD 2015中可以直接创建表格对象，而不需要单独用直线绘制表格，创建表格后还可以对表格进行编辑操作。用户可以通过以下方式调用创建表格命令。

● 执行"绘图"|"表格"命令。

● 在"注释"选项卡的"表格"面板中单击"表格"按钮。

● 在命令行输入TABLE命令并按回车键。

打开"插入表格"对话框，从中设置列和行的相应参数，单击"确定"按钮，然后在绘图区指定插入点即可创建表格。

【例7-5】下面将以创建符号说明表格为例，介绍创建表格的方法。

01 执行"绘图"|"表格"命令，打开"插入表格"对话框，如图7-41所示。

02 设置列和行的相应参数，如图7-42所示。

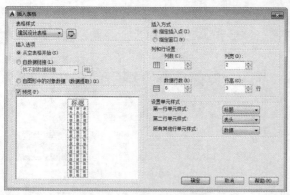

图7-41 "插入表格"对话框

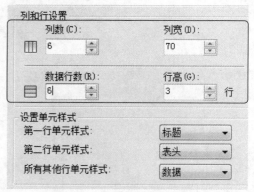

图7-42 设置列和行的相应参数

03 单击"确定"按钮，在绘图区指定插入点，进入标题单元格的编辑状态，输入标题文字，如图7-43所示。

04 按回车键进入表头单元格的编辑状态，输入表头文字，如图7-44所示。

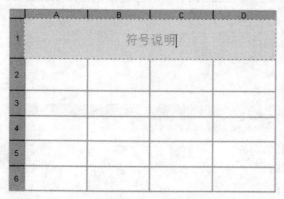

图7-43 输入标题文字

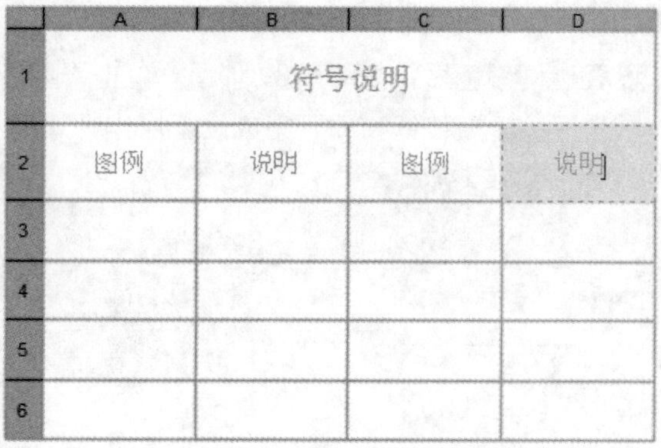

图7-44 输入表头文字

05 输入表头文字后，按回车键，在下方插入图形和输入相应的文字，如图7-45所示。

06 设置完成后，单击"关闭文字编辑器"按钮，即可完成创建表格的操作。

符号说明			
图例	说明	图例	说明
	换气扇		吸顶灯
	艺术吊灯		日光灯管
	筒灯		音响
	轨道射灯		嵌入式灯

图7-45 创建表格

📝 知识点拨

若剩余了不需要的行，则可以使用窗交方式选中行，单击功能区的"删除行"按钮，即可删除行；若需要合并单元格，则可以使用窗交方式选中单元格后，在"合并"面板中单击"合并全部"按钮，即可合并单元格。

7.4.3 编辑表格

当创建表格完成后，如果对创建的表格不满意，可以编辑表格。在AutoCAD中可以使用夹点、选项板进行编辑操作。

1. 夹点

大多情况下，创建的表格都需要进行编辑才可以符合表格定义的标准。在AutoCAD中，不仅可以对整体的表格进行编辑，还可以对单独的单元格进行编辑，用户可以单击并拖动夹点来调整宽度或在快捷菜单中进行相应的设置。

单击表格，表格上将出现编辑的夹点，如图7-46所示。

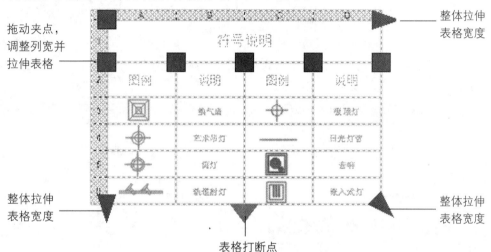

图7-46 选中表格时各夹点的含义

2. 选项板

在"特性"选项板中也可以编辑表格，在"表格"卷展栏中可以设置表格样式、方向、表格宽度和表格高度等。

双击需要编辑的表格，就会弹出"特性"选项板，如图7-47所示。

7.4.4 调用外部表格

若本地磁盘中有可以使用的表格对象，用户可以直接从外部导入表格对象。这样节省了重新创建表格的时间，提高了工作效率。

【例7-6】下面将以插入采购分析表为例，介绍调用外部表格的方法。

01 执行"绘图"|"表格"命令，打开"插入表格"对话框，如图7-48所示。

02 在"插入选项"选项组中，单击"自数据链接"单选按钮，然后再单击下拉列表框右侧的 圈 按钮，如图7-49所示。

图7-47 "特性"选项板

图7-48 "插入表格"对话框　　　　　　　　图7-49 单击"自数据链接"单选按钮

03 打开"选择数据链接"对话框,选择"创建新的Excel数据链接"选项,打开"输入数据链接名称"对话框,并输入名称,如图7-50所示。

04 单击"确定"按钮,打开"新建Excel数据链接:采购分析表"对话框,并单击"浏览文件"按钮 ，如图7-51所示。

图7-50 输入名称

图7-51 单击"浏览"按钮

05 打开"另存为"对话框,在该对话框中选择文件,并单击"打开"按钮,如图7-52所示。

06 返回"新建Excel数据链接:采购分析表"对话框,在预览区可以预览表格效果,如图7-53所示。

图7-52 单击"打开"按钮

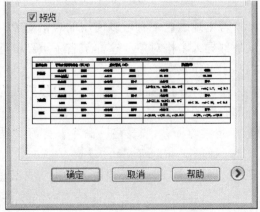

图7-53 预览表格效果

07 依次单击"确定"按钮返回绘图区，单击鼠标左键指定插入点，即可插入表格，如图7-54所示。

2013年1月份新宝泰与标杆企业采购价格及库存对比分析表					
物资名称	平均合同采购价格（元/吨）		库存情况（吨）		质量标准	
铁精粉	本公司	港陆	本公司	港陆	本公司	港陆
	1080（承兑）	1026	44110	49019	65.67%	66.39%
焦炭	本公司	国丰	本公司	国丰	本公司	国丰
	1753	1624	33083	137200	Ad≤12.74、vad≤1.37、s≤0.682	Ad≤13， vad≤1.7， s≤0.7
无烟煤	本公司	国丰	本公司	国丰	本公司	国丰
	1090	1121	11189	106000	Ad≤11.8、vad≤7.72、s≤0.819	Ad≤11、 vad≤10， s≤0.5
烟煤	本公司	国丰	本公司	国丰	本公司	国丰
	730	690	11073	28000	A≤9.95、v≤30.44、s≤0.414	A≤10、v≤34、s≤0.5

图7-54　插入表格效果

7.5　上机实训

为了更好地掌握本章所学的知识，下面将通过两个练习来温习巩固前面所学的内容。

7.5.1　插入文本

在绘制图形后，大多数情况下都需要输入文字说明，以方便查看和理解。如果本地磁盘中有需要使用的文本，用户可以插入多行文本进行文字说明，这样就不需要重复输入文本说明了。

下面以"插入写字楼装修注意事项"为例具体介绍插入文本的方法。

01 执行"绘图"|"文字"|"多行文字"命令，在绘图区指定第一角点并拖动鼠标，如图7-55所示。

02 在合适的位置单击鼠标左键，进入输入状态。随后右击鼠标，在弹出的快捷菜单列表中选择"输入文字"选项，如图7-56所示。

图7-55　拖动鼠标

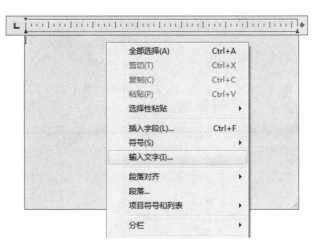

图7-56　选择"输入文字"选项

03 打开"选择文件"对话框，在该对话框中选择文件，如图7-57所示。

04 单击"打开"按钮，文本就会被插入多行文字区域，如图7-58所示。最后单击"关闭文字编辑器"按钮即可。

图7-57 选择文件

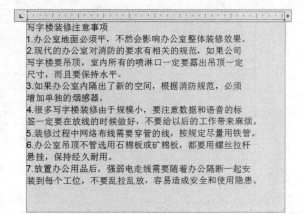

图7-58 插入效果

7.5.2 创建设备材料表

在建筑绘图中，通常会创建设备材料表对所用的材料进行总结，通过表格的创建进行归纳，以方便查看。用户通过创建文字样式、创建表格样式和创建表格等知识可以创建设备材料表。

下面将具体介绍创建设备材料表的方法。

01 执行"格式"|"文字样式"命令，打开"文字样式"对话框，如图7-59所示。

02 单击"新建"按钮，打开"新建文字样式"对话框，并输入样式名，如图7-60所示。

图7-59 "文字样式"对话框

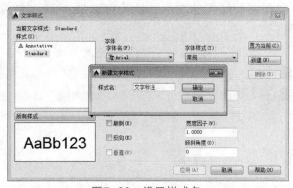

图7-60 设置样式名

03 单击"确定"按钮，返回"文字样式"对话框，在"字体名"下拉列表中选择字体，如图7-61所示。

04 在"大小"选项组中的设置字体高度，如图7-62所示。

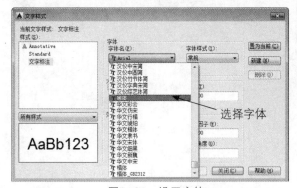

图7-61 设置字体

图7-62 设置字体高度

05 单击"置为当前"按钮，打开提示窗口，单击"是"按钮保存修改，如图7-63所示。

06 返回"文字样式"对话框，单击"关闭"按钮，完后设置文字样式的操作，如图7-64所示。

图7-63 保存修改

图7-64 单击"关闭"按钮

07 执行"格式"|"表格样式"命令，打开"表格样式"对话框，如图7-65所示。

08 单击"新建"按钮，打开"创建新的表格样式"对话框，并输入样式名，如图7-66所示。

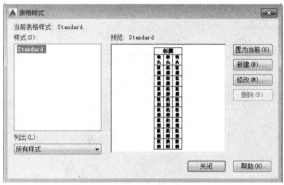

图7-65 "表格样式"对话框

图7-66 设置样式名

09 单击"继续"按钮，打开"新建表格样式：设备材料表格"对话框，如图7-67所示。

10 单击"单元样式"列表框，在弹出的下拉列表中选择"数据"选项，如图7-68所示。

图7-67 "新建表格样式：设备材料表格"对话框

图7-68 选择"数据"选项

11 打开"文字"选项卡，在"文字样式"下拉列表中选择"文字标注"选项，如图7-69所示。

12 重复以上步骤，设置标题和表头的文字样式，然后单击"确定"按钮。

图7-69　选择表格的文字样式

⑬ 返回"表格样式"对话框，单击"关闭"按钮，完成设置表格样式的操作。

⑭ 执行"绘图"|"表格"命令，打开"插入表格"对话框，如图7-70所示。

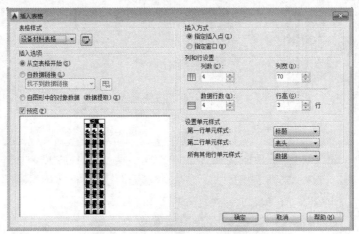

图7-70　"插入表格"对话框

⑮ 在"列和行设置"选项组设置相应的参数，如图7-71所示。

⑯ 单击"确定"按钮，在绘图区指定插入点，如图7-72所示。

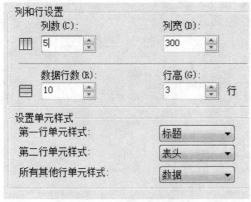

图7-71　设置列和行参数

图7-72　指定插入点

⑰ 在合适的位置单击鼠标左键，进入编辑状态，输入标题，如图7-73所示。

⑱ 按回车键输入表头内容，如图7-74所示。

A
B
C
D
E
设备材质表

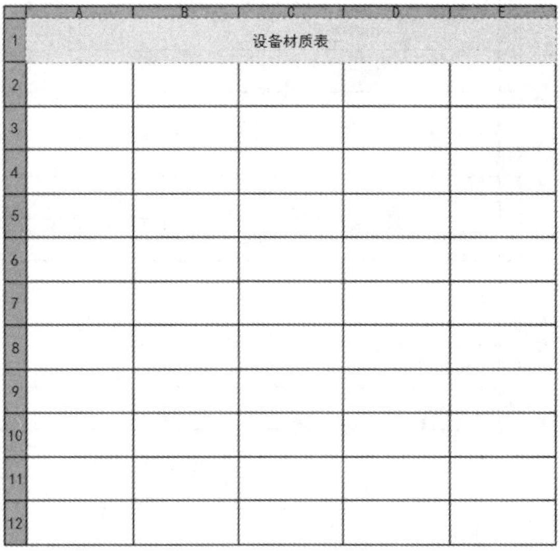

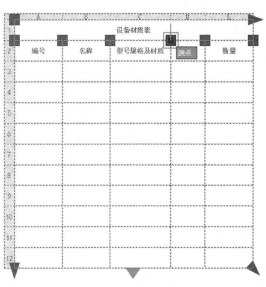

图7-73　输入标题

设备材质表
编号
名称
型号规格及材质
单位
数量

图7-74　输入表头内容

⑲ 选中表格，单击并拖动夹点，调整列的宽度，如图7-75所示。

⑳ 重复以上步骤，调整其他两个列的宽度。在“编号”表头所对应的数据单元格输入数字，如图7-76所示。

设备材质表
编号
名称
型号规格及材质
数量

图7-75　调整列宽

设备材质表
编号
名称
型号规格及材质
单位
数量
1
2
3
4
5
6
7
8
9
10

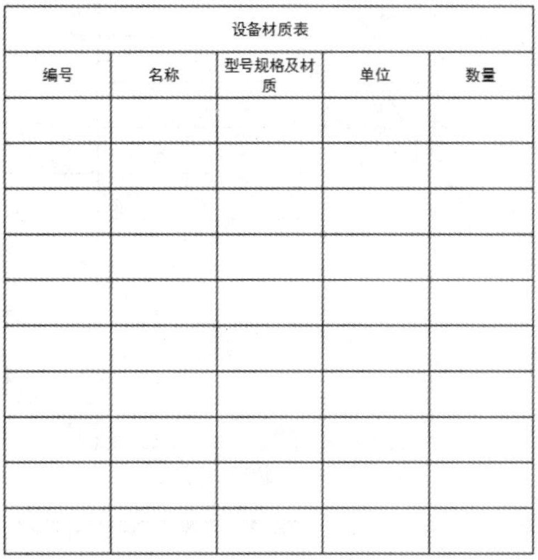

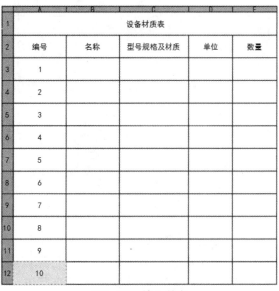

图7-76　输入数字

㉑ 在“名称”表头所对应的单元格输入名称，如图7-77所示。

㉒ 使用窗交选择方式选择单元格，如图7-78所示。

㉓ 单击鼠标右键，在弹出的快捷菜单列表中选择“对齐”|“左中”选项，如图7-79所示。

㉔ 设置后的文字对齐效果如图7-80所示。

㉕ 继续输入名称，如图7-81所示。

㉖ 在其余的单元格内输入相应的内容，调整列宽后的效果如图7-82所示。

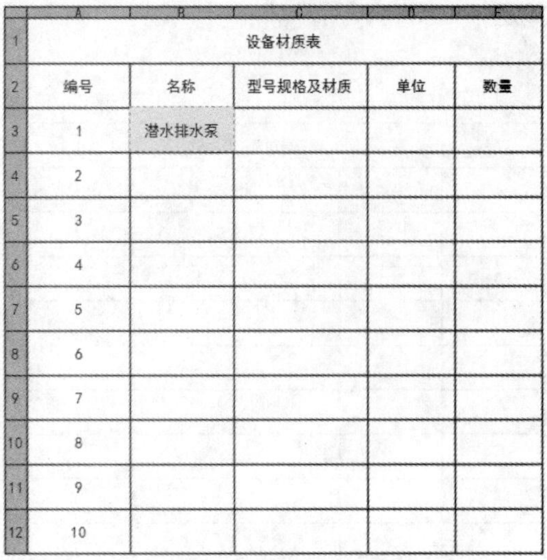

图7-77 输入名称

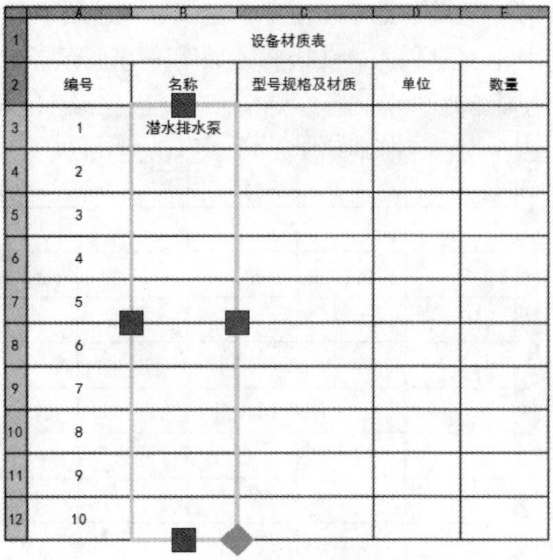

图7-78 选择列

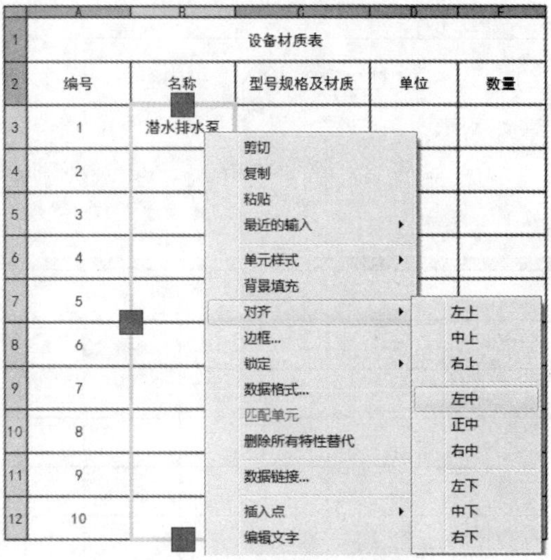

图7-79 设置对齐方式

设备材质表				
编号	名称	型号规格及材质	单位	数量
1	潜水排水泵			
2				
3				
4				
5				
6				
7				
8				
9				
10				

图7-80 对齐效果

设备材质表				
编号	名称	型号规格及材质	单位	数量
1	潜水排水泵			
2	不锈钢链接卡链			
3	织物增强橡胶软管			
4	盘插异径管			
5	球形污水止回阀			
6	法兰			
7	排出管			
8	液位自动控制装置			
9	电源电缆			
10	压力表			

图7-81 输入名称

设备材质表				
编号	名称	型号规格及材质	单位	数量
1	潜水排水泵	JYWQ、Flygt系列	台	1
2	不锈钢链接卡链	DN3	个	2
3	织物增强橡胶软管	胶管内径2A PA0.6MPa	根	1
4	盘插异径管	DN1×DN2	个	1
5	球形污水止回阀	HQ41X-1.0 DN1	个	1
6	法兰	DN1 PN1.0MPa,材质同排出管管材	个	1
7	排出管	DN1管材由设计定	m	设计定
8	液位自动控制装置	与潜水排污泵配套供给	套	1
9	电源电缆	与潜水排污泵配套供给	根	1
10	压力表	YTP-100 PN0~0.6MPa	套	1

图7-82 输入其余内容

7.6 常见疑难解答

　　在学习本章内容时，读者可能会遇到一些问题，在这里我们对常见的问题进行了汇总，以帮助读者更好地理解前面所介绍的知识。

Q：为什么输入的文字是竖排的？

A： Windows系统中的文字类型有两种：一种是前面带@的字体，一种是不带@的字体。这两种字体的区别就是一种用于竖排文字，一种用于横排文字。如果这种字体是在文字样式里设置的，则可以输入ST打开"文字样式"对话框，将字体调整成不带@的字体；如果这种字体是在多行文字编辑器里直接设置的，则可以双击文字激活输入多行文字编辑器，选中所有文字，然后在"字体"下拉列表中选择不带@的字体。

Q：如何控制文字显示？

A： 通过在命令行输入系统变量QTEXT可以控制文字的显示。在命令行输入命令并按回车键，根据提示输入ON后再按回车键，执行"视图"|"重生成"命令可以隐藏文字，如图7-83所示。再次输入QTEXT命令，根据提示输入OFF并按回车键，被隐藏的文字将会被显示出来，如图7-84所示。

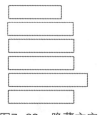

装修风格
1.简单随性
2.现代风格
3.欧式风格
4.东南亚风格
5.田园风格

图7-83　隐藏文字　　　　　　图7-84　显示文字

Q：如何一次性修改同一文字样式的大小？

A： 执行"工具"|"快速选择"命令，打开"快速选择"对话框，在"特性"选项板中选择"样式"，设置完成后单击"确定"按钮，即可选中同一样式的文字，如图7-85所示。按Ctrl+1快捷键打开文字"特性"面板，在其中设置文字高度，即可一次性更改文字样式，如图7-86所示。

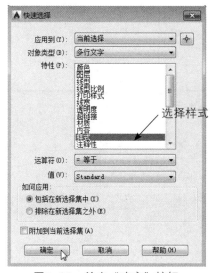

图7-85　单击"确定"按钮

图7-86　设置文字高度

7.7 拓展应用练习

　　为了使读者更好地掌握本章所学的知识，在此列举几个针对于本章的拓展案例，以供读者练手！

◉ 创建机械零件明细表

　　利用本章所学的文字和表格的知识，在某机械图纸中创建如图7-87所示的机械零件明细表。

机械零件明细表			
序号	名称	数量	材料
1	油杯	1	Q253A
2	螺母	4	
3	螺栓	2	
4	上轴衬	1	ZQAL9-4
5	下轴衬	1	ZQAL9-4
6	轴承座	1	HT200
7	套	1	Q253A
8	轴承盖	1	HT200

图7-87　机械零件明细表

操作提示：

01 使用"文字样式"命令创建一个新的文字样式。

02 使用"表格样式"命令设置表格标题、表头和数据，均为"正中"对齐方式。

03 执行"绘图"|"表格"命令，设置表格为8行5列，确认设置后返回绘图区创建表格。

04 输入文字完成表格的创建。

◉ 为平面图添加空间说明

　　使用"单行文字"命令，为三居室平面图添加空间说明，如图7-88所示。其中，文字高度为250，字体为宋体，旋转角度为0。

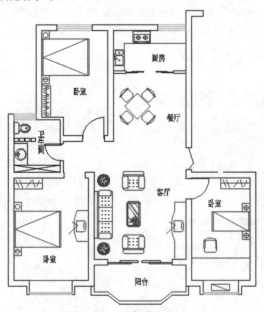

图7-88　添加空间说明

01 打开"文字样式"对话框，从中对文本属性进行设置。

02 执行"单行文字"命令，在布置图中的合适位置为空间输入各功能的名称。

第 8 章

尺寸标注与设置

📹 **本章概述** 　尺寸标注是CAD绘图中不可缺少的一个重要部分。通过添加尺寸标注可以显示图形的数据信息，使用户清晰有序地查看图形的真实大小和相互位置，从而方便施工。本章将主要介绍标注样式的创建和设置、尺寸标注的添加，以及尺寸标注的编辑等。

📃 **知识要点** | ● 标注的基本规则； | ● 基本尺寸标注类型；
| ● 创建和设置标注样式； | ● 编辑尺寸标注。

8.1　标注的基本规则

标注尺寸是描述图形的大小和相互位置的工具，AutoCAD软件为用户提供了完整的尺寸标注功能。本节将首先对尺寸标注的基本规则和要素等内容进行介绍。

8.1.1　标注的规则

下面将从基本规则、尺寸线、尺寸界线、标注尺寸的符号、尺寸数字等五个方面介绍尺寸标注的规则。

1. 基本规则

在进行尺寸标注时，应遵循以下4个规则。

- 建筑图像中的每个尺寸一般只标注一次，并标注在最容易查看物体相应结构特征的图形上。
- 在进行尺寸标注时，若使用的单位是mm，则不需要注明计算单位和名称；若使用其他单位，则需要注明相应计量单位的代号或名称。
- 尺寸的配置要合理。功能尺寸应该直接标注，尽量避免在不可见的轮廓线上标注尺寸。数字之间不允许有任何图线穿过，必要时可以将图线断开。
- 图形上所标注的尺寸数值应该是工程图完工的实际尺寸，否则需要另外说明。

2. 尺寸线

- 尺寸线的终端可以使用箭头和实线这两种，用户可以设置它的大小。箭头适用于机械制图，斜线则适用于建筑制图。
- 当尺寸线与尺寸界线处于垂直状态时，可以采用一种尺寸线终端的方式。采用箭头时，如果空间地位不足，可以使用圆点和斜线代替箭头。
- 在标注角度时，尺寸线会更改为圆弧，而圆心是该角的顶点。

3. 尺寸界线

- 尺寸界线用细线绘制，与标注图形的距离相等。
- 标注角度的尺寸界线从两条线段的边缘处引出一条弧线，标注弧线的尺寸界线是平行于该弦的垂直平分线。

● 通常情况下，尺寸界线应与尺寸线垂直。标注尺寸时，拖动鼠标，将轮廓线延长，从它们的交点处引出尺寸界线。

4. 标注尺寸的符号

● 标注角度的符号为"°"，标注半径的符号为"R"，标注直径的符号为"φ"，标注圆弧的符号为"⌒"。标注尺寸的符号受文字样式的影响。

● 当需要指明半径尺寸是由其他尺寸所确定的时，应用尺寸线和符号"R"标出，但不要注写尺寸数。

5. 尺寸数字

● 通常情况下，尺寸数字在尺寸线的上方或尺寸线内，若将标注文字对齐方式更改为水平，则尺寸数字显示在尺寸线中央。

● 在线性标注中，如果尺寸线是与X轴平行的线段，则尺寸数字在尺寸线的上方，如果尺寸线与Y轴平行，则尺寸数字在尺寸线的左侧。

● 尺寸数字不可以被任何图线所经过，否则必须将该图线断开。

8.1.2 标注的组成要素

一个完整的尺寸标注由尺寸界线、尺寸线、箭头和标注文字组成，如图8-1所示。

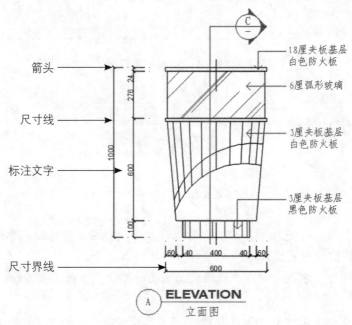

图8-1 尺寸标注组成

下面具体介绍尺寸标注中基本要素的作用与含义。

● 箭头：用于显示标注的起点和终点。箭头的表现方法有很多种，可以是斜线、块和其他用户自定义的符号。

● 尺寸线：显示标注的范围，一般情况下与图形平行。在标注圆弧和角度时是圆弧线。

● 标注文字：显示标注所属的数值。用来反映图形的尺寸，数值前会有相应的标注符号。

● 尺寸界线：也称为投影线。一般情况下与尺寸线垂直，特殊情况下可以将其倾斜。

8.2 创建和设置标注样式

标注样式有利于控制标注的外观。通过使用创建和设置过的标注样式，使标注更加整齐。在"标注样式管理器"对话框中可以创建新的标注样式，如图8-2所示。

用户可以通过以下方式打开"标注样式管理器"对话框：

- 执行"格式"｜"标注样式"命令。
- 在"默认"选项卡的"注释"面板中单击"注释"按钮 。
- 在"注释"选项卡的"标注"面板中单击右下角的箭头 。
- 在命令行输入DIMSTYLE命令并按回车键。

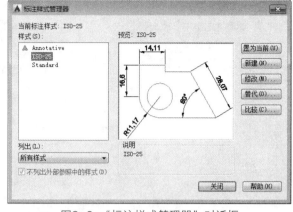

图8-2 "标注样式管理器"对话框

其中，该对话框中各选项的含义介绍如下。

- 样式：显示文件中所有的标注样式。亮表示显示当前的样式。
- 列出：设置样式中是显示所有的样式还是显示正在使用的样式。
- 置为当前：单击该按钮，则被选择的标注样式会置为当前。
- 新建：新建标注样式。单击该按钮，设置文件名后单击"继续"按钮，则可进行编辑标注操作。
- 修改：修改已经存在的标注样式。单击该按钮会打开"修改标注样式"对话框，在该对话框中可以对标注进行更改。
- 替代：单击该按钮，会打开"替代当前样式"对话框，在该对话框中可以设定标注样式的临时替代值，替代将作为未保存的更改结果显示在"样式"列表中的标注样式下。
- 比较：单击该按钮，将打开"比较标注样式"对话框，从中可以比较两个标注样式或列出一个标注样式的所有特性。

8.2.1 新建标注样式

如果标注样式中没有需要的样式类型，用户可以进行新建标注样式的操作。在"标注样式管理器"对话框中单击"新建"按钮，打开"创建新标注样式"对话框，如图8-3所示。

其中，常用选项的含义介绍如下。

- 新样式名：设置新建标注样式的名称。
- 基础样式：设置新建标注的基础样式。对于新建样式，只更改那些与基础特性不同的特性。
- 注释性：设置标注样式是否是注释性。
- 用于：设置一种特定标注类型的标注样式。

【例8-1】下面以创建室内建筑标注样式

图8-3 "创建新标注样式"对话框

为例，介绍新建标注样式的方法。

01 执行"格式"|"标注样式"命令，打开"标注样式管理器"对话框，如图8-4所示。

02 单击"新建"按钮，打开"创建新标注样式"对话框，输入样式名，如图8-5所示。

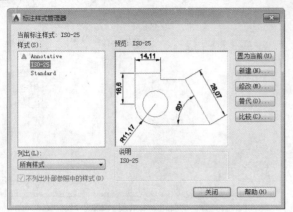

图8-4 "标注样式管理器"对话框   图8-5 设置样式名

03 单击"继续"按钮，打开"新建标注样式：建筑标注"对话框，并设置相应的参数，如图8-6所示。

04 单击"确定"按钮，返回"标注样式管理器"对话框，在"样式"列表框中将添加创建的样式，如图8-7所示。然后单击"关闭"按钮完成操作。

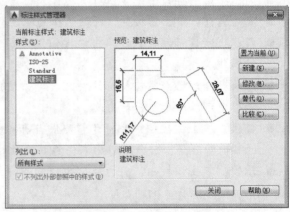

图8-6 "新建标注样式"对话框   图8-7 单击"关闭"按钮

8.2.2 设置标注线

在创建标注样式后，我们可以编辑创建的标注样式，在"新建标注样式"对话框中可以对相应的选项卡进行编辑，如图8-8所示。

该对话框由"线"、"符号和箭头"、"文字"、"调整"、"主单位"、"换算单位"、"公差"等6个选项卡组成。下面将对各选项卡的功能进行介绍。

- 线：该选项卡用于设置尺寸线和尺寸界线的一系列参数。

- 符号和箭头：该选项卡用于设置箭头、圆

图8-8 "新建标注样式"对话框

心标记、折线标注、弧长符号、半径折弯标注等一系列的参数。

- 文字：该选项卡用于设置文字的外观、文字位置和文字的对齐方式。
- 调整：该选项卡用于设置箭头、文字、引线和尺寸线的放置方式。
- 主单位：该选项卡用于设置标注单位的显示精度和格式，并且还可以设置标注的前缀和后缀。
- 换算单位：该选项卡用于设置标注测量值中换算单位的显示并设定其格式和精度。
- 公差：该选项卡用于设置指定标注文字中公差的显示及格式。

8.3 基本尺寸标注

尺寸标注分为线性标注、对齐标注、角度标注、弧长标注、半径标注、直径标注、折弯标注、坐标标注、快速标注、连续标注、基线标注、公差标注和引线标注等，下面将逐一介绍各标注的创建方法。

8.3.1 线性标注

线性标注是指标注图形对象在水平方向、垂直方向和旋转方向的尺寸。线性标注包括垂直、水平和旋转3种类型。用户可以通过以下方式调用线性标注命令。

- 执行"标注"|"线性"命令。
- 在"注释"选项卡的"标注"面板中单击"线性"按钮。
- 在命令行输入DIMLINEAR命令并按回车键。

【例8-2】下面以标注窗格图案为例，介绍线性标注的方法。

（1）水平标注

01 执行"标注"|"线性"命令，打开对象捕捉，指定水平的第一点，如图8-9所示。

02 再指定第二点并拖动鼠标，在合适的位置单击鼠标左键，即完成创建线性标注的操作，如图8-10所示。

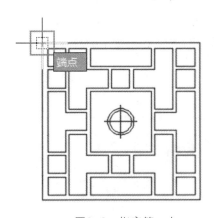
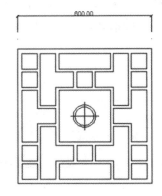

图8-9　指定第一点　　　　　图8-10　创建水平线性标注

（2）垂直标注

01 执行"标注"|"线性"命令，指定垂直的第一点，如图8-11所示。

02 再指定第二点并拖动鼠标，在合适的位置单击鼠标左键，即完成创建线性标注的操作，如图8-12所示。

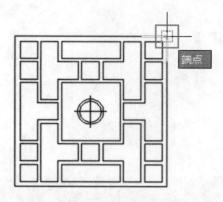

图8-11　指定第一点

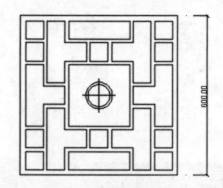

图8-12　创建垂直线性标注

（3）旋转标注

01 执行"标注"｜"线性"命令，指定第一点，如图8-13所示。

02 再指定第二点，如图8-14所示。

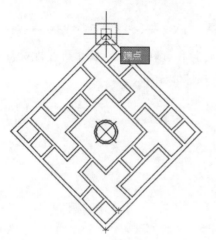

图8-13　指定第一点

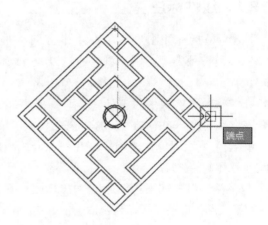

图8-14　指定第二点

03 根据提示输入R，并按回车键，输入旋转角度为45，如图8-15所示。

04 按回车键并拖动鼠标在合适的位置单击鼠标左键，即可完成创建旋转标注的操作，如图8-16所示。

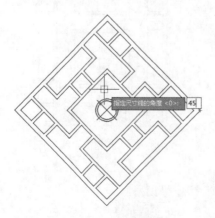

图8-15　设置旋转角度

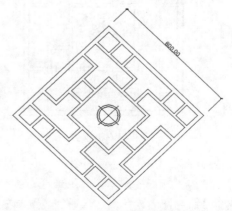

图8-16　创建旋转线性标记

8.3.2 对齐标注

对齐标注可以创建与标注对象平行的尺寸，也可以创建与指定位置平行的尺寸。对齐标注的尺寸线总是平行于两个尺寸延长线的原点连成的直线。用户可以通过以下方法调用对齐标注的命令。

- 执行"标注"|"对齐"命令。
- 在"注释"选项卡的"标注"面板中单击"对齐"按钮⟍。
- 在命令行输入DIMALIGNED命令并按回车键。

对齐标注和线性标注极为相似。但使用对齐标注在标注斜线时不需要输入角度，指定两点之后拖动鼠标即可得到与斜线平行的标注。

【例8-3】下面以标注六边形为例，介绍对齐标注的操作方法。

01 在"注释"选项卡的"标注"面板中单击"对齐"按钮⟍，如图8-17所示。

02 指定尺寸线的端点，拖动鼠标即可得到对齐尺寸标注，如图8-18所示。

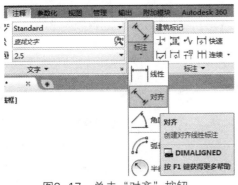
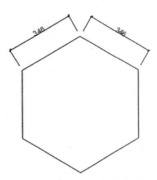

图8-17 单击"对齐"按钮 　　　　图8-18 对齐标注效果

8.3.3 角度标注

角度标注用来测量两条或三条直线的之间的角度，也可以用于测量圆或圆弧的角度。在AutoCAD 2015中，用户可以通过以下方式调用角度标注的命令。

- 执行"标注"|"角度"命令。
- 在"注释"选项卡的"标注"面板中单击"角度"按钮△。
- 在命令行输入DIMANGULAR命令并按回车键。

【例8-4】下面以标注壁灯角度为例，介绍角度标注的操作方法。

01 在命令行输入DIMANGULAR命令并按回车键，指定需要标注的顶点，如图8-19所示。

02 再指定第二条线段，如图8-20所示。

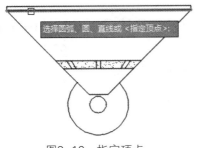
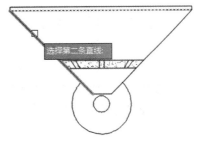

图8-19 指定顶点 　　　　　　　图8-20 指定第二条线段

03 指定线段后，会显示此时该位置的角度，如图8-21所示。

04 拖动鼠标，将标注拖动到图形中，然后单击鼠标左键，完成角度标注的操作，如图8-22所示。

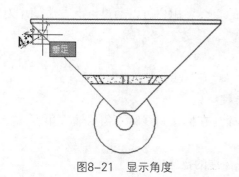
图8-21　显示角度

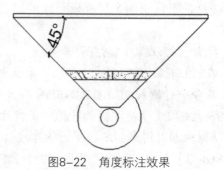
图8-22　角度标注效果

8.3.4　弧长标注

弧长标注用于标注指定圆弧或多线段的距离，它可以标注圆弧和半圆的尺寸。用户可以通过以下方式调用弧长标注命令。

● 执行"标注"|"弧长"命令。

● 在"注释"选项卡的"标注"面板中单击"弧长"按钮 。

● 在命令行输入DIMARC命令并按回车键。

【例8-5】下面以标注壁灯弧长为例，介绍弧长标注的方法。

01 执行"标注"|"弧长"命令。

02 选择圆弧，如图8-23所示。

03 拖动鼠标，在合适的位置单击鼠标左键，完成弧长标注的操作，如图8-24所示。

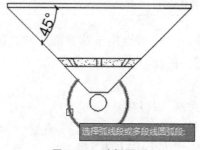
图8-23　选择圆弧

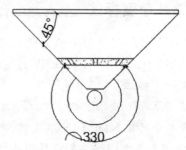
图8-24　弧长标注效果

8.3.5　半径标注

半径标注主要用于标注圆或圆弧的半径尺寸。用户可以通过以下方式调用半径标注命令。

● 执行"标注"|"半径"命令。

● 在"注释"选项卡的"标注"面板中单击"半径"按钮 。

● 在命令行输入DIMRADIUS命令并按回车键。

【例8-6】下面以标注果盘半径为例，介绍半径标注的操作方法。

01 执行"标注"|"半径"命令，根据提示选择需要标注的圆弧，如图8-25所示。

02 拖动鼠标至合适的位置，如图8-26所示。

图8-25　指定圆弧　　　　　　　图8-26　半径标注效果

8.3.6　直径标注

直径标注主要用于标注圆或圆弧的直径尺寸。用户可以通过以下方式调用直径标注命令。

- 执行"标注"|"直径"命令。
- 在"注释"选项卡的"标注"面板中单击"直径"按钮 ◎。
- 在命令行输入DIMDIAMETER命令并按回车键。

【例8-7】下面以标注浴霸灯泡直径为例，介绍直径标注的操作方法。

⓪1 执行"标注"|"直径"命令，根据提示选择需要标注的圆弧，如图8-27所示。

⓪2 拖动鼠标至合适的位置，如图8-28所示。

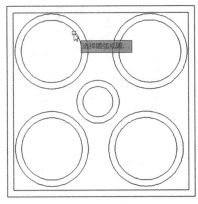
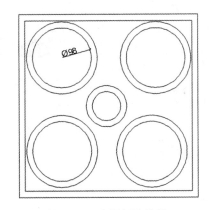

图8-27　指定圆弧　　　　　　　图8-28　直径标注效果

8.3.7　折弯标注

当圆弧或者圆的中心在图形的边界外，且无法显示在实际位置时，可以使用折弯标注。折弯标注主要用于标注圆形或圆弧的半径尺寸。用户可以通过以下方式调用折弯标注命令。

- 执行"标注"|"折弯"命令。
- 在"注释"选项卡的"标注"面板中单击"折弯"按钮 ∕。
- 在命令行输入DIMJOGGED命令并按回车键。

【例8-8】下面以标注某铸件的半径为例，具体介绍折弯标注的操作方法。

⓪1 执行"标注"|"折弯"命令，根据提示选择圆弧，在图形的合适位置单击，指定中心位置并移动光标，如图8-29所示。

02 将跟随光标的尺寸线放置在合适的位置，确定尺寸位置，单击鼠标左键，再确定折弯位置，完成折弯标注，如图8-30所示。

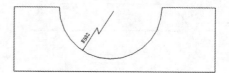

图8-29　指定尺寸线位置　　　　图8-30　折弯标注效果

8.3.8　坐标标注

在建筑绘图中，绘制的图形并不能直接观察出点的坐标，此时就需要使用坐标标注。坐标标注主要用于标注指定点的X坐标或者Y坐标。用户可以通过以下方式调用坐标标注命令。

- 执行"格式"｜"坐标"命令。
- 在"注释"选项卡的"标注"面板中单击"坐标"按钮。
- 在命令行输入DIMORDINATE命令并按回车键。

【例8-9】下面以标注地面装饰图案为例，介绍坐标标注中X坐标和Y坐标的添加方法。

01 在"注释"选项卡的"标注"面板中单击"坐标"按钮。

02 指定坐标点，根据提示输入X选项，如图8-31所示。

03 按回车键并拖动鼠标，指定引线位置，如图8-32所示。

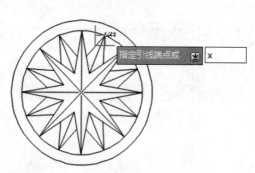
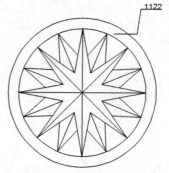

图8-31　输入X选项　　　　图8-32　X坐标标注效果

04 执行"格式"｜"坐标"命令。

05 指定坐标点，根据提示输入Y选项，如图8-33所示。

06 按回车键并拖动鼠标，指定引线位置，如图8-34所示。

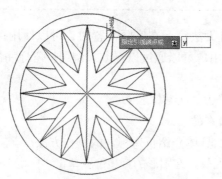
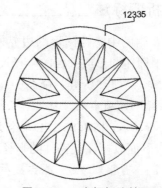

图8-33　输入Y选项　　　　图8-34　Y坐标标注效果

8.3.9 快速标注

使用快速标注可以选择一个或多个图形对象，系统将自动查找所选对象的端点或圆心，并根据端点或圆心的位置快速地标注其尺寸。用户可以通过以下方式调用"快速标注"命令。

● 执行"标注"|"快速标注"命令。

● 在"注释"选项卡的"标注"面板中单击"快速标注"按钮↦。

● 在命令行输入QDIM命令并按回车键。

【例8-10】下面以标注门尺寸为例，介绍快速标注的操作方法。

⓵ 执行"标注"|"快速标记"命令，选择需要标注的线段，如图8-35所示。

⓶ 按回车键并拖动鼠标，在合适的位置单击鼠标左键，如图8-36所示。

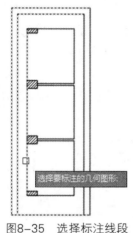
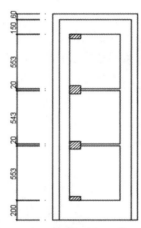

图8-35　选择标注线段　　　　　　图8-36　快速标记效果

8.3.10 连续标注

连续标注是指连续进行线性标注、角度标注和坐标标注。在使用连续标注之前，首先要进行线性标注、角度标注或坐标标注，创建其中一种标注之后再进行连续标注，系统会根据之前创建的标注尺寸界线作为下一个标注的原点进行连续标记。用户可以通过以下方式调用连续标注的命令：

● 执行"标注"|"连续"命令。

● 在"注释"选项卡的"标注"面板中单击"连续"按钮⊩连续。

● 在命令行输入DIMCONTINUE命令并按回车键。

【例8-11】下面以标注墙体尺寸为例，介绍连续标注的操作方法。

⓵ 执行"标注"|"线性"命令，标注第一条线段的距离，如图8-37所示。

⓶ 在"注释"选项卡的"标注"面板中单击"连续标记"按钮⊩。

⓷ 然后进行连续标注，依次标记墙体尺寸，如图8-38所示。

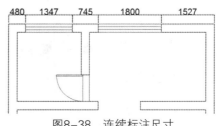

图8-37　线性标注尺寸　　　　　　图8-38　连续标注尺寸

8.3.11 基线标注

在创建基线标注之前，用户需要先创建线性标注、角度标注、坐标标注等。基线标注是指从指定的第1个尺寸界线处创建基线标注尺寸。用户可以通过以下命令调用基线标注命令：

● 执行"标注"|"基线"命令。

● 在"注释"选项卡的"标注"面板中单击"基线标注"按钮┠┤。

● 在命令行输入DIMBASELINE命令并按回车键。

【例8-12】下面以标注墙体尺寸为例，具体介绍基线标注的操作方法。

01 执行"标注"|"基线"命令，标注第一条线段的距离，如图8-39所示。

02 在"注释"选项卡的"标注"面板中，单击"连续"的下拉菜单按钮，在弹出的列表中选择"基线"选项，如图8-40所示。

03 系统自动将上一个创建的线性标注原点作为新基线标注的第一条尺寸界线的原点，根据命令行提示，指定第二条尺寸界线的原点，如图8-41所示。

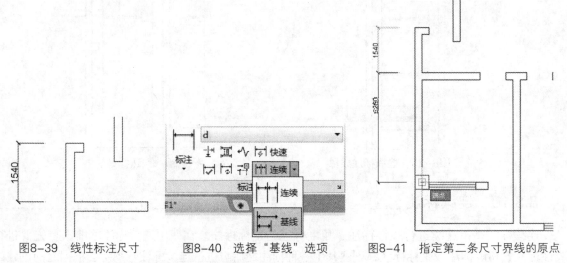

图8-39 线性标注尺寸　　　图8-40 选择"基线"选项　　　图8-41 指定第二条尺寸界线的原点

04 继续拾取第二条尺寸界线的原点，如图8-42所示。

05 基线标注完成后，选中基线标注，会显示出其夹点，如图8-43所示。

06 根据其夹点调整标注的位置，如图8-44所示。

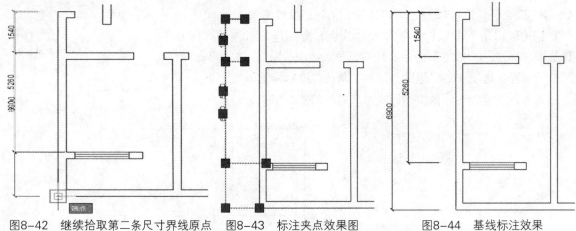

图8-42 继续拾取第二条尺寸界线原点　　　图8-43 标注夹点效果图　　　图8-44 基线标注效果

8.3.12 公差标注

公差标注用于表示特征的形状、轮廓、方向、位置及跳动的允许偏差。下面将介绍公差的符号表示、使用对话框标注公差等知识。

1. 公差符号

在AutoCAD 2015中，可以通过特征控制框显示形位公差，下面介绍几种常用的公差符号，见表8-1。

表8-1　公差符号

符号	含义	符号	含义	符号	含义
ⓟ	投影公差	⌓	平面轮廓	——	直线度
⌒	直线	＝	对称	Ⓜ	最大包容条件
◎	同心/同轴	↗	圆跳动	Ⓛ	最小包容条件
○	圆或圆度	↗↗	全跳动	Ⓢ	不考虑特征尺寸
⊕	定位	▱	平坦度	⌀	柱面性
∠	角	⊥	垂直	//	平行

2. 公差标注

在"形位公差"对话框中可以设置公差的符号和数值，如图8-45所示。用户可以通过以下方式打开"形位公差"对话框：

● 执行"标注"|"公差"命令。

● 在"注释"选项卡的"标注"面板中单击"公差"按钮⌀。

● 在命令行输入TOLERANCE命令并按回车键。

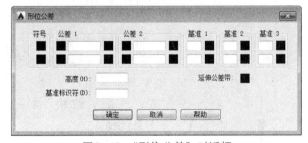

图8-45　"形位公差"对话框

"形位公差"对话框中各选项的含义介绍如下。

● 符号：单击符号下方的■符号，会弹出"特征符号"对话框，在其中可设置特征符号，如图8-46所示。

● 公差1和公差2：单击该列表框的■符号，将插入一个直径符号。单击后面的黑正方形符号，将弹出"附加符号"对话框，在其中可以设置附加符号，如图8-47所示。

图8-46　"特征符号"对话框

图8-47　"附加符号"对话框

● 基准1、基准2和基准3：在该列表框可以设置基准参照值。

● 高度：设置投影特征控制框中的投影公差零值。投影公差带控制固定垂直部分延伸区的高度变化，并以位置公差控制公差精度。

● 基准标识符：设置由参照字母组成的基准标识符。
● 延伸公差带：单击该选项后的■符号，将插入延伸公差带的符号。

8.3.13 引线标注

在建筑绘图中，只有数值标注是远远不够的。在进行立面绘制时，为了清晰地标注出图形的材料和尺寸，用户可以利用引线标注来实现。

1. 设置引线样式

在创建引线之前需要设置引线的形式、箭头的外观显示和尺寸文字的对齐方式等。在"多重引线样式管理器"对话框中可以设置引线样式。用户可以通过以下方式打开"多重引线样式管理器"对话框。

● 执行"格式"|"多重引线样式"命令。
● 在"注释"选项卡的"引线"面板中单击右下角的箭头 ◣。
● 在命令行输入MLEADERSTYLE命令并按回车键。

如图8-48所示为"多重引线样式管理器"对话框，其中，各选项的具体含义介绍如下。

● 样式：显示已有的引线样式。
● 列出：设置"样式"列表框内显示所有引线样式还是正在使用的引线样式。
● 置为当前：选择样式名。单击"置为当前"按钮，即可将引线样式置为当前。
● 新建：新建引线样式。单击该按钮，即可弹出"创建按新多重引线"对话框，输入样式名，单击"继续"按钮，即可设置多重引线样式。

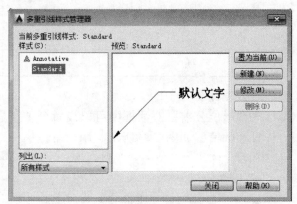

图8-48 "多重引线样式管理器"对话框

● 删除：选择样式名，单击"删除"按钮，即可删除该引线样式。
● 关闭：关闭"多重引线样式管理器"对话框。

【例8-13】下面以创建文本标注为例，介绍设置引线样式的方法。

01 执行"格式"|"多重引线样式"命令，打开"多重引线样式管理器"对话框，如图8-49所示。

02 单击"新建"按钮，弹出"创建按新多重引线"对话框并设置样式名，如图8-50所示。

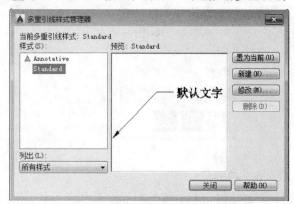

图8-49 "多重引线样式管理器"对话框

图8-50 设置样式名

03 单击"继续"按钮，打开"修改多重引线样式：文本标注"对话框，如图8-51所示。

04 在"常规"选项组中，单击"类型"列表框，在弹出的列表框中可以设置引线的类型，如图8-52所示。

图8-51 "修改多重引线样式：文本标注"对话框   图8-52 "类型"列表框

05 如图8-53所示为设置直线引线的效果，如图8-54所示为设置样条曲线的引线效果。

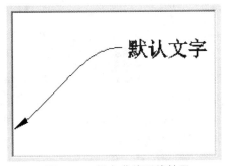

图8-53 直线引线效果   图8-54 样条曲线引线效果

06 在"箭头"选项组中，单击"符号"列表框，在弹出的列表中可以设置符号，如图8-55所示。

07 在"大小"选项框中可以设置箭头的大小。如图8-56所示的箭头大小为5，如图8-57所示的箭头大小为10。

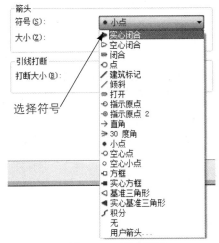

图8-55 设置符号   图8-56 箭头大小为5

08 打开"引线结构"选项卡,在"基线设置"选项组中设置多重引线基线的固定距离为10,如图8-58所示。

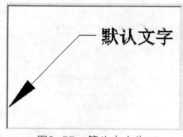

图8-57 箭头大小为10

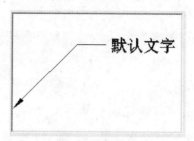

图8-58 基线距离为10

09 打开"内容"选项卡,在"文字选项"选项组"文字高度"的选项框内设置文字高度为50,如图8-59所示。

10 勾选"文字加框"复选框,还可以为文字添加边框,如图8-60所示。

图8-59 设置文字高度

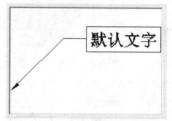

图8-60 "文字加框"效果

11 设置引线类型为直线,箭头大小为10,基线距离为20,文字大小为30,效果如图8-61所示。

12 设置完成后单击"确定"按钮,返回"多重引线样式管理器"对话框,单击"置为当前"按钮,将创建的引线样式置为当前,如图8-62所示。

图8-61 设置引线样式效果

图8-62 单击"置为当前"按钮

2. 创建引线标注

设置引线样式后就可以创建引线标注了。用户可以通过以下方式调用"多重引线"命令:

● 执行"标注"|"多重引线"命令。

● 在"注释"选项卡的"引线"面板中,单击"多重引线"按钮 。

● 在命令行输入MLEADER命令并按回车键。

【例8-14】下面以注释立面座椅材质为例,介绍创建多重引线的方法。

01 执行"标注"|"多重引线"命令,指定引线箭头的位置,如图8-63所示。

⓶ 指定引线基线的位置，并输入标注，完成后，在空白处单击鼠标左键，如图8-64所示。

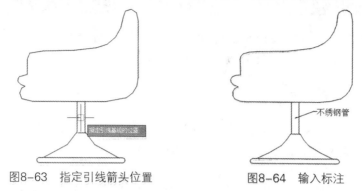

图8-63　指定引线箭头位置　　　　图8-64　输入标注

3. 编辑多重引线

如果创建的引线还未达到要求，则用户需要对其进行编辑操作。在AutoCAD 2015中，可以在"多重引线"选项板中编辑多重引线，还可以利用菜单命令或者"注释"选项卡"引线"面板中的按钮进行编辑操作。用户可以通过以下方式调用编辑多重引线的命令。

● 执行"修改"｜"对象"｜"多重引线"命令的子菜单命令，如图8-65所示。

● 在"注释"选项卡的"引线"面板中，单击相应的按钮，如图8-66所示。

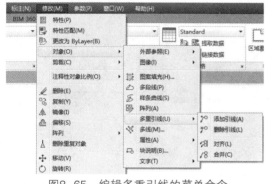

图8-65　编辑多重引线的菜单命令

图8-66　"引线"面板

由上图可知，编辑多重引线的命令包括"添加引线"、"删除引线"、"对齐"和"合并"四个选项。下面具体介绍各选项的含义。

● 添加引线：在一条引线的基础上添加另一条引线，且标注是同一个。

● 删除引线：将选定的引线删除。

● 对齐：将选定的引线对象对齐并按一定的间距排列。

● 合并：将包含块的选定多重引线组织到行或列中，并使用单引线显示结果。

知识点拨

双击"多重引线"，弹出"多重引线"选项板，在该选项板中可以对多重引线进行编辑操作，如图8-67所示。

图8-67　"多重引线"选项板

8.4 编辑尺寸标注

在AutoCAD 2015中，用户可以编辑标注文本的位置，可以使用夹点编辑尺寸标注、使用"特性"面板编辑尺寸标注，并且还可以更新尺寸标注等。

8.4.1 编辑标注文本

在建筑绘图中，标注文本也是必不可少的。如果创建的标注文本内容或位置没有达到要求，用户可以编辑标注文本的内容和调整标注文本的位置等。

1. 编辑标注文本的内容

在标注图形时，如果标注的端点不处于平行状态，那么测量的距离就会出现不准确的情况。用户可以通过以下方式编辑标注文本内容：

- 执行"修改"|"对象"|"文字"|"编辑"命令。
- 在命令行输入DDEDIT命令并按回车键。
- 双击需要编辑的标注文字。

【例8-15】下面以修改尺寸值为例，介绍编辑标注文本的方法。

01 执行"修改"|"对象"|"文字"|"编辑"命令，如图8-68所示。

02 根据提示选择需要的注释对象，如图8-69所示。

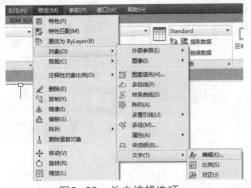

图8-68 单击编辑选项

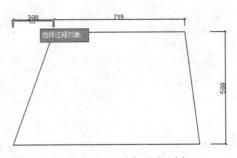

图8-69 选择注释对象

03 选择注释对象后进入编辑状态，如图8-70所示。

04 在空白处单击鼠标左键完成操作，如图8-71所示。

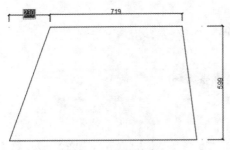

图8-70 编辑状态

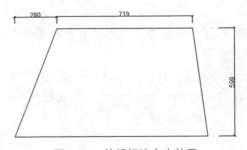

图8-71 编辑标注文本效果

2. 调整标注文本位置

用户除了可以编辑文本内容之外，还可以调整标注文本的位置。用户可以通过以下方式调整标注文本的位置。

- 执行"标注"|"对齐文字"命令的孚菜单命令。

- 在命令行输入DIMTEDIT命令并按回车键。

【例8-16】下面以修改尺寸对齐方式为例，介绍调整标注文本的方法。

01 执行"修改"|"对齐文字"|"左"命令。

02 根据提示选择标注，如图8-72所示。

03 单击鼠标左键，完成调整位置的操作，如图8-73所示。

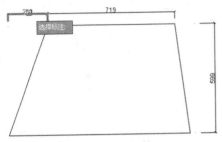 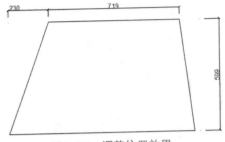

图8-72 选择标注　　　　　　　图8-73 调整位置效果

8.4.2 使用夹点编辑尺寸标注

使用夹点可以编辑尺寸界线的长度和各标注之间的间距，使用起来非常方便。单击尺寸标注，即可显示标注中的夹点，移动各夹点可以快速修改尺寸标注。

【例8-17】下面以修改尺寸线的位置为例，介绍使用夹点编辑尺寸标注的方法。

01 单击创建完成的尺寸标注，如图8-74所示。

02 选择尺寸界线下方的夹点，如图8-75所示。

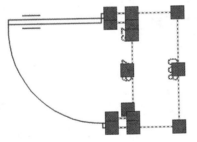 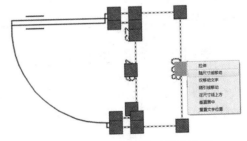

图8-74 单击尺寸标注　　　　　　图8-75 选择随尺寸移动选项

03 拖动尺寸线至合适位置，如图8-76所示。

04 单击鼠标左键，确定尺寸线的位置，如图8-77所示。

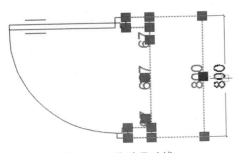 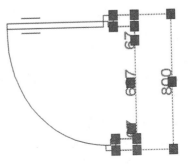

图8-76 拖动尺寸线　　　　　　　图8-77 指定尺寸线位置

05 单击端点上的夹点，如图8-78所示。

06 拖动夹点至合适的位置，如图8-79所示。

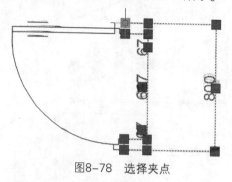

图8-78 选择夹点

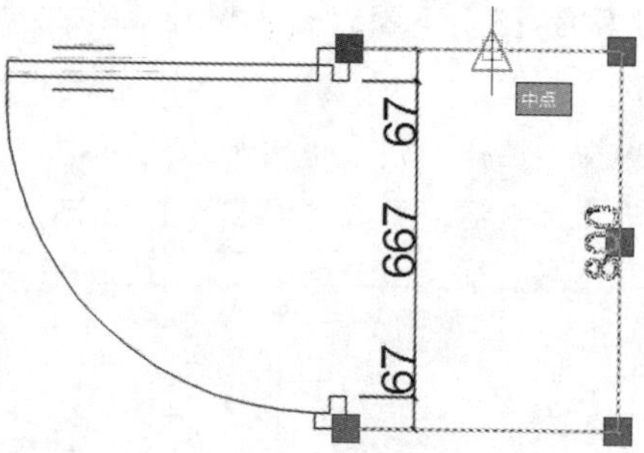

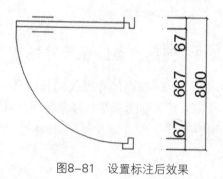

图8-79 拖动夹点

07 移动两端点后，如图8-80所示。

08 移动其余夹点至合适的位置，完成后的效果如图8-81所示。

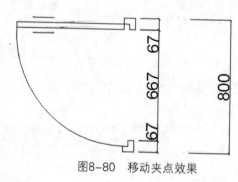

图8-80 移动夹点效果

图8-81 设置标注后效果

知识点拨

选中夹点后也可以直接拖动夹点调整尺寸线的位置，设置各标注之间的间距。

8.4.3 使用"特性"面板编辑尺寸标注

选择需要编辑的尺寸标注，单击鼠标右键，在弹出的快捷菜单下拉列表中单击"特性"选项，即可打开"特性"面板，如图8-82所示。

编辑尺寸标注的"特性"面板由"常规"、"其他"、"直线和箭头"、"文字"、"调整"、"主单位"、"换算单位"和"公差"等8个卷轴栏组成。这些选项和"修改标注样式"对话框中的内容基本一致。下面具体介绍该面板中常用的选项。

1. 常规

该选项组主要用于设置尺寸线的外观显示。下面具体介绍各选项的含义。

● 颜色：设置标注尺寸的颜色。

● 图层：设置标注尺寸的图层位置。

● 线型：设置标注尺寸的线型。

图8-82 "特性"面板

- 线型比例：设置虚线或其他线段的线型比例。
- 线宽：设置标注尺寸的线宽。
- 透明度：设置标注尺寸的透明度。
- 超链接：指定到对象的超链接并显示超链接名或说明。
- 关联：指定标注是否是关联性。

2. 其他

该选项组主要用于设置标注样式和标注是否是注释性。单击"标注样式"列表框，在弹出的下拉列表框中可以设置标注样式；单击"注释性"列表框，在弹出的下拉列表框内可以设置标注是否是注释性。

3. 直线和箭头

该选项组主要用于设置标注尺寸的直线和箭头。下面主要介绍各选项的含义。

- 箭头1和箭头2：设置尺寸线的箭头符号。单击该列表框，在弹出的下拉列表框中可以设置箭头的符号，如图8-83所示。
- 箭头大小：设置箭头的大小。
- 尺寸线线宽：设置尺寸线的线宽。单击该列表，在弹出的下拉列表框中可以设置线宽，如图8-84所示。

图8-83　设置箭头符号

图8-84　设置线宽

- 尺寸界线线宽：设置尺寸界线的线宽。
- 尺寸线1和尺寸线2：控制尺寸线的显示和隐藏。
- 尺寸线颜色：设置尺寸线的颜色。
- 尺寸界线1和尺寸界线2：控制尺寸界线的显示和隐藏。
- 固定的尺寸界线：单击该列表框，在弹出的列表内可以设置尺寸线是否是固定的尺寸。
- 尺寸界线的固定长度：当"固定尺寸界线"为"开"时，将激活该选项框，在其中可以设置尺寸界线的固定长度值。
- 尺寸界线颜色：设置尺寸界线的颜色。

4. 文字

该选项组主要用于设置标注文字的显示。下面具体介绍常用选项的含义。

● 文字高度：设置标注中文字的高度。
● 文字偏移：指定在打断尺寸线、放入标注尺寸文字时，标注文字与尺寸线之间的距离。
● 水平放置文字：设置水平文字的对齐方式。
● 垂直放置文字：设置标注文字相对于尺寸线的垂直距离。
● 文字样式：设置文字的显示样式。
● 文字旋转：设置文字旋转角度。

5. 调整

该选项组主要用于设置箭头、文字、引线和尺寸线的放置方式及显示。

6. 主单位

该选项组主要用于设置标注单位的显示精度和格式，并且可以设置标注的前缀和后缀。下面主要介绍各常用选项的含义。

● 小数分隔符：在该选项框内可以设置标注中的小数分隔符。
● 标注前缀和标注后缀：设置标注尺寸文字前缀和后缀。
● 标注辅单位：设置所适用的线性标注在更改为辅单位时的文字后缀。
● 标注单位：单击该列表框，可以在弹出的列表中设置标注单位，如图8-85所示。
● 精度：设置标注的显示精度。单击该列表框，可以在弹出的列表中设置精度，如图8-86所示。

图8-85　设置标注单位

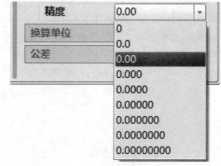

图8-86　设置标注精度

8.4.4　更新尺寸标注

更新尺寸标注是指用选定的标注样式更新标注对象。在AutoCAD 2015中，用户可以通过以下方式调用更新尺寸标注的命令。

● 执行"标注" | "更新"命令。
● 在"注释"选项卡的"标注"面板中单击"更新"按钮。
● 在命令行输入DIMSTYLE命令并按回车键。

【例8-18】下面以更新壁灯尺寸标注为例，介绍更新尺寸标注的方法。

01 执行"标注" | "线性"命令，根据提示标注图形，如图8-87所示。

02 在"注释"选项卡的"标注"面板中单击右下角的箭头符号 ↘，打开"标注样式管理器"对话框，选择需要使用的更新标注样式名，并单击"置为当前"按钮，如图8-88所示。

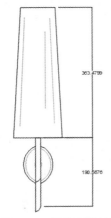

图8-87 标注图形效果

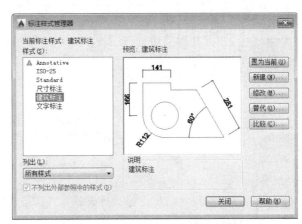

图8-88 单击"置为当前"按钮

03 单击"关闭"按钮关闭"标注样式管理器"对话框，然后执行"标注"|"更新"命令并选择需要更新的尺寸标注，如图8-89所示。

04 按回车键，标注将更新为当前标注样式，如图8-90所示。

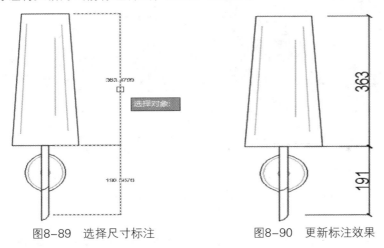

图8-89 选择尺寸标注　　　　图8-90 更新标注效果

8.5 上机实训

为了更好地掌握本章所学的知识，下面将通过标注立面衣柜尺寸和机械剖面尺寸来巩固尺寸标注的方法与技巧。

8.5.1 标注立面衣柜尺寸

在实际绘图中，标注是必不可少的。当完成图形的绘制后，就需要对其进行标注，以方便查看图形的基本尺寸信息。下面将具体介绍标注平面图的方法。

01 打开"立面衣柜"文件，如图8-91所示。

02 执行"格式"|"标注样式"命令，打开"标注样式管理器"对话框并单击"新建"按钮，如图8-92所示。

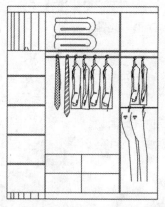

图8-91 打开"立面衣柜"文件

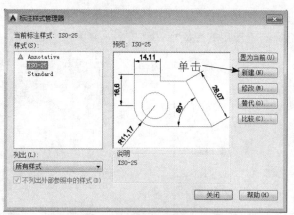

图8-92 单击"新建"按钮

03 弹出"创建新标注样式"对话框，设置样式名，并单击"继续"按钮，如图8-93所示。

04 打开"新建标注样式：尺寸标注"对话框，如图8-94所示。

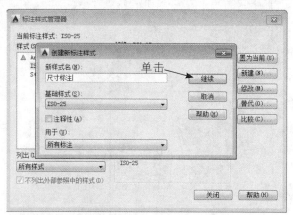

图8-93 单击"继续"按钮

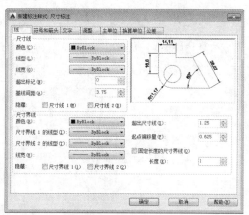

图8-94 "新建标注样式：尺寸标注"对话框

05 在"线"选项卡的"尺寸界线"选项组中设置"起点偏移量"为40，如图8-95所示。

06 打开"符号和箭头"选项卡，单击"第一个"选项的列表框，在弹出的列表中设置标注尺寸的符号，如图8-96所示。

图8-95 设置起点偏移量

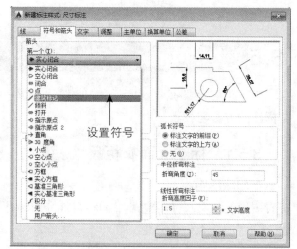

图8-96 设置标注尺寸符号

⑦ 在"箭头大小"选项框内输入数值，如图8-97所示。

⑧ 打开"文字"选项卡，在"文字外观"选项组中设置文字高度，如图8-98所示。

图8-97 设置箭头大小

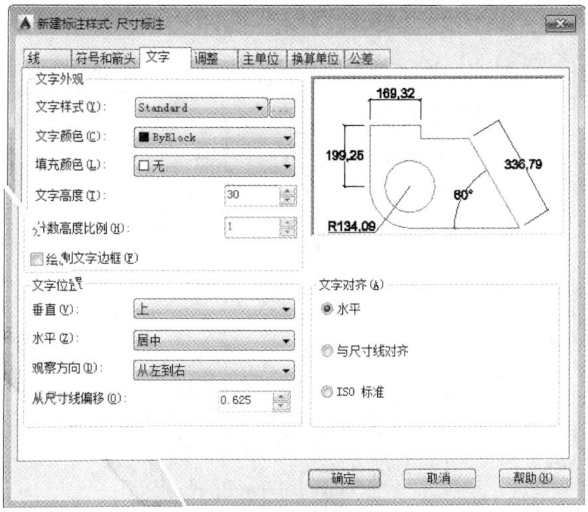

图8-98 设置文字高度

⑨ 在"文字位置"选项组中设置"从尺寸线偏移"值，如图8-99所示。

⑩ 在"文字对齐"选项组中单击"与尺寸线对齐"单选按钮，如图8-100所示。

图8-99 设置"从尺寸线偏移"值

图8-100 设置文字对齐方式

⑪ 打开"主单位"选项卡，单击"精度"列表框，在弹出的列表中设置精度，如图8-101所示。

⑫ 设置完成后单击"确定"按钮，返回"标注样式管理器"对话框，选择创建的样式名后单击"置为当前"按钮，如图8-102所示。

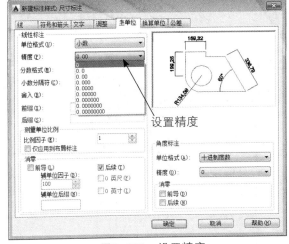

图8-101 设置精度

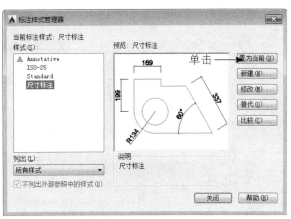

图8-102 单击"置为当前"按钮

⑬ 设置完成后单击"关闭"按钮，完成设置标注样式的操作。执行"标注"|"线性"命令，根据提示指定第一个尺寸界限的原点，如图8-103所示。

⑭ 再指定第二个尺寸界线的原点并拖动鼠标，单击鼠标左键完成创建线性标注的操作，效果如图8-104所示。

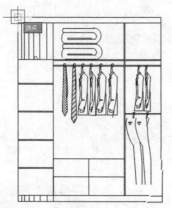

图8-103 指定第一个尺寸界线原点 图8-104 指定第二个尺寸界线原点

⑮ 移动夹点，更改数值的位置和尺寸界线的长度，完成后的效果如图8-105所示。

⑯ 执行"标注"|"快速标注"命令，根据命令行提示选择需要标注的几何图形，如图8-106所示。

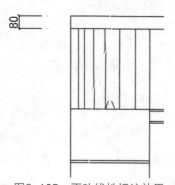
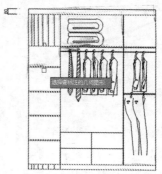

图8-105 更改线性标注效果 图8-106 选择标注图形

⑰ 按回车键，拖动鼠标即可创建标注尺寸，如图8-107所示。

⑱ 在合适的位置单击鼠标左键，然后使用夹点将标注文字和尺寸界线移至满意的位置，完成后的效果如图8-108所示。

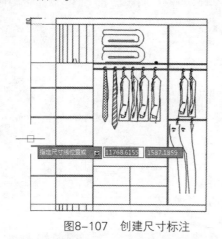
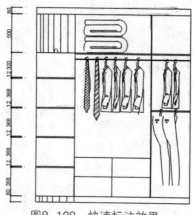

图8-107 创建尺寸标注 图8-108 快速标注效果

⑲ 重复以上步骤标注其他尺寸。标注完成后，如图8-109所示。

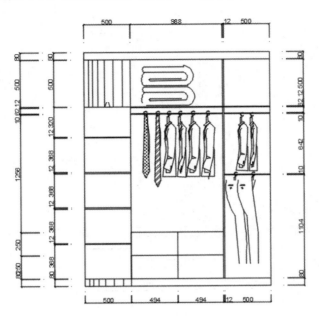

图8-109　标注立面衣柜尺寸效果

8.5.2　标注机械剖面图尺寸

下面具体介绍标注机械剖面图尺寸的方法。

① 打开"法兰盘零件剖面图"文件，如图8-110所示。

② 执行"标注"|"线性"命令，在绘图区中指定尺寸界限的两个原点，完成线性标注，如图8-111所示。

③ 在"注释"选项卡的"标注"面板中单击"连续"按钮，返回绘图区向下拖动鼠标即可显示尺寸线，如图8-112所示。

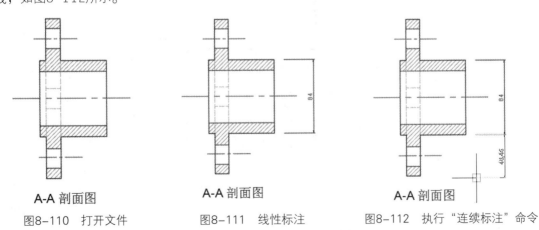

A-A 剖面图　　　　　　　A-A 剖面图　　　　　　　A-A 剖面图

图8-110　打开文件　　　图8-111　线性标注　　　图8-112　执行"连续标注"命令

④ 然后指定第二尺寸界线原点即可完成连续标注，如图8-113所示。

⑤ 选择标注线段，此时将出现夹点，开启"正交捕捉"模式后，向后拖动夹点，可以调整线段长度，设置完成后的效果如图8-114所示。

⑥ 重复以上步骤标注其他尺寸，如图8-115所示。

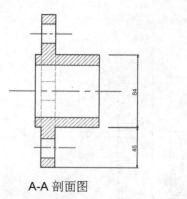

A-A 剖面图

图8-113　连续标注效果

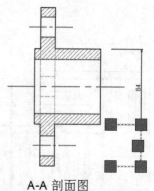

A-A 剖面图

图8-114　调整尺寸线长度

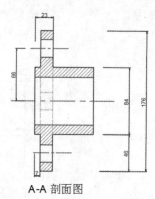

A-A 剖面图

图8-115　标注其他尺寸

07 双击标注使数值处于编辑状态，输入"%%C84"符号，如图8-116所示。

08 在空白处单击鼠标左键确认输入后，即可添加直径符号，如图8-117所示。

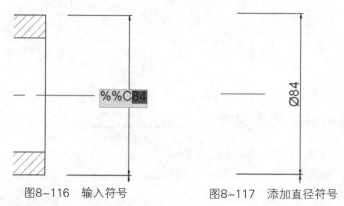

图8-116　输入符号　　　　　图8-117　添加直径符号

09 重复以上步骤设置其他尺寸，完成标注，如图8-118所示。

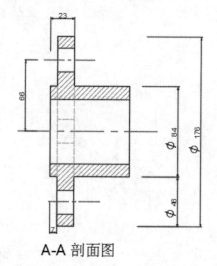

A-A 剖面图

图8-118　标注机械剖面图效果

知识点拨

由于是剖面图，图形中没有包含圆形，所以不可以利用半径和直径标注圆形尺寸，用户可以利用"线性标注"命令标注法兰直径，再添加直径符号来表示该尺寸为直径尺寸。

8.6 常见疑难解答

在学习的过程中，读者可能会提出各种各样的问题，在此我们对常见的问题及其解决办法进行了汇总，以供读者参考。

Q：如何修改尺寸标注的关联性？

A： 改为关联：选择需要修改的尺寸标注，执行DIMREASSOCIATE命令即可。改为不关联：选择需要修改的尺寸标注，执行DIMDISASSOCIATE命令即可。

Q：怎样使标注与图有一定的距离？

A： 设置尺寸界线的起点偏移量就可以使标注与图产生距离。执行"格式"|"标注样式"命令，打开"标注样式管理器"对话框，选择需要修改的标注样式，并在"预览"选项框右侧单击"修改"按钮，在"线"选项卡中设置起点偏移量并单击"确定"按钮即可，如图8-119所示。

Q：如何输入特殊符号？

A： 在输入单行或多行文本后，功能区中将激活"文字编辑器"选项卡，单击@符号，在弹出的下拉列表中选择"其他"选项，打开"字符映射表"对话框，单击合适的符号，然后将其复制在文本中即可，如图8-120所示。

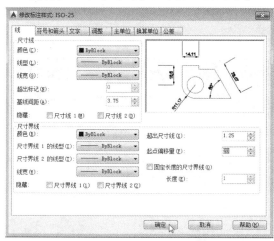
图8-119 设置起点偏移量

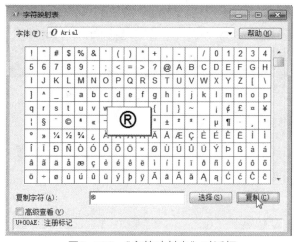
图8-120 "字符映射表"对话框

📝 **知识点拨**

"字符映射表"对话框中的符号内容取决于用户在"字体"下拉列表中选择的文字。

Q：创建标注样式模板有什么用？

A： 在进行标注时，为了统一标注样式和显示状态，用户需要新建一个图层为标注图层，然后设置该图层的颜色、线型和线宽等，图层设置完成后，再继续设置标注样式。为了避免重复进行设置，可以将设置好的图层和标注样式保存为模板文件，在下次新建文件的时候可以直接调用该模板文件。

Q：为什么我的标注中会有尾巴"0"？

A： 如果标注为100，但实际在图形当中标出的是100.00或100.000等。出现这样的情况时，可以将"DIMZIN系统变量设定为8，此时尺寸标注中的默认值不会带几个尾零，用户可以直接输入此命令进行修改。

8.7 拓展应用练习

下面以标注双人床立面图和标注两居室顶面布置图为例，巩固本章所介绍的知识点。

◎ 标注双人床立面图

设置标注样式的符号为小点，文字大小为100，单位为小数，精度为0，标注效果如图8-121所示。

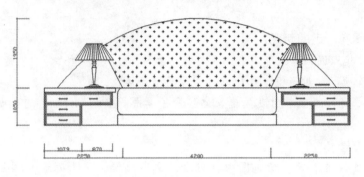

图8-121 标注双人床

操作提示：

01 打开"标注样式管理器"对话框，设置其样式。

02 执行"线性标注"命令对当前图纸进行标注。

◎ 标注两居室顶面布置图

打开"两居室顶面布置图"文件对其进行标注（符号为小点，大小为200，文字高度为200），效果如图8-122所示。

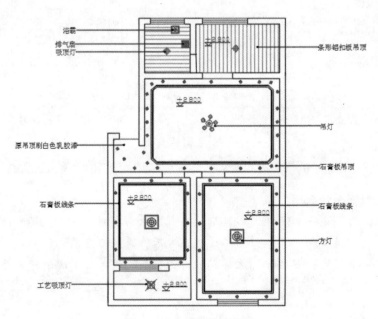

图8-122 添加多重引线

操作提示：

01 打开"多重引线样式管理器"对话框，设置引线样式。

02 执行"引线标注"命令，对当前图形进行逐一标注。

📽 **本章概述**　　在创建三维模型前，首先要对三维建模空间进行设置，以实现用户的绘图要求。本章将对三维建模的基本要素、三维视图样式、控制实体的显示和三维动态显示等内容进行介绍。通过对本章内容的学习，读者可以熟悉三维绘图的基本要素，学习如何设置三维模型的显示状态和显示方式等知识。

📂 **知识要点**
● 三维建模基本要素；　　　　　　● 控制实体的显示；
● 三维视图样式；　　　　　　　　● 三维动态显示。

9.1　三维建模基本要素

在设置三维空间环境之前，首先要掌握三维建模的基本知识。与二维草图空间相同，三维建模空间同样也包含坐标系，不同的是它增加了三维视点。本节将对其相关知识进行详细介绍。

9.1.1　三维坐标系

如果需要创建三维坐标系，首先要将工作空间设置为三维建模空间，用户可以通过以下方式设置三维建模空间。

● 执行"工具"|"工作空间"|"三维建模"命令。
● 在快速访问工具栏中单击"工作空间"的下拉菜单按钮，在弹出的列表中选择"三维建模"选项，如图9-1所示。
● 在状态栏的右侧单击"切换工作空间"按钮，在弹出的列表中选择"三维建模"选项，如图9-2所示。
● 在命令行输入WSCURRENT命令并按回车键。

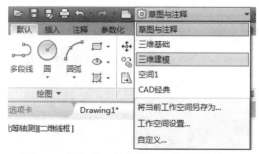

图9-1　单击"工作空间"下拉菜单按钮　　　图9-2　单击"切换工作空间"按钮

三维建模空间由世界坐标系和用户坐标系组成。默认情况下，进入三维建模空间后，系统自动设置为世界坐标系。如图9-3所示为世界坐标系，如图9-4所示为用户坐标系。

图9-3　世界坐标系

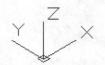

图9-4　用户坐标系

9.1.2　设置三维视点

在AutoCAD 2015中，可以通过设置三维视点设置观察角度，用户可以在"视点预设"对话框中设置三维视点。执行"视图"|"三维视图"|"视点预设"命令，或在命令行输入VPOINT命令并按回车键，即可打开"视点预设"对话框，如图9-5所示。

✏️ **知识点拨**

执行"视图"|"三维视图"|"视点"命令，通过旋转坐标系同样可以设置三维视点。

下面将对该对话框中各选项的含义进行介绍。

* 绝对于WCS：对WCS设置三维视点。
* 相对于UCS：对UCS设置三维视点。
* 下方的图框：显示设置夹角的图形。
* X轴：在选项框内输入数值，可以设置原点和视点之间的连线在XY平面的投影与轴正方向的夹角。
* XY平面：在选项框内输入数值，可设置该连线与投影线之间的夹角。

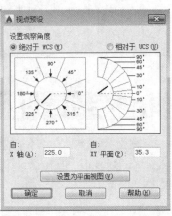

图9-5　"视点预设"对话框

9.2　三维视图样式

在三维建模工作空间中，用户可以使用不同的视觉样式观察三维模型。不同的视觉具有不同的效果。如果需要观察不同的视图样式，首先要设置视图样式。用户可以通过以下方式设置视图样式。

* 执行"视图"|"视觉样式"命令。
* 在"常用"选项卡的"视图"面板中单击"视觉样式"列表框，如图9-6所示。
* 在"视图"选项卡的"选项板"面板中单击"视觉样式"按钮⊗ 视觉样式，在弹出的"视觉样式管理器"面板中设置视图样式，如图9-7所示。

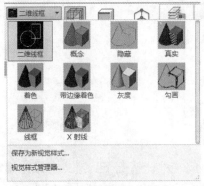

图9-6　"视觉样式"列表框

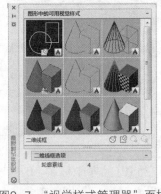

图9-7　"视觉样式管理器"面板

9.2.1 显示视图样式

在AutoCAD 2015中提供了二维线框、概念、隐藏、真实、着色、带边缘着色、灰度、勾画和线框等9种视图样式。下面将具体介绍三维建模空间中的视图样式。

1. 二维线框样式

在三维建模工作空间中，通常二维线框是默认的视觉样式。在该模式中，光栅和嵌入对象、线型及线宽均为可见，如图9-8所示。

2. 概念样式

概念样式是显示三维模型着色后的效果，该样式对模型的边进行了平滑处理，如图9-9所示。

图9-8　二维线框样式　　　　　　　　图9-9　概念样式

3. 隐藏样式

在三维建模空间中，为了解决复杂模型元素的干扰，利用隐藏样式可以隐藏实体后面的图形，方便用户绘制和修改图形，如图9-10所示。

4. 真实样式

真实样式和概念样式相同，均显示出三维模型着色后的效果，并添加了平滑的颜色过渡效果，且显示出了模型的材质效果，如图9-11所示。

图9-10　隐藏样式　　　　　　　　图9-11　真实样式

5. 着色样式和带边缘着色样式

着色样式是对模型进行平滑着色的效果。带边缘着色样式是在对图形进行平滑着色的基础上显示边的效果。

6. 灰度样式

灰度样式是将图形更改为灰度显示模型的效果。更改完成的图形将显示为灰色，如图9-12所示。

7. 勾画样式

勾画样式通过使用直线和曲线表示边界的方式显示对象，使对象看上去像是勾画出来的效果，如图9-13所示。

 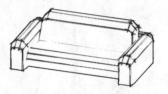

图9-12　灰度样式　　　　　　　　　图9-13　勾画样式

8. 线框样式

线框样式使用线框来显示三维模型，如图9-14所示。

9. X射线样式

X射线样式将面更改为部分透明，如图9-15所示。

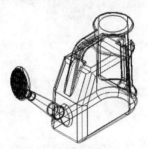 

图9-14　线框样式　　　　　　　　　图9-15　X射线样式

9.2.2　视觉样式管理器

用户可以通过"视觉样式管理器"选项板更改三维建模的视觉样式和二维的线条显示格式，如图9-16所示。打开"视觉样式管理器"选项板的方法如下。

- 执行"视图"|"视图样式"|"视觉样式管理器"命令。
- 在"视图"选项卡中单击"视图"按钮。
- 在"视图"选项卡的"选项板"面板中单击"视觉样式"按钮。
- 在命令行输入VISUALSTYLES命令并按回车键。

"视觉样式管理器"选项板由"图形中的可用视觉样式"、"二维线框选项"、"二维隐藏-被阻挡线"、"二

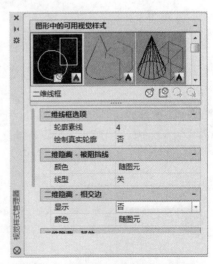

图9-16　"视觉样式管理器"选项板

维隐藏–相交边"、"二维隐藏–其他"、"显示精度"等卷轴栏组成，其中各个选项的含义介绍如下。

- 图形中的可用视觉样式：用于设置三维建模工作空间中模型的显示视图样式。
- 二维线框选项：用于控制三维元素在二维图形中的显示。
- 二维隐藏–被阻挡线：用于控制在二维线框中使用HIDE时被阻挡线的显示。
- 二维隐藏–相交边：用于控制在二维线框中在使用HIDE时的相交边的显示。
- 二维隐藏–其他：用于设置光晕间隔百分比。
- 显示精度：用于设置二维和三维模型中圆弧的平滑度和实体平滑度。

9.3 控制实体的显示

在AutoCAD 2015中，三维模型显示的系统变量有ISOLINES、DISPSILH和FACETRES等。这三种系统变量会影响三维建模的显示效果，因此在创建模型之前就需要设置好相应的系统变量。

9.3.1 ISOLINES

ISOLINES系统变量通过控制三维模型中每个曲面的轮廓线来改变模型的精度。ISOLINES的数值越大，显示精度越高，渲染的速度也会变慢。在AutoCAD 2015中，ISOLINES的有效值在0~2047之间。

在命令行输入ISOLINES命令并按回车键，根据提示设置ISOLINES变量，设置完成后命令行提示如下。

```
命令: ISOLINES
输入 ISOLINES 的新值 <4>: 10
```

其中，如图9-17所示的ISOLINES系统变量为10，如图9-18所示的ISOLINES系统变量为50。

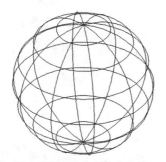
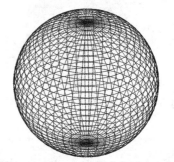

图9-17　ISOLINES系统变量为10　　　图9-18　ISOLINES系统变量为50

9.3.2 DISPSILH

DISPSILH变量控制是否将三维实体对象的轮廓曲线显示为线框，该系统变量还控制当三维实体对象被隐藏时是否绘制网格。在AutoCAD 2015中，DISPSILH的有效值在0~1之间。

在命令行输入DISPSILH命令并按回车键，根据提示设置DISPSILH系统变量，设置完成后命令行提示如下。

```
命令: DISPSILH
输入 DISPSILH 的新值 <0>: 1
```

其中，如图9-19所示的DISPSILH系统变量为0，如图9-20所示的DISPSILH系统变量为1。

图9-19　DISPSILH系统变量为0　　　　图9-20　DISPSILH系统变量为1

9.3.3　FACETRES

FACETRES系统变量的更改可以控制着色和渲染曲面实体的平滑度。设置的数值越大，平滑度就越高，渲染的时间也就越慢。在AutoCAD 2015中，FACETRES有效的取值范围为0.01～10。

在命令行输入FACETRES命令并按回车键，根据提示设置FACETRES系统变量，设置完成后命令行提示如下。

```
命令: FACETRES
输入 FACETRES 的新值 <0.5000>: 5
```

其中，如图9-21所示的FACETRES系统变量为0.05，如图9-22所示的FACETRES系统变量为5。

图9-21　FACETRES系统变量为0.05　　　　图9-22　FACETRES系统变量为5

9.4　三维动态显示

在三维建模空间中，由于模型有很多面，因此需要创建相机和动态显示三维模型。动态显示可以观察图形的每个角度，方便设计和修改。

9.4.1　使用相机观察

如果需要在固定的角度观察图形，那么可以使用相机观察。若想要使用相机观察三维模型，首先要创建相机。创建完成之后可以通过相机观察模型，并进行编辑相机的操作。用户可以通过以下方式调用"创建相机"命令。

● 执行"视图"|"创建相机"命令。

● 在命令行输入CAMERA命令并按回车键。

【例9-1】下面以使用相机视图观察三维模型为例，介绍创建相机的方法。

01 执行"视图"|"创建相机"命令，根据提示指定相机的位置，如图9-23所示。

02 在合适的位置单击鼠标左键，并拖动鼠标，放大摄像头大小，如图9-24所示。

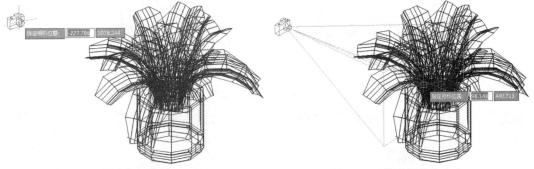

图9-23 指定相机位置   图9-24 设置摄像头大小

03 设置完成后，单击相机图形符号，在弹出的"相机预览"对话框中，可以预览模型在相机视口中的显示情况，如图9-25所示。

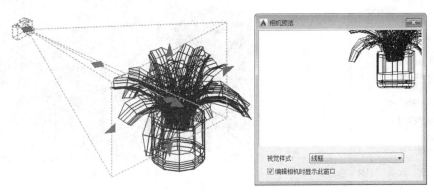

图9-25 "相机预览"对话框

04 在该对话框中可以设置图形的视觉样式，如图9-26所示。

05 单击其显示的夹点可以修改摄像头的大小，如图9-27所示。

图9-26 "视觉样式"列表框

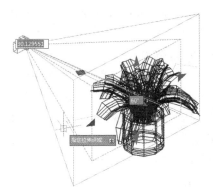

图9-27 利用夹点修改摄像头大小

06 单击并拖动相机上的方形夹点，可以更改相机位置，并可以局部显示图形角度，如图9-28所示。

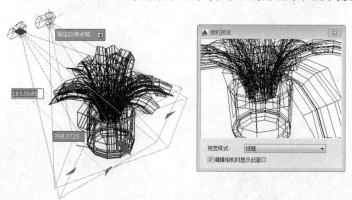

图9-28 更改相机位置

07 更改完成后，在绘图窗口单击视图控件图标，在弹出的快捷菜单列表中选择"相机1"选项，如图9-29所示。

08 设置完成后，绘图区将更改为相机视图，如图9-30所示。

图9-29 选择"相机"选项

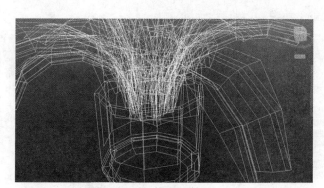

图9-30 相机视图效果

9.4.2 使用动态观察器

在AutoCAD 2015中还可以使用动态观察器观察模型，用户可以使用鼠标来实时地控制和改变整个视图，以得到不同的观察效果。使用三维动态观察器，既可以查看整个图形，也可以查看模型的任意对象。用户可以通过以下方式调用动态观察器。

● 执行"视图" | "动态观察"命令的子命令，如图9-31所示。

● 在命令行输入3DORBIT命令并按回车键。

由上图可知，动态观察分为受约束的动态观察、自由动态观察和连续动态观察3种模式。下面具体介绍各模式的含义。

● 受约束的动态观察：当选择该模式时，在绘图区单击鼠标左键，并拖动鼠标，模型会根据鼠标拖动的方向旋转，如图9-32所示。

图9-31 选择"动态观察"选项

- 自由动态观察：当选择该模式时，模型外会显示一个旋转的圆形标志。用户可以在图形中单击并拖动鼠标查看模型角度，也可以单击旋转标志上的小圆形图标，如图9-33所示。
- 连续动态观察：当选择该模式时，在绘图区单击鼠标左键，释放鼠标左键再移动旋转标志，模型就会进行自动旋转，且光标移动的速度越快，其旋转速度就会越快。旋转完成后，在任意位置单击鼠标左键，模型就会暂停旋转。

图9-32　受约束的动态观察效果　　　　图9-33　自由动态观察效果

9.4.3　运动路径

在AutoCAD 2015中，可以将相机捆绑在指定的路径上，围绕路径进行巡游动画。运动路径可以是直线、圆弧、椭圆弧、圆、多段线、三维多段线或样条曲线等。通过"运动路径动画"可以设置运动路径。

执行"视图"|"运动路径动画"命令，或在命令行输入ANIPATH命令并按回车键，即可打开"运动路径动画"对话框。

【例9-2】下面以创建运动路径动画为例，介绍设置运动路径的方法。

01 在绘图窗口单击视图控件图标并选择"俯视"选项，如图9-34所示。

02 此时视图将更改为俯视图，在"常用"选项卡的"绘图"面板中单击"圆"按钮，在模型外绘制一个圆，如图9-35所示。

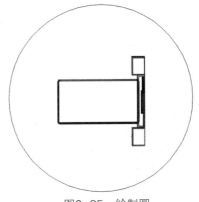

图9-34　选择"俯视"选项　　　　　图9-35　绘制圆

03 将视图更改为西北等轴测，将创建的圆形线条向上移动，如图9-36所示。

04 执行"视图"|"创建相机"命令，在绘图区指定相机位置，并拖动鼠标，如图9-37所示。在合适的位置单击鼠标左键，完成创建相机的操作。

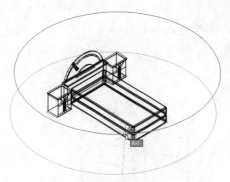

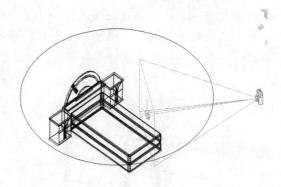

图9-36 移动圆　　　　　　　　　　　　　　　图9-37 创建相机

05 执行"视图"|"运动路径动画"命令，打开"运动路径动画"对话框。在"相机"选项组中单击"路径"单选按钮，然后单击后面的"拾取"按钮，如图9-38所示。

06 返回绘图区，根据提示选择路径，如图9-39所示。

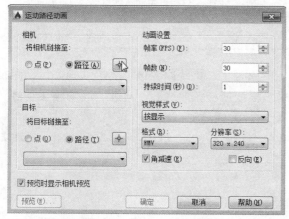

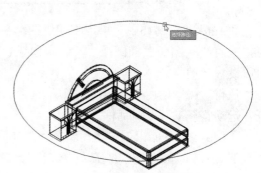

图9-38 单击"拾取"按钮　　　　　　　　　　　图9-39 选择路径

07 打开"路径名称"对话框，设置路径名称，单击"确定"按钮完成操作，如图9-40所示。

08 返回"运动路径动画"对话框，在目标选项组中单击"目标"单选按钮，然后单击后面的"拾取"按钮，如图9-41所示。

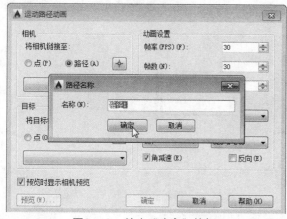

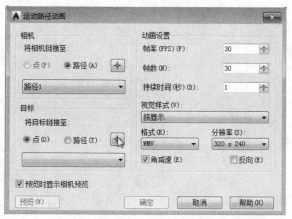

图9-40 单击"确定"按钮　　　　　　　　　　　图9-41 单击"拾取"按钮

⑨ 返回绘图区，在模型上拾取目标点，如图9-42所示。

⑩ 打开"点名称"对话框，输入名称后单击"确定"按钮，如图9-43所示。

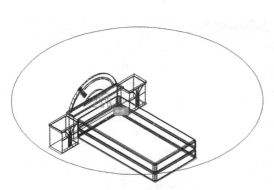

图9-42　拾取目标点

图9-43　输入名称

⑪ 在"运动路径动画"对话框中单击"预览"按钮，弹出"动画预览"对话框，即可预览运动路径，如图9-44所示。单击右上角的"关闭"按钮，返回"运动路径动画"对话框。

⑫ 从"运动路径动画"对话框中单击"确定"按钮，弹出"另存为"对话框。选择合适的位置，并更改文件名，单击"保存"按钮进行保存，如图9-45所示。保存完成后，单击对应的动画文件，即可观看所保存的动画。

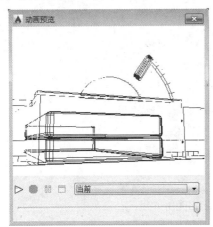

图9-44　"动画预览"对话框

图9-45　"另存为"对话框

9.5　上机实训

为了更好地掌握本章所学内容，接下来通过练习绘制三维墙体和创建运动路径两个实例对所学知识进行巩固。

9.5.1　绘制三维墙体

下面利用"轴线"、"多线"和"直线"命令绘制三维墙体，通过改变三维视图，修改绘制墙体细节。下面具体介绍绘制三维墙体的方法。

① 打开"轴线"文件，在绘图窗口中单击视图控件图标，选择"西南等轴测"选项，如图9-46所示。

02 执行"绘图"|"建模"|"多段体"命令，如图9-47所示。

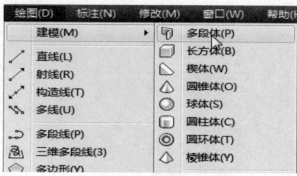

图9-46 选择"西南等轴测"选项 　　图9-47 选择"多段体"选项

03 根据命令行提示设置高度为2800，宽度240，对正居中。设置完成后命令行提示如下。

```
POLYSOLID
高度 = 80.0000，宽度 = 120.0000，对正 = 右对齐
指定起点或 [对象（O）/高度（H）/宽度（W）/对正（J）] <对象>: h
指定高度 <80.0000>: 2800
高度 = 2800.0000，宽度 = 120.0000，对正 = 右对齐
指定起点或 [对象（O）/高度（H）/宽度（W）/对正（J）] <对象>: w
指定宽度 <120.0000>: 240
高度 = 2800.0000，宽度 = 240.0000，对正 = 右对齐
指定起点或 [对象（O）/高度（H）/宽度（W）/对正（J）] <对象>: j
输入对正方式 [左对正（L）/居中（C）/右对正（R）] <右对正>: c
高度 = 2800.0000，宽度 = 240.0000，对正 = 居中
```

04 设置完成后在绘图区指定点，如图9-48所示。

05 依次指定点，然后按回车键即可完成绘制三维墙体的操作，如图9-49所示。

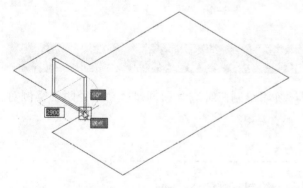

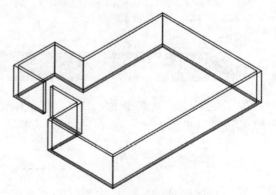

图9-48 指定点 　　　　　　　　图9-49 绘制三维墙体效果

06 完成后操作将轴线所对应的图形进行隐藏。

9.5.2 创建运动路径

在绘制的三维墙体上创建运动路径，利用创建的运动路径观察物体的每个角度。下面具体介绍创建运动路径的方法。

01 将视图更改为俯视图，执行"绘图"|"圆"|"圆心、半径"命令，在墙体外绘制圆，如图9-50所示。

02 在右视视图中将圆向上移动，如图9-51所示。

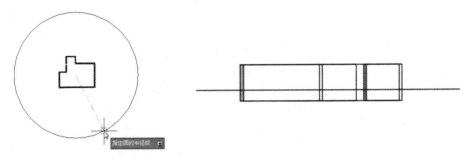

图9-50 绘制圆　　　　　　　　　图9-51 移动圆

03 在西南等轴测视图中，执行"视图"|"创建相机"命令，根据提示创建相机，如图9-52所示。

04 执行"视图"|"运动路径动画"命令，打开"运动路径动画"对话框，在"相机"选项组中单击"路径"单选按钮，然后再单击"拾取"按钮，如图9-53所示。

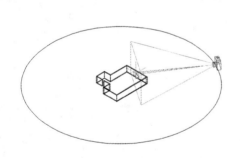

图9-52 创建相机

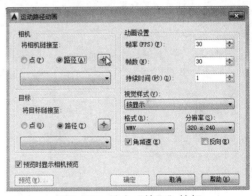

图9-53 单击"拾取"按钮

05 返回绘图区选择路径，如图9-54所示。

06 打开"路径名称"对话框，设置路径名称，单击"确定"按钮完成操作，如图9-55所示。

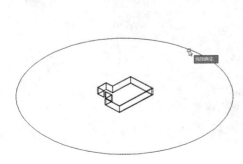

图9-54 选择路径

图9-55 设置路径名称

07 在"运动路径动画"对话框的"目标"选项组中单击"点"单选按钮，然后再单击"拾取"按钮，如图9-56所示。

08 返回绘图区指定点，如图9-57所示。

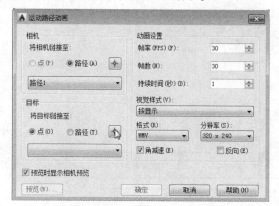

图9-56 单击"拾取"按钮

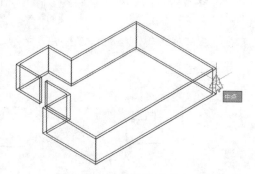

图9-57 指定拾取点

09 打开"点名称"对话框，输入名称，并单击"确定"按钮，如图9-58所示。

10 在绘图区单击"预览"按钮，即可打开"动画预览"对话框，如图9-59所示。

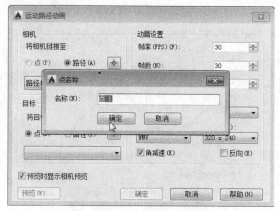

图9-58 "点名称"对话框

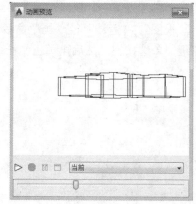

图9-59 "动画预览"对话框

11 关闭"动画预览"对话框，并单击"确定"按钮，即可打开"另存为"对话框。

12 在该对话框中设置动画名称和路径后单击"保存"按钮即可保存文件，如图9-60所示。

13 打开创建的动画文件，即可观看所保存的动画，如图9-61所示。

图9-60 设置动画名称和路径

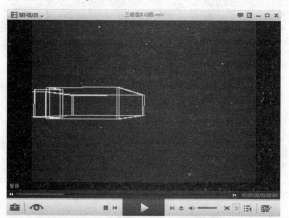

图9-61 观看运动路径动画效果

9.6 常见疑难解答

在学习的过程中，读者可能会提出各种各样的问题，在此我们对常见的问题及其解决办法进行了汇总，以供读者参考。

Q：二维绘图中的哪些命令也能够在三维绘图中使用？

A： 二维命令只能在X、Y面上或与该坐标面平行的平面上作图，如"圆"及"圆弧"、"椭圆"和"圆环"，以及"多边形"和"矩形"等。在使用这些命令时需弄清具体是在哪个平面上工作。其中直线、射线和构造线可在三维空间任意绘制，对于二维编辑命令均可在三维空间使用，但必须在X、Y平面内，只有"镜像"、"阵列"和"旋转"命令在三维空间有着不同的使用方法。

Q：如何在窗口中显示滚动条？

A： 此时需要在"选项"对话框中进行设置。执行"工具"|"选项"命令，打开"选项"对话框，打开"显示"选项卡，在"窗口元素"选项组中勾选"在图形窗口中显示滚动条"复选框，如图9-62所示。确认设置后，绘图区将显示滚动条。

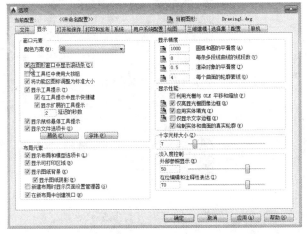

图9-62 勾选"在图形窗口中显示滚动条"复选框

Q：如何局部打开三维模型中的部分模型？

A： AutoCAD中提供了局部打开图形的功能，执行"文件"|"打开"命令，打开"选择文件"对话框，选择文件名称后，在"打开"按钮右侧单击下拉菜单按钮，在弹出的列表中选择"局部打开"选项，如图9-63所示。此时弹出"局部打开"对话框，勾选需要打开的图层并单击"打开"按钮，即可局部打开图层，如图9-64所示。

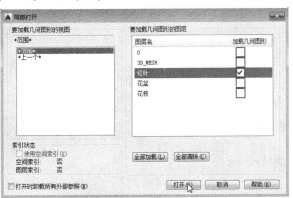

图9-63 选择"局部打开"选项　　　　　图9-64 单击"打开"按钮

9.7　拓展应用练习

为了让读者更好地掌握三维绘图的基本操作知识，在此列举几个针对于本章的拓展案例，以供读者练手！

◎ 利用相机观察洗手池

根据前面介绍的知识，利用相机观察洗手池模型。

操作提示：

01 使用"创建相机"命令，在顶视图单击并拖动鼠标，创建相机位置和目标点，在各个视图中调整相机的高度和位置。

02 在绘图区左上角单击"视图控件"按钮，并选择"相机1"选项，如图9-65所示。设置完成后进入相机视图，如图9-66所示。

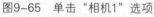

图9-65　单击"相机1"选项

图9-66　相机视图效果

◎ 更改齿轮模型的视觉样式

打开如图9-67所示的"齿轮模型"文件，更改其视觉样式为真实样式，如图9-68所示。

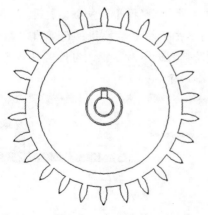

图9-67　打开文件

图9-68　真实样式

操作提示：

01 将工作空间改为三维建模空间，再更改视图为西南等轴测。

02 在"常用"选项卡的"视图"面板中单击"二维线框"列表框，在列表中选择"真实"选项即可。

第**10**章

创建三维模型

📹 **本章概述** 　在AutoCAD 2015中，用户不仅可以创建基本的三维模型，还可以将二维图形生成三维图形。本章将对三维绘图基础、三维曲线的应用，以及创建三维实体模型等知识进行介绍。通过对本章内容的学习，读者可以了解三维绘图的基础知识，熟悉三维曲线的应用，掌握三维实体模型的创建等知识。

📖 **知识要点**
- 三维绘图基础；
- 三维曲线的应用；
- 创建三维实体模型；
- 二维图形生成三维图形。

10.1 三维绘图基础

在创建三维模型时，首先要熟悉三维绘图的一些基础知识，以实现更快捷更精准地绘制图形。本节将主要介绍设置三维视图的方法和动态UCS的使用等。

10.1.1 设置三维视图

在绘制三维模型时需要通过不同的视图观察图形的每个角度。在AutoCAD 2015中提供了多种三维视图样式，如俯视、左视、右视、前视、后视等。用户可以通过以下方式设置三维视图。

- 执行"视图"|"三维视图"命令的子命令。
- 在"常用"选项卡的"坐标"面板中单击"命令UCS组合框控制"列表框，从中进行相应的选择。
- 在绘图窗口中单击视图控件图标，并进行相应的选择。

10.1.2 动态UCS

使用动态UCS可以在实体平面上建立临时的UCS，使其XY平面与模型平面自动对齐。在状态栏单击"将UCS捕捉到活动实体平面"按钮，即可打开动态UCS功能。

在"常用"选项卡的"建模"面板中选择"长方体"选项，捕捉端点。其中，如图10-1所示为关闭动态UCS的效果，如图10-2所示为启动动态UCS的效果。

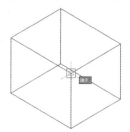 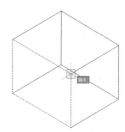

图10-1 关闭动态UCS效果　　　图10-2 启动动态UCS效果

> **知识点拨**
>
> 如果状态栏没有"将UCS捕捉到活动实体平面"按钮 ⊾，用户可以单击状态栏右侧的"自定义"按钮 ≡，打开"自定义"列表框，在其中选择"动态UCS"选项，即可将该命令以按钮的形式添加到状态栏。

10.2 三维曲线的应用

线是三维建模中的基础，使用曲线可以绘制模型中的细节部分，也可以根据绘制的线段创建三维模型。

10.2.1 创建三维直线

创建直线的方法有很多种。用户可以通过以下方式调用三维直线命令。

● 执行"绘图"|"直线"命令。
● 在"常用"选项卡的"绘图"面板中单击"直线"按钮 ∕。
● 在命令行输入L命令并按回车键。

10.2.2 创建三维多段线

三维多段线的绘制方法和二维多段线基本相同，但执行的命令却并不相同，用户可以通过以下方式调用"三维多段线"命令。

● 执行"绘图"|"三维多段线"命令。
● 在"常用"选项卡的"绘图"面板中单击"三维多段线"按钮 ⊿。
● 在命令行输入3DPOLY命令并按回车键。

【例10-1】下面以绘制多线段为例，介绍三维多段线的创建方法。

① 执行"绘图""三维多段线"命令，如图10-3所示。

② 根据提示指定多段线的起点和端点，绘制三维多段线，单击多段线可以显示夹点，如图10-4所示。

图10-3 选择"三维多段线"选项

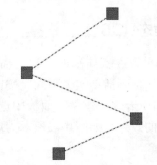

图10-4 创建三维多段线效果

10.2.3 创建螺旋线

螺旋线可以根据指定的半径长度、圈数、高度、扭曲程度来进行创建。用户可以通过以下方式调用螺旋线命令。

● 执行"绘图"|"螺旋"命令。

● 在"常用"选项卡的"绘图"面板中单击下拉菜单的三角箭头，在弹出的列表中单击"螺旋"按钮▤。

● 在命令行输入HELIX命令并按回车键。

创建螺旋线后，命令行提示如下。

```
命令：_Helix
圈数 = 3.0000        扭曲=CCW
指定底面的中心点：
指定底面半径或 [直径（D）] <148.3069>：30
指定顶面半径或 [直径（D）] <30.0000>：50
指定螺旋高度或 [轴端点（A）/圈数（T）/圈高（H）/扭曲（W）] <45.8707>：t
输入圈数 <3.0000>：4
指定螺旋高度或 [轴端点（A）/圈数（T）/圈高（H）/扭曲（W）] <45.8707>：h
指定圈间距 <15.2902>：30
```

由命令行提示可知，螺旋线可由"底面半径"和"顶面半径"、"圈数"、"圈高"、"扭曲"等选项进行设置。其中，各选项的含义介绍如下。

● 底面半径和顶面半径：设置底面半径和顶面半径的大小。指定地面中心点后，设置底面半径大小并按回车键，再设置顶面半径大小。

● 圈数：设置螺旋线的圈数。螺旋线的圈数不超过500，圈数的默认值为3。

● 圈高：设置螺旋线的高度。

● 扭曲：指定以顺时针方向还是以逆时针方向绘制螺旋线。其默认为逆时针。

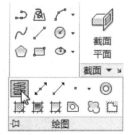

图10-5 单击"螺旋"按钮

【例10-2】下面将绘制一个底面半径为30、顶面半径为50、高度为30的螺旋线。

① 在"常用"选项卡的"绘图"面板中单击下拉菜单的三角箭头，在弹出的列表中单击"螺旋"按钮▤，如图10-5所示。

② 根据提示指定地面的中心点，再根据提示指定底面半径，如图10-6所示。

③ 按回车键后指定顶面半径，如图10-7所示。

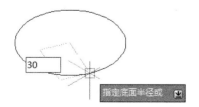

图10-6 指定地面的中心点

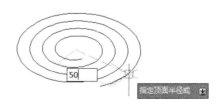

图10-7 指定顶面半径

④ 然后指定螺旋线的高度，如图10-8所示。

⑤ 按回车键，即可完成绘制螺旋线的操作，如图10-9所示。

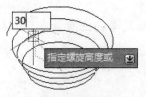

图10-8 指定螺旋线的高度

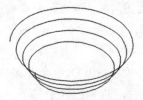

图10-9 创建螺旋线效果

10.3 创建三维实体模型

在AutoCAD 2015图形中，可以创建的三维实体模型包括长方体、圆柱体、球体、圆环、棱锥体、多段体等。

10.3.1 创建长方体

长方体在三维建模中的应用最为广泛。创建长方体时地面总与XY面平行。用户可以通过以下方式调用"长方体"命令。

- 执行"绘图" | "建模" | "长方体"命令。
- 在"常用"选项卡的"建模"面板中单击"长方体"按钮 🔲。
- 在"实体"选项卡的"图元"面板中单击"长方体"按钮。
- 在命令行输入BOX命令并按回车键。

【例10-3】下面将以创建立方体模型为例，介绍长方体的创建方法。

01 执行"绘图" | "建模" | "长方体"命令，如图10-10所示。

02 当前视图为俯视图，根据提示指定长方体的角点，如图10-11所示。

图10-10 选择"长方体"选项

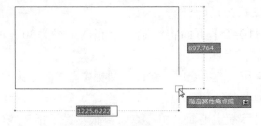

图10-11 指定角点位置

03 根据提示指定长方体的高度，按回车键完成创建长方体的操作，将视图更改为西南等轴测，可以观察创建长方体的整体效果，如图10-12所示。

04 如果要绘制立方体，则只需要在绘图区指定点后，根据提示输入C，返回绘图区，设置立方体长度为1000mm，最后按回车键即可，如图10-13所示。

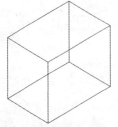

图10-12 创建长方体效果

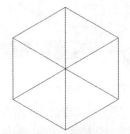

图10-13 创建立方体效果

在创建长方形时也可以直接将视图更改为西南等轴测、东南等轴测、东北等轴测、西北等轴测等视图，然后任意指定点和高度，这样方便观察效果。

10.3.2　创建圆柱体

圆柱体是以圆或椭圆为横截面的形状，通过拉伸横截面的形状创建出来的三维基本模型。用户可以通过以下方式调用"圆柱体"命令。

- 执行"绘图"｜"建模"｜"圆柱体"命令。
- 在"常用"选项卡的"建模"面板中单击"圆柱体"按钮 。
- 在"实体"选项卡的"图元"面板中单击"圆柱体"按钮。
- 在命令行输入CYLINDER命令并按回车键。

利用该命令创建圆柱体后，命令行提示如下。

```
命令：_cylinder
指定底面的中心点或 [三点（3P）/两点（2P）/切点、切点、半径（T）/椭圆（E）]：
指定底面半径或 [直径（D）] <80.0000>：80
指定高度或 [两点（2P）/轴端点（A）] <200.0000>：180
```

知识点拨

命令行中各选项的含义介绍如下。

- 三点：指定三点位置确定地面周长和底面。
- 两点：指定两点确定圆的半径或直径。
- 切点、切点、半径：指定两个切点，并设置半径大小，创建圆柱体。
- 椭圆：指定轴端点创建地面椭圆并生成椭圆体。

【例10-4】下面将创建一个半径为80，高度为180的圆柱体模型。

①在"常用"选项卡的"建模"面板中单击"圆柱体"按钮，如图10-14所示。

②此时的视图为默认视图，根据命令提示指定圆柱体的中心点，然后再指定半径大小，如图10-15所示。

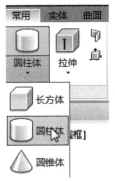

图10-14　单击"圆柱体"按钮

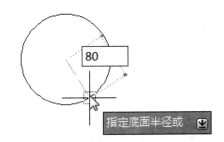

图10-15　指定中心点和半径大小

③按回车键，指定圆柱体的高度，如图10-16所示。

④将视图更改为西南等轴测，在该视图中即可观察圆柱体效果，如图10-17所示。

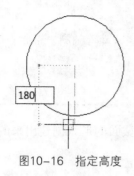

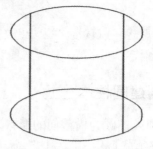

图10-16　指定高度　　　　　　　　图10-17　创建圆柱体效果

10.3.3　创建球体

在AutoCAD 2015中，用户可以通过以下方式调用"球体"命令。

● 执行"绘图"|"建模"|"球体"命令。

● 在"常用"选项卡的"建模"面板中单击"球体"按钮◯。

● 在"实体"选项卡的"图元"面板中单击"球体"按钮。

● 在命令行输入SPHERE命令并按回车键。

【例10-5】下面将创建一个半径为120的球体模型。

01 执行"绘图"|"建模"|"球体"命令。

02 将视图更改为西南等轴测视图，在绘图区指定球体的中心点并指定半径，如图10-18所示。

03 按回车键，即可创建球体，如图10-19所示。

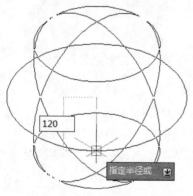

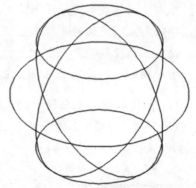

图10-18　指定球体半径　　　　　　图10-19　创建球体效果

10.3.4　创建圆环

大多数情况下，圆环可以作为三维模型中的装饰材料，其应用也非常广泛。用户可以通过以下方式调用"圆环"命令。

● 执行"绘图"|"建模"|"圆环"命令。

● 在"常用"选项卡的"建模"面板中单击"圆环"按钮◯。

● 在命令行输入TOR命令并按回车键。

【例10-6】下面将创建一个圆环半径为120，圆管半径为20的圆环模型。

01 在命令行输入TOR命令并按回车键，根据提示指定圆环的中心点，再指定圆环的半径，如图10-20所示。

⓶ 按回车键，然后指定圆管的半径，如图10-21所示。

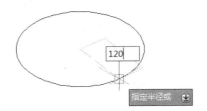

图10-20　指定圆环半径

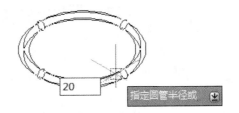

图10-21　指定圆管半径

⓷ 按回车键即可完成创建圆环的操作，效果如图10-22所示。

图10-22　创建圆环效果

10.3.5　创建棱锥体

棱锥体的底面为多边形，由底面多边形拉伸出的图形为三角形，他们的顶点为共同点。用户可以通过以下方式调用"棱锥体"命令。

● 执行"绘图"|"建模"|"棱锥体"命令。
● 在"常用"选项卡的"建模"面板中单击"棱锥体"按钮◎。
● 在"实体"选项卡的"图元"面板中单击"多段体"的下拉菜单按钮，在弹出的列表框中单击"棱锥体"按钮。
● 在命令行输入PYRAMID/PYR命令并按回车键。

【例10-7】下面将创建一个底面半径为120，高度为220的菱形模型。

⓵ 当前视图为西南等轴测。在"实体"选项卡的"图元"面板中单击"多段体"的下拉菜单按钮，在弹出的列表框中单击"棱锥体"按钮，如图10-23所示。

⓶ 根据提示指定棱锥体的底面中心点，然后再指定底面多边形的半径，如图10-24所示。

图10-23　单击"棱锥体"按钮

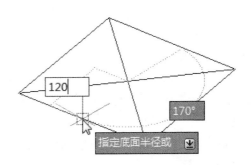

图10-24　指定底面半径

⓷ 将鼠标向多边形上移动，侧面也会跟着向上移动，然后指定高度，如图10-25所示。

⓸ 按回车键即可创建棱锥体，如图10-26所示。

图10-25　指定高度

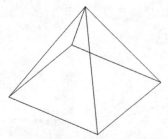

图10-26　创建棱锥体效果

10.3.6　创建多段体

在AutoCAD 2015中，多段体的应用也十分广泛。用户可以利用多段体来创建墙体，也可以创建不规则的矩形轮廓。用户可以通过以下方式调用"多段体"命令。

- 执行"绘图"|"建模"|"多段体"命令。
- 在"常用"选项卡的"建模"面板中单击"多段体"按钮。
- 在"实体"选项卡的"图元"面板中单击"多段体"按钮。
- 在命令行输入POLYSOLID命令并按回车键。

在创建多段体之后，命令行提示如下。

```
命令: _Polysolid 高度 = 80.0000, 宽度 = 5.0000, 对正 = 居中
指定起点或 [对象(O)/高度(H)/宽度(W)/对正(J)] <对象>:
指定下一个点或 [圆弧(A)/放弃(U)]: 100
指定下一个点或 [圆弧(A)/放弃(U)]: 600
指定下一个点或 [圆弧(A)/闭合(C)/放弃(U)]: 300
指定下一个点或 [圆弧(A)/闭合(C)/放弃(U)]: 400
指定下一个点或 [圆弧(A)/闭合(C)/放弃(U)]: 200
指定下一个点或 [圆弧(A)/闭合(C)/放弃(U)]:
```

【例10-8】下面将以创建墙体为例，介绍多段体的创建方法。

01 当前视图为西南等轴测。在"实体"选项卡的"图元"面板中单击"多段体"按钮。

02 设置多段体的各参数，命令行提示如下。

```
命令: _Polysolid 高度 = 80.0000, 宽度 = 5.0000, 对正 = 左对齐
指定起点或 [对象(O)/高度(H)/宽度(W)/对正(J)] <对象>: h
指定高度 <80.0000>: 2800
高度 = 2800.0000, 宽度 = 5.0000, 对正 = 左对齐
指定起点或 [对象(O)/高度(H)/宽度(W)/对正(J)] <对象>: w
指定宽度 <5.0000>: 240
高度 = 2800.0000, 宽度 = 240.0000, 对正 = 左对齐
指定起点或 [对象(O)/高度(H)/宽度(W)/对正(J)] <对象>: j
输入对正方式 [左对正(L)/居中(C)/右对正(R)] <左对正>: c
高度 = 2800.0000, 宽度 = 240.0000, 对正 = 居中
```

03 在绘图区指定多段体的起点，拖动鼠标确认方向，并输入多段体的长度，如图10-27所示。

04 按回车键继续创建多段体，创建完成后，如图10-28所示。

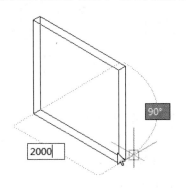

图10-27 输入多段体的长度

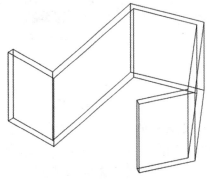

图10-28 创建多段体效果

10.4 二维图形生成三维图形

在三维建模工作空间中，用户可以通过"拉伸"、"放样"、"旋转"、"扫掠"和"按住并拖动"等命令来创建三维模型。本节将对其相关的知识进行介绍。

10.4.1 拉伸实体

使用拉伸命令，可以创建各种沿指定的路径拉伸出来的实体。用户可以通过以下方式调用"拉伸"命令。

● 执行"绘图" | "建模" | "拉伸"命令。

● 在"常用"选项卡的"建模"面板中单击"拉伸"按钮。

● 在"实体"选项卡的"实体"面板中单击"拉伸"按钮。

● 在命令行输入EXTRUDE命令并按回车键。

创建拉伸实体包含指定高度拉伸和指定路径拉伸两种方法。

1. 指定高度拉伸

【例10-9】通过指定的拉伸对象和拉伸高度拉伸实体，其具体操作方法如下。

01 当前视图为西南等轴测。在绘图中创建六边形，如图10-29所示。

02 执行"绘图" | "建模" | "拉伸"命令，根据提示选择需要拉伸的对象，如图10-30所示。

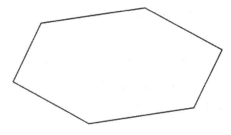

图10-29 绘制六边形

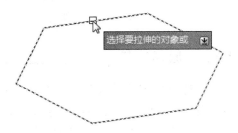

图10-30 选择拉伸对象

03 按回车键并设置高度，如图10-31所示。

04 设置高度后按回车键即可拉伸实体，如图10-32所示。

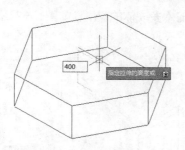

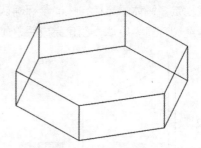

图10-31 设置高度

图10-32 拉伸实体效果

2. 指定路径拉伸

【例10-10】通过指定拉伸对象和拉伸路径拉伸实体，其具体操作过程如下。

01 在"常用"选项卡的"建模"面板中单击"拉伸"按钮，如图10-33所示。

02 根据提示选择拉伸对象，如图10-34所示。

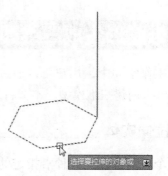

图10-33 单击"拉伸"按钮

图10-34 选择拉伸对象

03 按回车键，根据命令行提示输入P并选择路径，如图10-35所示。

04 选择路径后即可完成指定路径的拉伸操作，如图10-36所示。

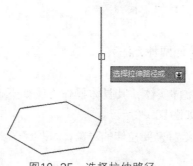

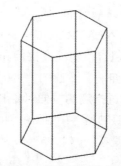

图10-35 选择拉伸路径

图10-36 指定路径拉伸效果

10.4.2 放样实体

放样是指通过指定两条或两条以上的横截面曲线来生成实体。放样的横截曲面需要和第一个横截曲面在同一平面上。用户可以通过以下方式调用"放样"命令。

● 执行"绘图"｜"建模"｜"放样"命令。

● 在"常用"选项卡的"建模"面板中单击"放样"按钮。

● 在"实体"选项卡的"实体"面板中单击"放样"按钮。

● 在命令行输入LOFT命令并按回车键。

【**例10-11**】下面以创建棱柱为例，介绍放样实体的方法。

01 在俯视图绘制横截面曲线，如图10-37所示。

02 单击绘图窗口右上角的"视图控件"按钮，在弹出的列表中选择"右视"选项，如图10-38所示。

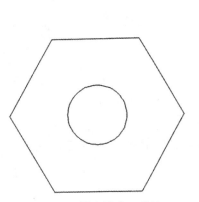

图10-37 绘制横截面曲线　　　　图10-38 选择"右视"选项

03 单击圆线段，并将圆移至多边形的上方，如图10-39所示。

04 将视图更改为西南等轴测，在该视图中将预览二维图形的状态，如图10-40所示。

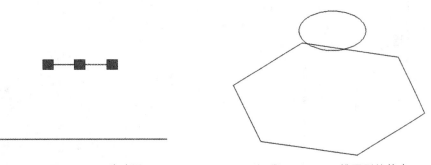

图10-39 移动圆　　　　　　图10-40 二维图形的状态

05 在"实体"选项卡的"实体"面板中单击"放样"按钮，如图10-41所示。

06 根据提示依次选择横截面，如图10-42所示。

图10-41 单击"放样"按钮　　　　图10-42 选择横截面

07 选择横截面后即可创建放样实体，如图10-43所示。

08 然后按回车键，会弹出快捷菜单列表框，选择"设置"选项，如图10-44所示。

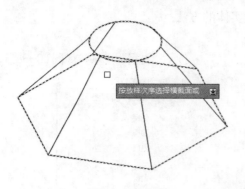

图10-43 创建放样实体效果

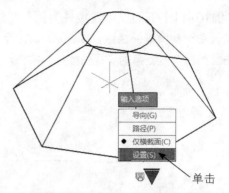

单击

图10-44 选择"设置"选项

⑨ 弹出"放样设置"对话框，在该对话框中单击"平滑拟合"单选按钮，然后单击"确定"按钮，如图10-45所示。

⑩ 设置完成后，系统会自动生成放样实体。将视觉样式更改为灰度，即可观察实体效果，如图10-46所示。

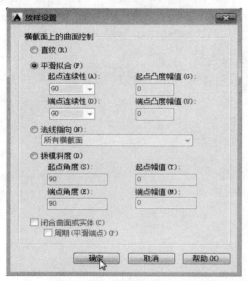

图10-45 "放样设置"对话框

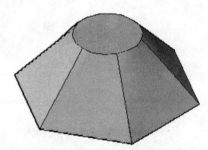

图10-46 实体灰度显示

10.4.3 旋转实体

旋转是将创建的二维闭合图形通过指定的旋转轴进行旋转生成的实体。用户可以通过以下方式调用"旋转"命令。

- 执行"绘图"|"建模"|"旋转"命令。
- 在"常用"选项卡的"建模"面板中单击"旋转"按钮。
- 在"实体"选项卡的"实体"面板中单击"旋转"按钮🗗。
- 在命令行输入REVOLVE命令并按回车键。

【例10-12】下面以创建花瓶模型为例，介绍旋转实体的创建方法。

① 在右视视图中绘制二维曲线，如图10-47所示。

② 在"常用"选项卡的"建模"面板中单击"旋转"按钮，如图10-48所示。

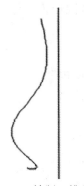

图10-47　绘制二维曲线　　　　图10-48　单击"旋转"按钮

03 根据提示选择需要旋转的对象，如图10-49所示。

04 指定图形中的轴端点，如图10-50所示。

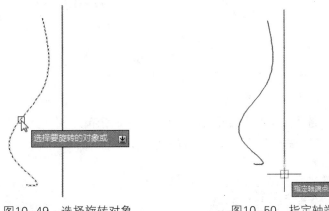

图10-49　选择旋转对象　　　　　　图10-50　指定轴端点

05 设置旋转角度为360°，按回车键确认，完成后如图10-51所示。

06 将视图更改为西南等轴测，即可以观察创建旋转实体的效果，如图10-52所示。

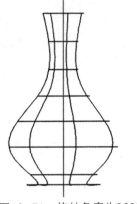

图10-51　旋转角度为360°　　　　图10-52　旋转实体效果

10.4.4　扫掠实体

　　扫掠实体是指将需要扫掠的轮廓按指定路径进行实体或曲面。如果进行扫掠多个对象，则这些对象必须处于同一平面上。扫掠图形的性质取决于其路径是封闭的或是开放的，若路径是开放的，则扫掠的图形为曲线；若路径是封闭的，则扫掠的图形为实体。

用户可以通过以下方式调用扫掠实体的命令。

● 执行"绘图"|"建模"|"扫掠"命令。
● 在"常用"选项卡的"建模"面板中单击"扫掠"按钮。
● 在"实体"选项卡的"实体"面板中单击"扫掠"按钮。
● 在命令行输入SWEEP命令并按回车键。

【例10-13】下面以创建卡槽为例，介绍扫掠实体的方法。

01 首先绘制二维图形，图为西南等轴测效果，如图10-53所示。

02 执行"绘图"|"建模"|"扫掠"命令，并指定扫掠对象，如图10-54所示。

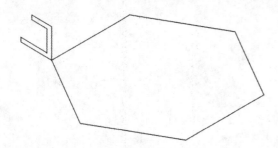

图10-53 绘制二维图形　　　　　　图10-54 选择扫掠对象

03 按回车键指定扫掠路径，并生成扫掠实体，如图10-55所示。

04 更改视觉样式为灰度样式，即可预览灰度样式效果，如图10-56所示。

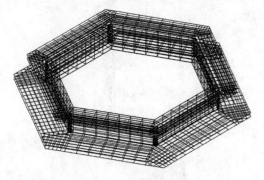
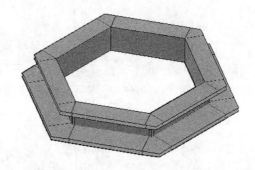

图10-55 扫掠实体效果　　　　　　图10-56 灰度样式效果

10.4.5 按住并拖动

按住并拖动也是拉伸实体的一种，它是通过指定二维图形，进行拉伸操作。用户可以通过以下方式调用"按住并拖动"命令。

● 在"常用"选项卡的"建模"面板中单击"按住并拖动"按钮。
● 在"实体"选项卡的"实体"面板中单击"按住并拖动"按钮。
● 在命令行输入SWEEP命令并按回车键。

【例10-14】下面以创建手纸模型为例，介绍按住并拖动的方法。

01 执行"螺旋"命令绘制螺旋线，图为西南等轴测视图，如图10-57所示。

02 在"实体"选项卡的"实体"面板中单击"按住并拖动"按钮，如图10-58所示。

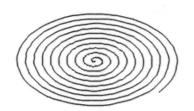

图10-57　创建螺旋线效果

图10-58　单击"按住并拖动"按钮

03 根据提示选择对象，如图10-59所示。

04 拖动鼠标，在合适的位置单击鼠标左键完成操作，如图10-60所示。

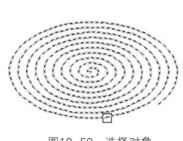

图10-59　选择对象

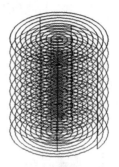

图10-60　拉伸效果

05 更改视觉样式为真实样式，可以预览拉伸效果，如图10-61所示。

图10-61　真实样式效果

10.5　上机实训

为了更好地掌握三维模型的创建方法，接下来通过练习制作案例，以实现对所学内容的温习与巩固。

10.5.1　创建办公室三维模型

由于创建的三维模型上下两层的结构是相同的，因此可以使用"拉伸"命令创建墙体，通过"差集"命令可以绘制窗户和门，下面介绍创建三维模型的方法。

01 在俯视图中执行"直线"命令，绘制办公室地面尺寸，如图10-62所示。

02 首先将小矩形的底边删除，然后在"常用"选项卡的"修改"面板中单击"修剪"按钮，选中所有图形，如图10-63所示。

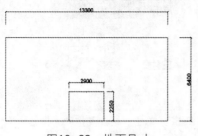

图10-62　地面尺寸

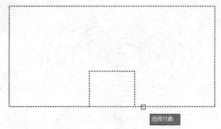

图10-63　选中所有图形

03 按回车键依次选择需要修剪的对象，如图10-64所示。

04 在修剪完成后执行"绘制"|"圆弧"|"起点，端点，半径"命令，绘制半径为2600的圆弧线段，如图10-65所示。

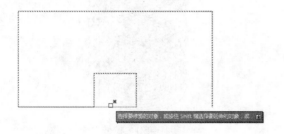

图10-64　选择修剪对象

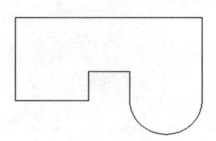

图10-65　圆弧半径为2600

05 合并所有图形线段，并将其复制至任意位置。

06 将视图更改为真实样式，在"常用"选项卡的"绘图"面板中单击"面域"按钮，如图10-66所示。

07 根据提示选择创建面域的对象，如图10-67所示。

图10-66　单击"面域"按钮

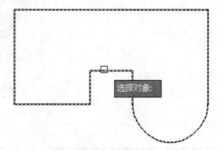

图10-67　选择对象

08 按回车键即可创建面域，如图10-68所示。

09 将之前复制的图形利用捕捉点进行移动并更改图层为墙体，将线段分别偏移80和240，最后将移动的线段删除，如图10-69所示。

图10-68　创建面域效果

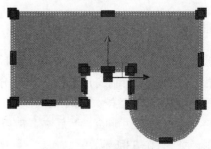

图10-69　偏移线段效果

⑩ 隐藏地面图层，切换至西南等轴测视图，执行"绘图"|"面域"命令，选择对象，并按回车键完成操作。

⑪ 在"实体"选项卡的"布尔值"面板中单击"差集"按钮，根据提示选择外边框的图形，按回车键选择需要减去的对象，如图10-70所示。

⑫ 按回车键即可减去图形的中间部分，然后执行"绘图"|"建模"|"拉伸"命令，根据提示选择拉伸对象，并输入拉伸高度为2800，如图10-71所示。

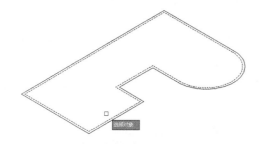

图10-70 选择需要减去的对象

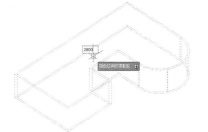

图10-71 设置拉伸高度

⑬ 设置完成后按回车键，即可创建拉伸实体，如图10-72所示为真实样式的效果。

⑭ 执行"绘图"|"长方体"命令，指定基点，并输入坐标为（@0，-870，-600）和（@240，-1400，0）确定坐标点，根据提示设置长方体高度为-1500，如图10-73所示。

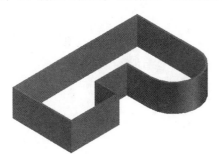

图10-72 真实样式效果

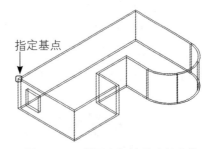

图10-73 利用坐标值创建长方体

⑮ 执行"修改"|"三维操作"|"三维阵列"命令，根据提示选择阵列图形，如图10-74所示。

⑯ 按回车键，在弹出的快捷菜单列表中选择"矩形"选项，如图10-75所示。

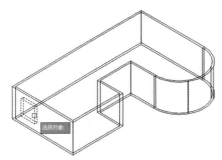

图10-74 选择阵列对象

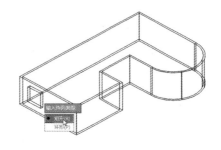

图10-75 选择"矩形"选项

⑰ 依次设置阵列行数为2，列数为2，层数为1，行间距为-3000，列间距为12900，按回车键即可完成操作，如图10-76所示。

⑱ 利用"差集"工具减去创建的长方体图形，切换视觉样式为真实样式，在视图中可以显示效果，如图10-77所示。

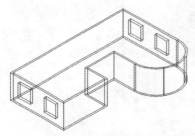

图10-76 阵列效果

图10-77 真实样式效果

⑲ 在二维线框中利用长方体创建窗口，指定基点，并输入坐标为（@520，0，-600）和（@4000，240，0）确定长方体位置，设置长方体高度为-2000，设置完成后，如图10-78所示。

⑳ 指定基点后，输入坐标值为（@630，0，-1000）和（@1800，240，0）确定门的位置，设置门的高度为-1800，按回车键完成操作，如图10-79所示。

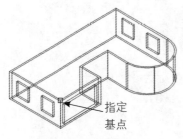

指定
基点

图10-78 创建窗口

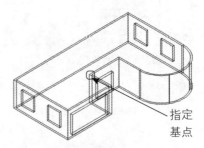

指定
基点

图10-79 创建门

㉑ 利用"差集"工具对多余的图形进行修剪，设置完成后，如图10-80所示。

㉒ 切换视图为俯视图，在该视图中绘制弧线段，绘制完成后，如图10-81所示。

图10-80 修剪效果

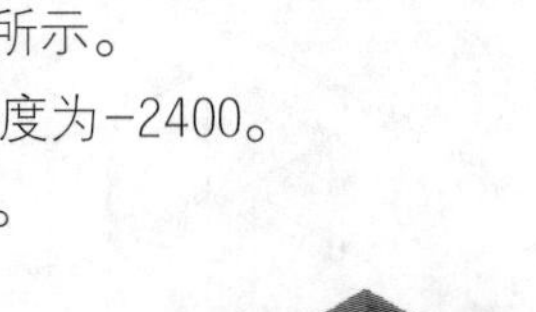

图10-81 绘制弧线段

㉓ 切换视图，将绘制的弧线段移至合适的位置，如图10-82所示。

㉔ 利用绘制的图形创建面域，然后再拉伸图形，设置拉伸高度为-2400。

㉕ 利用"差集"工具将图形进行修剪，效果如图10-83所示。

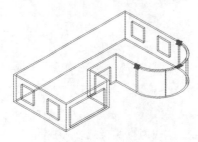

图10-82 移动线段

图10-83 修剪效果

㉖ 执行"修改"|"复制"命令，指定基点，然后输入坐标值为（@0，0，3000），效果如图10-84所示。

㉗ 显示地板图层，然后执行"修改"|"三维操作"|"三维阵列"命令，其中阵列的行数和列数均为1，层数为3，层间距为3000，对地板进行阵列操作。

㉘ 设置完成后，效果如图10-85所示。

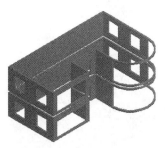 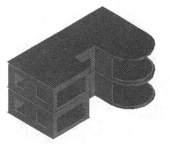

图10-84　复制三维模型效果　　　　　图10-85　创建办公室模型效果

10.5.2　创建烟灰缸模型

下面具体介绍创建烟灰缸模型的方法，其中主要运用到的三维命令包括"拉伸"、"差集"、"三维阵列"和"倒角"等。

① 将当前视图设为俯视图，执行"绘图"|"矩形"命令，在绘图区指定角点，在命令行输入D后，设置矩形的长和宽均为36mm，如图10-86所示。

② 将当前视图设置为西南等轴测视图，执行"拉伸"命令，并将矩形向上拉伸6mm，如图10-87所示。

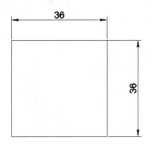 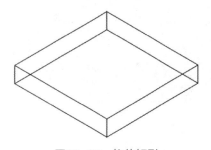

图10-86　绘制矩形　　　　　　　　图10-87　拉伸矩形

③ 执行"直线"命令，绘制矩形端点连线，并执行"圆"命令，以线段交点为圆心，绘制半径为15mm的圆，如图10-88所示。

④ 执行"拉伸"命令，设置拉伸圆的倾斜角度为30°，拉伸高度为4mm，向下拉伸图形，删除辅助线段后，如图10-89所示。

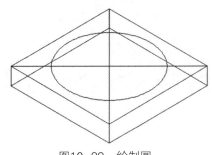 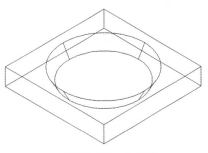

图10-88　绘制圆　　　　　　　　　图10-89　拉伸圆

05 执行"差集"命令,将刚拉伸的圆柱从整个实体中删除,更改视图样式为灰度样式,效果如图 10-90所示。

06 将当前视图设为前视图,执行"圆"命令,同时捕捉烟灰缸的中心点为圆心,绘制一个半径为 2mm的圆。

07 返回西南等轴测图,执行"拉伸"命令,将刚绘制好的圆向内拉伸,拉伸距离为8mm,结果如 图10-91所示。

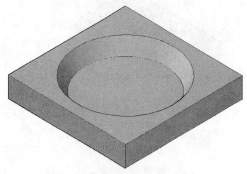

图10-90 灰度样式效果

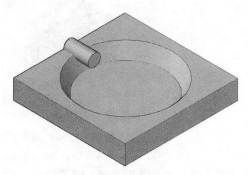

图10-91 拉伸圆

08 将圆柱体复制到合适位置,并将其成组,如图10-92所示。

09 将视图更改为顶视图,执行"阵列"|"环形阵列"命令,指定圆心为阵列中心,并设置阵列项目 为4,如图10-93所示。

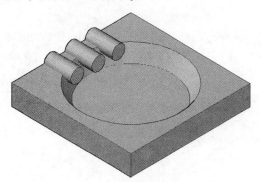

图10-92 复制圆柱体

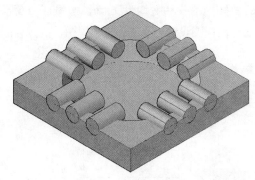

图10-93 环形阵列效果

10 将阵列图形全部分解,执行"差集"命令,将圆柱从烟灰缸中减去,并将四个边进行倒圆角操 作,圆角半径为5mm,如图10-94所示。

11 赋予透明材质后,渲染模型实体,效果如图10-95所示。

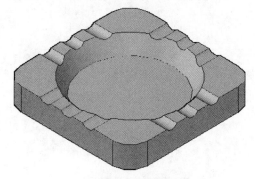

图10-94 差集效果

图10-95 赋予透明材质

在学习本章内容时，读者可能会遇到一些问题，在这里我们对常见的问题进行了汇总，以帮助读者更好地理解前面所介绍的知识。

Q：如何减小文件大小？

A： 在图形完成后，执行"文件"|"图形实用工具"|"清理"命令，打开"清理"对话框，利用该对话框清理多余的数据，如无用的块、没有实体的图层，未用的线型、字体尺寸样式等。这样可以有效地减小文件大小。一般情况下，彻底清理需要二到三次。

Q：为什么拉伸的图形不是实体？

A： 应用拉伸命令时，如果想获得实体，必须保证拉伸的图形是整体的一个图形，如矩形、圆、多边形等，否则拉伸出的将是片体。系统拉伸命令默认输出结果为实体，即便截面为封闭的，在执行"拉伸"命令后，如果在命令行输入MO按回车键，再根据提示输入SU命令并按回车键，则封闭的界面也可以拉伸成片体。

另外，利用线段绘制的封闭图形拉伸出的图形也是片体，如果需要将线段的横截面设置为面，则只需为线段创建面域即可。

Q：如何正确标注三维实体尺寸？

A： 在标注三维实体时，若使用透视图进行标注，则标注的尺寸很容易被物体掩盖，且不容易指定需要的端点。在这种情况下，我们可以分别在顶视图、前视图和右视图上进行标注，并查看三维模型各部分的尺寸。

Q：怎样检验模型是否是三维实体对象？

A： 单看对象的外观很难判断物体的类型，利用"选项"对话框可以设置工具提示。执行"工具"|"选项"命令，在弹出的对话框中打开"显示"对话框，在"窗口元素"选项组中勾选"显示鼠标悬停工具提示"复选框，如图10-96所示。然后单击"确定"按钮，此时将鼠标停留在物体表面数秒后，即可显示工具提示，如图10-97所示。

图10-96　勾选"显示鼠标悬停工具提示"复选框

图10-97　显示工具提示

为了让读者更好地掌握三维建模命令，在此列举几个针对于本章的拓展案例，以供读者练手！

◉ 创建沙发模型

利用本章所学的知识创建如图10-98所示的沙发模型。

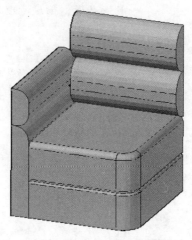

图10-98　创建沙发模型

操作提示：

① 使用"长方体"命令绘制沙发模型轮廓。

② 使用"圆角"命令将长方体边缘进行圆角处理。

◉ 创建零件模型

利用本章所学的建模命令以及差集命令绘制如图10-99所示的零件模型。

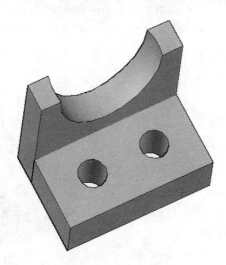

图10-99　创建零件模型

操作提示：

① 使用"长方体"、"球体"、"圆柱体"等创建零件模型。

② 使用"差集"命令减去球体和圆柱体，完成零件模型的创建。

第 11 章

编辑三维模型

📷 **本章概述**　　上一章主要介绍了三维模型的创建方法，本章将对三维模型的编辑操作进行介绍，如使用移动、对齐、旋转、镜像和阵列等功能编辑三维模型，利用差集、并集和交集命令更改图形的形状等。此外，用户还可以添加材质和光源，对模型进行渲染。通过对这些内容的学习，读者可以熟悉编辑三维模型的基本操作，掌握渲染三维模型的方法与技巧。

📖 **知识要点** ● 编辑三维模型；　　　　　　　　　● 设置材质和贴图；
　　　　　　 ● 更改三维形状；　　　　　　　　　● 设置光源环境。
　　　　　　 ● 编辑三维复合体；

▋11.1　编辑三维模型

在创建较复杂的三维模型时，为了使其更加美观，会使用到"三维移动"、"三维对齐"、"三维旋转"、"三维镜像"、"三维阵列"等编辑命令。本节将对这些命令的使用方法和技巧进行介绍。

11.1.1　移动三维对象

使用移动工具可以将三维对象按照指定的位置进行移动。在AutoCAD 2015中，用户可以通过以下方式调用"三维移动"命令。

● 执行"修改" | "三维操作" | "三维移动"命令。
● 在"常用"选项卡的"修改"面板中单击"三维移动"按钮⊕。
● 在命令行输入3DMOVE命令并按回车键。

【例11-1】下面以移动红酒杯为例，介绍移动三维对象的方法。

① 执行"修改" | "三维操作" | "三维移动"命令，根据提示选择移动模型，如图11-1所示。

② 按回车键即可出现移动的图标，选择移动图标中的方向并拖动鼠标即可预览移动效果，如图11-2所示。

图11-1　选择移动对象

图11-2　移动模型效果

03 在指定的位置单击指定第二点，即可完成移动三维对象操作。

11.1.2 对齐三维对象

对齐是将图形按照指定的点进行对齐操作。用户可以通过以下方式调用"三维对齐"命令。

- 执行"修改"|"三维操作"|"三维对齐"命令。
- 在"常用"选项卡的"修改"面板中单击"三维对齐"按钮。
- 在命令行输入3DALIGN命令并按回车键。

【例11-2】下面以三角体对齐正方体为例，介绍对齐三维对象的方法。

01 执行"修改"|"三维操作"|"三维对齐"命令，根据提示选择对齐对象，如图11-3所示。

02 按回车键，依次指定基点和目标点，如图11-4所示。

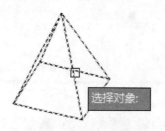

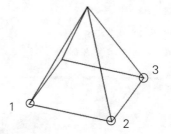

图11-3 选择对齐对象　　　　图11-4 指定点

03 然后再指定需要对齐在物体上的中点和端点，如图11-5所示。

04 指定中点的端点后即可查看对齐效果，如图11-6所示。

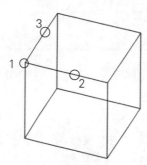

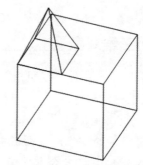

图11-5 指定对齐点　　　　图11-6 对齐效果

11.1.3 旋转三维对象

三维旋转可以将指定的对象按照指定的角度绕三维空间定义轴旋转。用户可以通过以下方式调用"三维旋转"命令。

- 执行"修改"|"三维操作"|"三维旋转"命令。
- 在"常用"选项卡的"修改"面板中单击"三维旋转"按钮。
- 在命令行输入3DROTATE命令并按回车键。

【例11-3】下面以旋转手扶椅为例，介绍旋转三维对象的方法。

01 打开"手扶椅"文件，如图11-7所示。

02 执行"修改"|"三维操作"|"三维旋转"命令，即可更改视觉样式为线框，根据提示选择旋转图形，如图11-8所示。

图11-7 打开文件

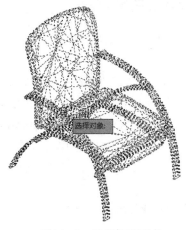

图11-8 选择旋转对象

03 按回车键并选择旋转基点。此时，旋转轴将移动到选择的基点位置，如图11-9所示。

04 选择旋转的参照轴，此时将亮显旋转轴，如图11-10所示。

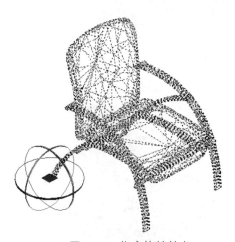

图11-9 指定旋转基点

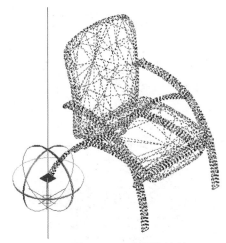

图11-10 选择旋转轴

05 根据提示输入旋转角度，如图11-11所示。

06 按回车键即可完成旋转操作，如图11-12所示。

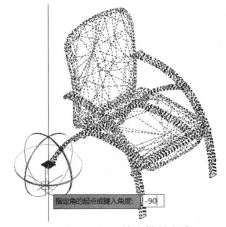

图11-11 输入旋转角度

图11-12 旋转三维模型效果

11.1.4　镜像三维对象

镜像三维对象是指将三维模型按照指定的三个点进行镜像操作。用户可以通过以下方式调用"三维镜像"命令。

- 执行"修改"|"三维操作"|"三维镜像"命令。
- 在"常用"选项卡的"修改"面板中单击"三维镜像"按钮🔲。
- 在命令行输入MIRROR3D命令并按回车键。

【例11-4】下面以创建果盘为例，介绍镜像三维对象的方法。

01 打开"餐盘"文件，在"常用"选项卡的"修改"面板中单击"三维镜像"按钮🔲，如图11-13所示。

02 根据提示选择需要镜像的三维模型，如图11-14所示。

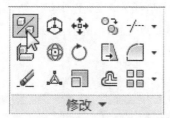

图11-13　单击"三维镜像"按钮

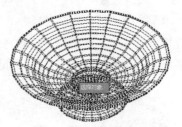

图11-14　选择镜像模型

03 按回车键指定镜像点，如图11-15所示。

04 指定镜像点后会自动弹出提示选项，选择否，将自动生成镜像对象，如图11-16所示。

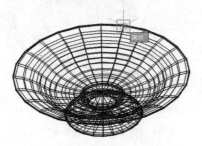

图11-15　指定镜像点

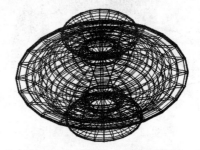

图11-16　镜像三维模型效果

11.1.5　阵列三维对象

阵列是指将指定的三维模型按照一定的规则进行阵列。在三维建模工作空间中，阵列三维对象分为矩形阵列和环形阵列。用户可以通过以下方式调用"三维阵列"命令。

- 执行"修改"|"三维操作"|"三维阵列"命令。
- 在命令行输入3DARRAY命令并按回车键。

1. 矩形阵列

矩形阵列是指将模型以矩形的形式进行阵列。

【例11-5】下面将对盆栽植物进行矩形阵列操作，设置行数为3，列数为4，层数为1，行间距为200，列间距为2000。

01 打开"盆栽"文件，执行"修改"|"三维操作"|"三维阵列"命令，根据提示选择阵列对象，如图11-17所示。

02 按回车键，在弹出的快捷菜单列表中选择"矩形"选项，如图11-18所示。

图11-17 选择阵列对象　　　　　　图11-18 选择"矩形"选项

03 设置行数为3，列数为4，层数为1，行间距为200，列间距为2000，设置完成后，调整视图方向即可观察阵列效果，如图11-19所示。

图11-19 矩形阵列效果

2. 环形阵列

环形阵列是指将三维模型设置指定的阵列角度进行阵列。

【例11-6】下面以阵列酒杯为例，介绍环形阵列的方法。

01 打开"酒杯"文件，执行"修改"|"三维操作"|"三维阵列"命令，根据提示阵列模型，如图11-20所示。

02 按回车键，在弹出的快捷菜单列表中选择"环形"选项，如图11-21所示。

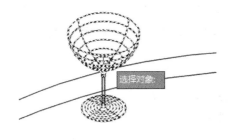 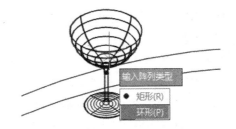

图11-20 选择阵列对象　　　　　　图11-21 选择"环形"选项

03 设置阵列项目数值为8，角度为360°，不旋转，然后将圆心指定为阵列中心点，如图11-22所示。

04 指定旋转轴上的第二点，如图11-23所示。

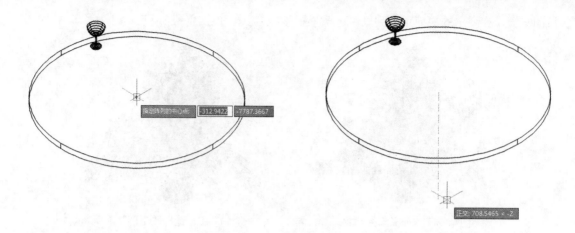

图11-22　指定阵列中心点　　　　　图11-23　指定第二点

05 设置完成后，即可创建环形阵列，如图11-24所示。

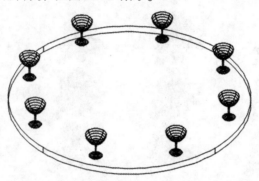

图11-24　环形阵列效果

11.2 更改三维形状

　　在三维建模工作空间中，可以利用"剖切"、"抽壳"命令修改单独的三维模型，并可以对三维模型对象进行倒直角和圆角的操作。

11.2.1 剖切三维对象

　　利用"剖切"命令可以保留模型的一侧，从而删除不需要的面。用户可以通过以下方式调用"剖切"命令。

- 执行"修改"|"三维操作"|"剖切"命令。
- 在"常用"选项卡的"实体编辑"面板中单击"剖切"按钮。
- 在"实体"选项卡的"实体"面板中单击"剖切"按钮。
- 在命令行输入SLICE命令并按回车键。

　　【例11-7】下面以创建零件模型为例，介绍剖切三维对象的方法。

01 打开"剖切"文件，执行"修改"|"三维操作"|"剖切"命令，根据提示选择剖切图形，如图11-25所示。

02 按回车键指定起点和第二个点，如图11-26所示。

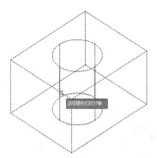

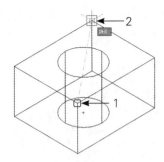

图11-25 选择剖切对象　　　　　　图11-26 指定剖切点

03 然后指定所需侧面上的点，如图11-27所示。

04 设置完成后，即可完成剖切三维对象的操作，如图11-28所示。

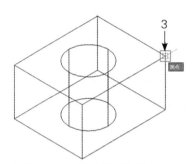

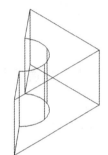

图11-27 指定侧面上的点　　　　　　图11-28 剖切实体效果

11.2.2 抽壳三维对象

利用"抽壳"命令可以将三维模型转换为中空薄壁或壳体。用户可以通过以下方式调用"抽壳"命令。

● 执行"修改"|"实体编辑"|"抽壳"命令。

● 在"实体"选项卡的"实体编辑"面板中单击"抽壳"按钮。

● 在命令行输入SOLIDEDIT命令并按回车键。

【例11-8】下面将矩形进行抽壳操作，设置抽壳距离为20。

01 执行"修改"|"实体编辑"|"抽壳"命令，根据提示选择三维实体，此时，会提示选择删除的面，如图11-29所示。

02 选择需要删除的面，如图11-30所示。

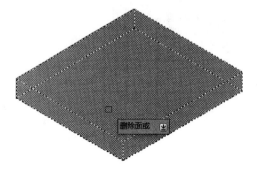

图11-29 选择三维实体　　　　　　图11-30 选择删除面

03 按回车键，输入抽壳偏移距离为20，如图11-31所示。

04 依次按回车键即可完成抽壳三维对象的操作，如图11-32所示。

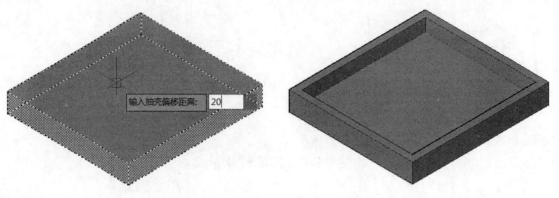

图11-31　输入抽壳偏移距离　　　　　　　　图11-32　抽壳三维对象效果

11.2.3　三维对象倒直角和圆角

在AutoCAD 2015中，用户可以对三维模型对象进行倒直角和圆角的操作，下面将具体介绍如何进行倒直角和圆角的操作。

1. 倒直角

倒直角是指将三维模型的边通过指定的距离进行倒角，从而形成面。用户可以通过以下方式调用"倒角边"命令。

- 执行"修改" | "倒角边"命令。
- 在"实体"选项卡的"实体编辑"面板中单击"倒角边"按钮 。
- 在命令行输入CHAMFEREDGE命令并按回车键。

【例11-9】下面将以对圆柱体进行倒直角操作为例介绍倒直角的操作方法，设置基面倒角距离为10，其他曲面倒角距离为5。

01 随意创建一个圆柱体，然后执行"修改" | "倒角边"命令，根据提示选择需要倒角的边，如图11-33所示。

02 按回车键，选择"距离"选项，并输入倒角距离，如图11-34所示。

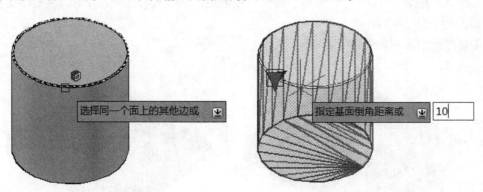

图11-33　选择边　　　　　　　　　　　　图11-34　输入倒角距离

03 按回车键，继续输入其他倒角曲面距离，如图11-35所示。

04 设置完成后按回车键即可完成倒直角的操作，如图11-36所示。

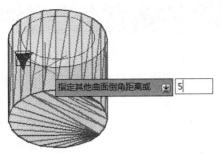

图11-35　输入其他倒角曲面距离　　　　　图11-36　倒直角效果

2. 倒圆角

倒圆角是指将指定的边界通过一定的圆角距离建立圆角。用户可以通过以下方式调用"圆角边"命令。

● 执行"修改"|"圆角边"命令。

● 在"实体"选项卡的"实体编辑"面板中单击"圆角边"按钮。

● 在命令行输入FILLETEDGE命令并按回车键。

【例11-10】下面将为矩形进行倒圆角操作，倒角半径为30。

01 任意创建一个长方体，执行"修改"|"圆角边"命令，根据提示选择边，如图11-37所示。

02 按回车键并选择"半径"选项，输入圆角半径，如图11-38所示。

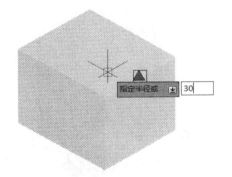

图11-37　选择边　　　　　　　　　　　图11-38　输入圆角半径

03 按回车键后将弹出"按Enter键接受圆角或"提示选项，并可以预览设置的半径效果，如图11-39所示。

04 继续按回车键，即可完成倒圆角的操作，如图11-40所示。

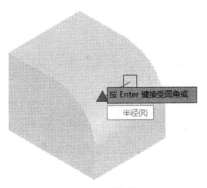

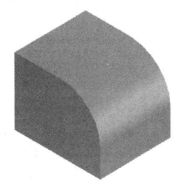

图11-39　预览效果　　　　　　　　　　图11-40　倒圆角效果

11.3 编辑三维复合体

编辑三维复合体是指通过相应的命令进行布尔运算，其中包括并集、差集、交集等3种布尔运算。利用相应的布尔运算可以将两个或两个以上的图形通过加减方式结合成新的实体。

11.3.1 并集运算

并集是指将两个或者两个以上的图形进行并集操作。利用"并集"命令可以将所有实体图形结合为一体，使其没有相互重合的部分。用户可以通过以下方式调用"并集"命令。

● 执行"修改"|"实体编辑"|"并集"命令。
● 在"常用"选项卡的"实体编辑"面板中单击"并集"按钮●●。
● 在"实体"选项卡的"布尔值"面板中单击"并集"按钮。
● 在命令行输入UNION命令并按回车键。

【例11-11】下面将通过执行并集运算命令创建复合体对象。

01 执行"修改"|"实体编辑"|"并集"命令，根据提示依次选择两个实体对象，如图11-41所示。

02 按回车键即可完成并集操作。单击该实体对象，即可预览两个实体对象结合为一个实体对象的效果，如图11-42所示。

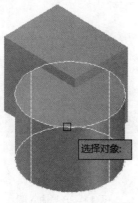

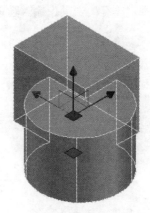

图11-41 选择实体对象   图11-42 并集效果

11.3.2 差集运算

差集是指从一个或多个实体中减去指定实体的若干部分。用户可以通过以下方式调用"差集"命令。

● 执行"修改"|"实体编辑"|"差集"命令。
● 在"常用"选项卡的"实体编辑"面板中单击"差集"按钮●●。
● 在"实体"选项卡的"布尔值"面板中单击"差集"按钮。
● 在命令行输入SUBTRACT命令并按回车键。

【例11-12】下面通过执行差集运算命令，从圆柱体内减去长方体，并产生差集效果。

01 在"常用"选项卡的"实体编辑"面板中单击"差集"按钮●●。根据提示选择要从中减去实体的对象，如图11-43所示。

02 按回车键选择需要减去的实体对象，如图11-44所示。

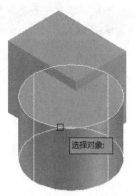

图11-43 选择需要从中减去实体的对象　　　图11-44 选择需要减去的实体对象

03 按回车键即可完成差集操作，效果如图11-45所示。

图11-45 差集效果

11.3.3 交集运算

交集是指将两个实体模型重合的公共部分创建复合体。用户可以通过以下方式调用"交集"命令。

- 执行"修改"|"实体编辑"|"交集"命令。
- 在"常用"选项卡的"实体编辑"面板中单击"交集"按钮 ⬭。
- 在"实体"选项卡的"布尔值"面板中单击"交集"按钮。
- 在命令行输入INTERSECT命令并按回车键。

【例11-13】下面将执行交集运算命令创建复合体。

01 执行"修改"|"实体编辑"|"交集"命令。选择实体对象，如图11-46所示。

02 按回车键即可完成交集操作，效果如图11-47所示。

图11-46 选择对象　　　　　　　　图11-47 交集效果

11.4 设置材质和贴图

在完成创建和编辑三维模型后，为了使创建的模型更富有真实感，用户可以为模型设置材质和贴图，利用材质和贴图可以模拟纹理和凹凸效果。

11.4.1 材质浏览器

"材质浏览器"可以组织和管理用户的材质。用户可以通过以下方式打开"材质浏览器"选项板：

● 执行"视图"|"渲染"|"材质浏览器"命令。
● 在"可视化"选项卡的"材质"面板中单击"材质浏览器"按钮 。
● 在"视图"选项卡的"选项板"面板中单击"材质浏览器"按钮。
● 在命令行输入MAT命令并按回车键。

"材质浏览器"选项板如图11-48所示。

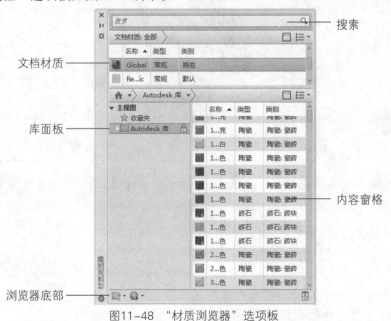

图11-48 "材质浏览器"选项板

其中，选项板中各选项的含义介绍如下。

● 搜索：在该列表框中输入材质命令搜索材质。
● 文档材质：该列表显示打开文件中保存的材质。
● 库面板：显示浏览器中的材质库。
● 内容窗格：根据设置的要求显示符合要求的材质。
● 浏览器底部：浏览器底部包含"管理库"按钮 、"创建材质"按钮 和"打开/关闭材质编辑器"按钮 。

11.4.2 材质编辑器

在材质编辑器中可以自定义创建新的材质，并可以设置材质显示的颜色、反射率、透明度、自发光、凹凸、染色等特性。用户可以通过以下方式打开"材质编辑器"对话框：

● 执行"视图"|"渲染"|"材质编辑器"命令。

● 在"可视化"选项卡的"材质"面板中单击右下角的箭头。

● 在"视图"选项卡的"选项板"面板中单击"材质编辑器"按钮 ◈。

● 在命令行输入MATEDITOROPEN命令并按回车键。

"材质编辑器"选项板由"外观"和"显示"两个选项卡组成。

1. 外观

"外观"选项卡由预览窗口、"选择缩略图形和渲染质量"按钮、名称、设置材质特性选项和选项板底部等部分组成，如图11-49所示。

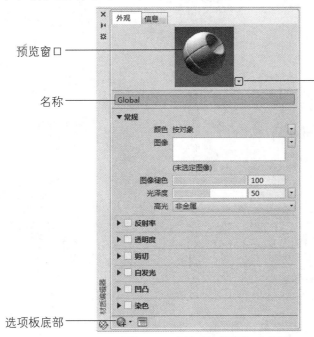

图11-49 "材质编辑器"选项板

下面将介绍上述选项板中各选项的含义。

● 预览窗口：预览创建材质球。

● "选择缩略图形和渲染质量"按钮：单击该按钮可以选择材质的显示方式及质量。

● 名称：默认情况下，材质的名称是Global，不可以进行设置，只有在新建材质后才可以进行设置。

● 设置材质特性选项：设置材质特性包含"常规"、"反射率"、"透明度"、"剪切"、"自发光"、"凹凸"和"染色"选项，单击各选项名称前的下拉菜单按钮，即可显示设置选项。

● 选项板底部：选项板底部包含"创建材质"按钮和"打开/关闭材质浏览器"按钮。

2. 显示

单击"显示"按钮即可打开"显示"选项卡，在该选项卡中包含了"信息"和"关于"两个选项组，如图11-50所示。

图11-50 "显示"选项卡

其中，各选项组的含义介绍如下。

- 信息：显示该材质的基本信息，"名称"列表可以设置材质名称，"说明"列表则显示材质的类型。单击相应的选项，列表框则会方法处理，在列表框可以对其进行设置。
- 关于："关于"选项组主要显示材质的类型，它不可以进行更改。

11.4.3 创建新材质

在赋予材质之前，首先需要创建新的材质，并设置材质的各种特性。

【例11-14】下面以创建青石材质为例，介绍创建新材质的方法。

01 执行"视图"|"渲染"|"材质浏览器"命令，在该选项板中单击"创建新材质"按钮，如图11-51所示。

02 在弹出的列表中选择"石材"选项，如图11-52所示。

图11-51 单击"创建新材质"按钮

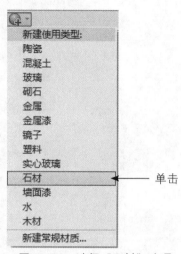

图11-52 选择"石材"选项

03 打开"材质编辑器"对话框，在"名称"列表框中设置材质名称，如图11-53所示。

04 单击"饰面"列表框，在弹出的列表中设置显示效果，如图11-54所示。

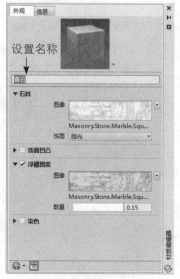

图11-53 设置材质名称

图11-54 选择显示效果

⑤ 展开"浮雕图案"选项组，单击"图形"列表框，在弹出的"纹理编辑器"选项板中可以设置图形的亮度、位置、比例、大小和重复，如图11-55所示。

⑥ 关闭"纹理编辑器"选项板，在选项板底部单击"打开材质浏览器"按钮，打开"材质浏览器"选项板。

⑦ 在"材质浏览器"选项板中选择创建的材质，将其拖动到指定的模型中即可赋予材质，如图11-56所示。

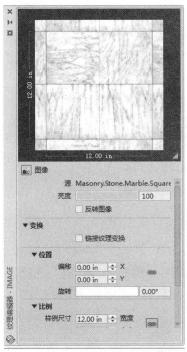

图11-55 "纹理编辑器"选项板

图11-56 赋予材质效果

11.5 设置光源环境

在创建三维模型的渲染过程中，光源是必不可少的。若想要营造出更加真实的效果，那么就需要设置光源环境了。

11.5.1 创建光源

在渲染过程中，使用不同的光源并进行相应的设置，将会产生不同的效果。添加光源可以使空间更加真实。用户可以通过以下方式调用"光源"命令。

● 执行"视图"|"渲染"|"光源"命令的子命令。

● 在"可视化"选项卡的"光源"面板中单击相应的光源按钮。

在三维建模工作空间中光源分为点光源、聚光灯、平行光和光域网灯光等4种类型。

● 点光源可以起到广泛照明的效果。创建点光源后，会向四周发射光线，利用点光源可以达到基本照明的效果。

● 聚光灯以投射聚焦光束，对指定的位置进行光照。聚光灯的光束为锥形光，它可以照亮模型的特定特征和区域。

- 平行光只在同一方向创建光源。照亮模型时，平行光不根据光束的长短进行强化，每个距离光照的强度都是相同的，所以该光源通常使用在照亮背景或者统一照亮的情况下。
- 光域网灯光即指定光域网的起点和发射方向，在合适的位置单击鼠标左键即可创建光域网灯光。光域网与其他三个光源不同的是，它可以调用外部光源，还原真实效果，所以光域网灯光更具有真实性。

11.5.2 查看光源列表

在AutoCAD 2015中提供了很多种打开光源列表的方法。在"模型中的光源"选项板中可以查看文件中创建的光源，通过光源列表可以打开"特性"选项板，在该选项板中可以设置光源中的各选项。

1."模型中的光源"选项板

用户可以通过以下方式打开"模型中的光源"选项板。

- 执行"视图"|"渲染"|"光源"|"光源列表"命令。
- 在"可视化"选项卡的"光源"面板中单击右下角的箭头⌐。
- 在"视图"选项卡的"选项板"面板中单击"模型中的光源"按钮⌐。
- 在命令行输入LIGHTLIST命令并按回车键。

"模型中的光源"选项板如图11-57所示。

2."特性"选项板

在"特性"选项板中可以设置创建光源的各选项，利用"模型中的光源"选项板可以打开该选项板，如图11-58所示。用户可以通过以下方式打开"特性"选项板。

- 在"模型中的光源"选项板中双击需要打开的光源。
- 在光源文件上单击鼠标右键，在弹出的列表中选择"特性"选项。

图11-57 "模型中的光源"选项板

图11-58 "特性"选项板

📝 **知识点拨**

"特性"选项板中各卷轴栏的含义介绍如下。

- 常规：显示光源的名称和类型，并且可以设置角度、强度因子和过滤颜色等。
- 几何图形：设置光源的坐标位置。
- 衰减：设置光源的衰减类型和界线。
- 渲染阴影细节：设置渲染阴影的类型和柔和度等。

11.6 渲染三维模型

创建和赋予材质后可以进行渲染三维模型的操作，该操作既可以渲染三维模型的形状效果，又可以进行光照渲染。通过操作可以渲染真实的三维模型效果，渲染之后的文件可以以图片的形式保存至需要的位置。

11.6.1 全屏渲染

在AutoCAD 2015中，用户可以通过以下方式调用"渲染"命令。

● 执行"视图"｜"渲染"｜"渲染"命令。

● 在"可视化"选项卡的"渲染"面板中单击"渲染"按钮。

● 在命令行输入RENDER命令并按回车键。

【例11-15】下面将以渲染圆形座椅模型为例，介绍全屏渲染的方法。

01 执行"视图"｜"渲染"｜"渲染"命令，如图11-59所示。

02 此时将弹出"渲染"窗口，渲染完成后，如图11-60所示。

图11-59 选择"渲染"选项

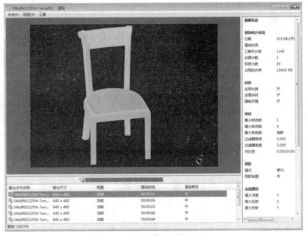

图11-60 渲染效果

知识点拨

在"渲染"窗口的下方保存每一次渲染的图形文件，单击文件，即可在"渲染"窗口上预览渲染出的效果。在"渲染"窗口的右侧可以查看模型的材质参数、阴影参数、光源参数、渲染时间和占用内存等。

11.6.2 局部渲染和高级渲染设置

在渲染过程中可以进行区域渲染，用户还可以根据需要设置高级渲染参数，通过设置可以使模型效果更加真实。

1. 局部渲染

通过对指定区域的渲染将局部放大化，局部渲染主要在设计中方便观察模型情况，不可以导出效果图。

2. 高级渲染设置

在三维建模工作空间中，用户可以根据自己的需要设置高级渲染参数，通过设置高级渲染

参数，渲染出高质量的模型效果，用户可以通过以下方式打开
"高级渲染设置"选项卡。

- 执行"视图"｜"渲染"｜"高级渲染设置"命令。
- 在"可视化"选项卡的"渲染"面板中单击右下角的
  箭头 ⟍。
- 在"视图"选项卡的"选项板"面板中单击"高级渲染
  设置"按钮 🗐。
- 在命令行输入RPREF命令并按回车键。

"高级渲染设置"选项卡如图11-61所示。其中，各选项的
含义介绍如下。

- 常规：显示渲染信息、控制材质和阴影显示以及反走样
  执行式的设置。
- 光照跟踪：控制光线的反射和折射效果。
- 间接发光：设置光源特性以及是否进行全局照明和最终
  采集。
- 诊断：在"可见"选项中可以设置模型在渲染窗口中的
  显示方式和光子贴图效果。
- 处理：设置在"渲染"窗口中渲染块的平铺和渲染方向。

图11-61 "高级渲染设置"选项卡

11.7 上机实训

为了更好地掌握本章所学习的内容，接下来练习制作两个模型，以巩固所学知识。

11.7.1 创建水槽模型

本例的三维水槽分为双盆，其实体的外框是大理石，内框为不锈钢，下面具体介绍利用
"抽壳"、"拉伸"、"差集"、"扫掠"、"材质"等命令创建不锈钢水槽的方法。

01 执行"矩形"和"偏移"命令创建水槽轮廓线，如图11-62所示。

02 首先复制尺寸线，将其移至任意部位。然后更改视图为西南等轴测，执行"绘图"｜"建模"｜"拉
伸"命令，选择要拉伸的对象，如图11-63所示。

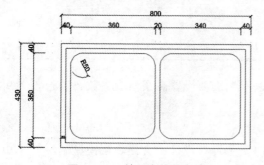

图11-62 绘制水槽轮廓线

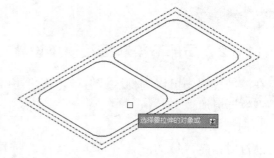

图11-63 选择拉伸对象

03 按回车键输入拉伸高度为210mm，如图11-64所示。

04 设置完成后按回车键，更改视觉样式为真实，如图11-65所示。

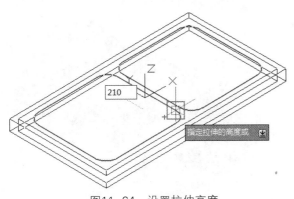

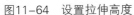

图11-64 设置拉伸高度

图11-65 拉伸效果

05 执行"修改"|"实体编辑"|"差集"命令，根据提示选择要从中减去的实体对象，如图11-66所示。

06 按回车键，然后再选择要减去的对象，如图11-67所示。

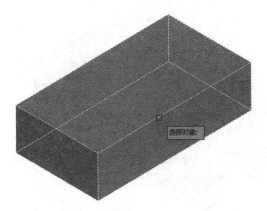

图11-66 选择要从中减去的实体对象

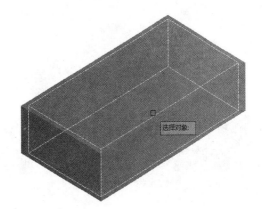

图11-67 选择要减去的对象

07 按回车键即可完成操作，然后依次进行差集操作，如图11-68所示。

08 选择复制的尺寸线的外框线，如图11-69所示。

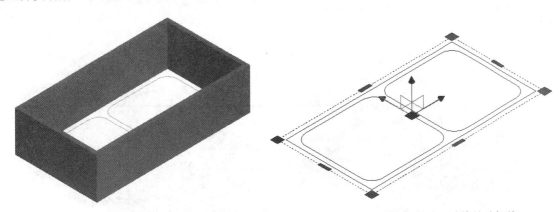

图11-68 差集效果　　　　　　　　　图11-69 选择复制的尺寸线的外框线

09 将其删除，继续执行"绘图"|"建模"|"拉伸"命令，将尺寸线拉伸为200mm。然后将尺寸线进行差集操作，如图11-70所示。

10 将模型移至水槽的外部，如图11-71所示。

图11-70　差集效果

图11-71　移动实体效果

⑪ 将三维实体内的圆角矩形尺寸线拉伸为200mm，如图11-72所示。

⑫ 选择外部实体，单击鼠标右键，在弹出的列表中选择"隐藏对象"选项，如图11-73所示。

图11-72　拉伸圆角矩形效果

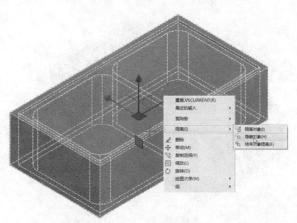

图11-73　单击"隐藏对象"选项

⑬ 执行"修改"|"实体编辑"|"抽壳"命令，根据提示选择圆角矩形，然后选择需要选择的圆角矩形的顶面，并按回车键，设置抽壳距离为5mm，如图11-74所示。

⑭ 依次按回车键完成抽壳操作，效果如图11-75所示。

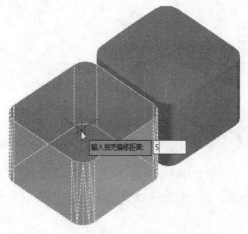

图11-74　设置抽壳距离

图11-75　抽壳左侧水槽

⑮ 依次执行任务，抽壳另一个水槽，然后显示隐藏的对象，如图11-76所示。

⑯ 执行"绘图"|"圆柱体"命令，绘制一个地面直径为55mm，高为10mm的圆柱体。将创建的圆柱体放置在水槽中央，利用"差集"命令将模型从水槽水体中减去，如图11-77所示。

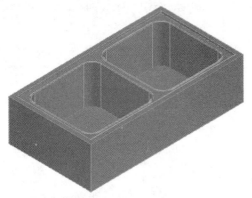

图11-76 水槽效果

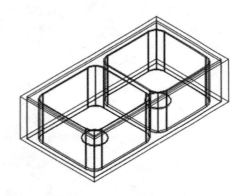

图11-77 修剪下水口效果

⑰ 切换视图为俯视图，创建一个半径为23mm的圆，将其移至合适的位置，如图11-78所示。

⑱ 执行修改拉伸命令，将圆拉伸60mm，如图11-79所示。

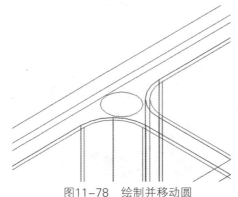

图11-78 绘制并移动圆

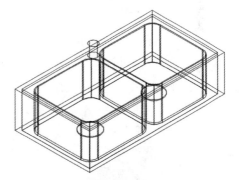

图11-79 拉伸高度60mm效果

⑲ 在左视图中绘制半径为20mm的圆并拉伸60mm，然后切换俯视图，绘制一个半径为5mm的圆，并拉伸50mm，将其移至合适的位置，如图11-80所示。

⑳ 捕捉第一个圆柱的圆心，绘制一个半径为5mm的圆，并设置倾斜角度为20°，拉伸高度为20mm，如图11-81所示。

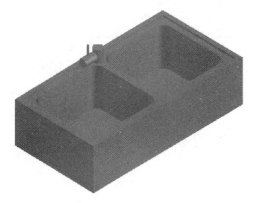

图11-80 绘制水龙头开关

图11-81 倾斜拉伸圆柱

㉑ 在左视图中，使用"多段线"命令绘制水龙头路径，切换视图为西南等轴测，绘制一个半径为15mm的圆。执行"扫掠"命令，根据提示选择圆形。然后再选择扫掠路径，设置完成后如图11-82所示。

㉒ 执行"视图"|"渲染"|"材质编辑器"命令，打开"材质编辑器"选项板，并在其左下角单击"创建材质"按钮，在弹出的列表中选择"金属"选项，如图11-83所示。

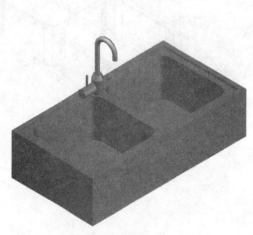

图11-82　创建水槽效果　　　　　　图11-83　单击"金属"选项

㉓ 单击"金属类型"列表框，在弹出的列表中选择"不锈钢"选项，如图11-84所示。

㉔ 在选项板底部单击"打开/关闭材质浏览器"按钮，选择创建的材质将其拖动到模型上，赋予材质。然后选择"新建常规材质"选项，如图11-85所示。

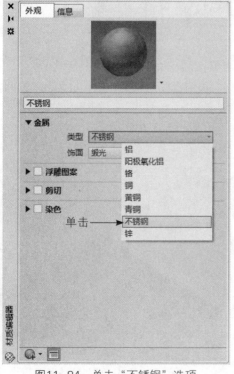

图11-84　单击"不锈钢"选项

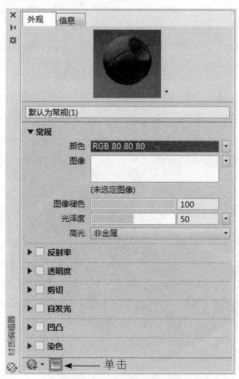

图11-85　新建常规材质

㉕ 单击"常规"选项组中的"图案"列表框，在弹出的对话框中选择需要的图像，并单击"打开"按钮，如图11-86所示。

㉖ 设置完成后返回选项板，此时图像将显示在材质上，如图11-87所示。

图11-86 单击"打开"按钮

图11-87 设置材质效果

㉗ 将设置好的材质赋予到指定的位置。这时，水槽就创建完成了，如图11-88所示。

图11-88 创建三维水槽效果

11.7.2 渲染书房室内效果

本例将介绍如何渲染书房室内效果，其中需要创建相机和点光源等。下面具体介绍其操作方法。

① 打开"书房"文件，将实体切换至俯视图，如图11-89所示。

② 执行"视图" | "创建相机"命令，创建相机，并在其他视图调整相机位置，如图11-90所示。

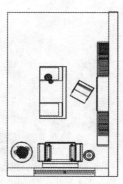

图11-89　打开文件

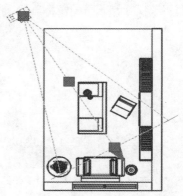

图11-90　创建并调整相机

③ 执行"视图" | "渲染" | "光源" | "新建点光源"命令，在绘图区单击鼠标左键创建点光源，如图11-91所示。

④ 设置完成后在前视图将其调到合适位置，如图11-92所示。然后设置光源强度因子为2，过滤颜色为250，248，148。

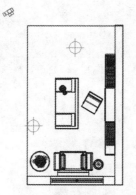

图11-91　创建点光源

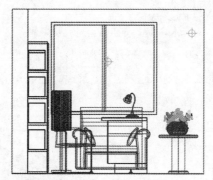

图11-92　调整点光源

⑤ 在绘图区左上角单击"视图控件"按钮，并选择"相机1"选项，如图11-93所示。

⑥ 此时绘图区将更改为相机视图，执行"视图" | "渲染" | "渲染"命令渲染视图，效果如图11-94所示。

图11-93　选择"相机1"选项

图11-94　渲染书房场景效果

在学习本章内容时，读者可能会遇到一些问题，在这里我们对常见的问题进行了汇总，以帮助读者更好地理解前面所介绍的知识。

Q：进行差集运算时，为什么总是提示"未选择实体或面域"？

A：执行"差集"命令后，根据提示选择实体对象，按回车键后再选择减去的实体，再次按回车键即可。若操作方法正确，则需要查看这些实体是不是相互孤立，而不是一个组合实体，将需要的实体合并在一起后，再次进行差集运算即可实现差集效果。

Q：如何更改渲染帧窗口颜色？

A：进入三维建模工作空间后，在"可视化"选项卡的"视图"面板中单击"视图管理器"按钮 📷，打开"视图管理器"对话框，并单击"新建"按钮，如图11-95所示。打开"新建视图/快照特性"对话框，在"背景"选项组中单击"默认"列表框并选择"纯色"选项，打开"背景"对话框并设置颜色，设置完成后单击"确定"按钮即可，如图11-96所示。

图11-95 单击"新建"按钮

图11-96 设置背景颜色

✎ **知识点拨**

在命令行输入BACKGROUND命令并按回车键可以直接打开"背景"对话框。

Q：怎么把设置好的材质赋予到实体上？

A：赋予材质的方法有两种：（1）选择物体后，执行"视图"|"渲染"|"材质浏览器"命令，打开"材质浏览器"面板，在"文档材质"选项框内选择合适的材质球，单击鼠标右键，并选择"指定给当前选择"选项即可赋予材质；（2）在"材质浏览器"面板中选择材质球，单击并拖动材质球至指定的实体上，如图11-97所示。然后释放鼠标左键即可赋予材质，如图11-98所示。

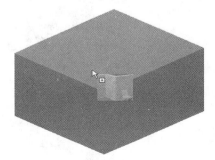

图11-97 单击并拖动材质

图11-98 赋予材质效果

为了更好地掌握本章所学的知识，在此列举几个针对于本章的拓展案例，以供读者练手！

◉ 创建三角垫片模型

使用三维建模命令绘制三角垫片结构，完成后的最终效果如图11-99所示。

操作提示：

01 执行"多边形"命令绘制线段。

02 将二维线框拉伸为三角形实体。

03 为三角形的三个角进行倒圆角操作。

04 进行差集操作。

图11-99　创建三角垫片模型

◉ 创建储物柜模型

创建一个5层4列1行的储物柜模型，效果如图11-100所示。

操作提示：

01 使用"长方体"命令创建储物柜抽屉、隔板等模型。

02 创建多边形并进行差集运算，创建储物柜的顶端造型。

03 绘制多线段并将其拉伸为实体，创建抽屉把手模型。

04 执行"阵列"命令将实体阵列，最终完成储物柜模型的创建。

图11-100　创建储物柜模型

◉ 创建单人床模型

利用"长方体"、"圆柱体"等命令创建单人床模型，如图11-101所示。

操作提示：

01 绘制单人床轮廓。

02 绘制并拉伸二维线框，创建床头靠背。

03 执行倒角命令对长方体边缘进行倒圆角操作。

04 执行移动命令将模型移至合适位置，最终完成单人床模型的创建。

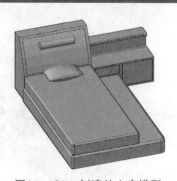

图11-101　创建单人床模型

◉本章概述 　输出和打印图形就是将绘制的图形打印显示在图纸上，方便用户调用查看。图形的输出是设计工作中的最后一步，此操作也是工作中必不可少的。本章将主要介绍图纸的输入及输出，以及在打印图形中的布局设置操作等。

◉知识要点 ● 图纸的输入及输出；　　　　　　　　● 布局视口；
　　　　　　　　● 模型空间与图纸空间；　　　　　　　● 打印图纸。

12.1　图纸的输入及输出

在实际工作中，用户既可以将CAD软件中设计完成的图形资料输出成其他格式的文件，也可以将其他应用软件中处理好的图形导入该软件中。

12.1.1　输入图纸

在AutoCAD 2015中，用户可以通过以下方式输入图纸。
● 执行"文件"|"输入"命令。
● 执行"插入"|"Windows图元文件"命令。
● 在"插入"选项卡的"输入"面板中单击"输入"按钮 。
● 在命令行输入IMPORT命令并按回车键。

执行以上任意一种操作即可打开"输入文件"对话框，从中选择"根据文件格式和路径选择文件"，并单击"打开"按钮即可输入图纸。

⚗ 知识点拨

　OLE是指对象链接与嵌入，用户可以将其他Windows应用程序的对象链接或嵌入到AutoCAD图形中，或在其他程序中链接或嵌入AutoCAD图形。插入OLE文件可以避免图片丢失，文件丢失等问题的出现，所以使用起来非常方便。用户可以通过以下方式调用"OLE对象"命令：
● 执行"插入"|"OLE对象"命令。
● 在"插入"选项卡的"数据"面板中单击"OLE对象"按钮 。
● 在命令行输入INSERTOBJ命令并按回车键。

12.1.2　输出图纸

用户可以将CAD软件中设计好的图形按照指定格式进行输出。调用"输出"命令的方式包含以下几种。

- 执行"文件"|"输出"命令。
- 在"输出"选项卡的"输出为DWF/PDF"面板中单击"输出"按钮。
- 在命令行输入EXPORT命令并按回车键。

【例12-1】将CAD图纸输出成BMP格式文件。

① 窗交选择绘图区的全部图形，如图12-1所示。

② 执行"文件"|"输出"命令，弹出"输出数据"对话框，从中设置输出路径和输出类型，在此选择*.bmp格式，如图12-2所示。

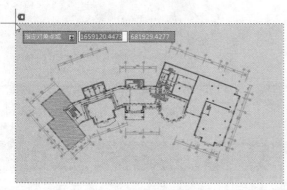

图12-1 选择图形

图12-2 选择输出路径

③ 单击"保存"按钮即可输出文件，如图12-3所示。

④ 在输出的路径中找到文件，设置打开方式，打开输出文件即可预览建筑图纸效果，如图12-4所示。

图12-3 单击"保存"按钮

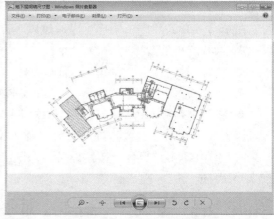

图12-4 输出图纸效果

12.2 模型空间与图纸空间

在AutoCAD 2015中，包含模型空间和图纸空间。在这两种工作空间中都可以进行设计操作，下面将对其相关知识进行介绍。

12.2.1 模型空间和图纸空间的概念

模型空间是指三维空间，用于创建并设计图形。如图12--5所示为模型空间效果。而图纸空间是二维空间。在布局中，图纸空间可以插入图框、画标注及二维图形，但无法绘制三维图形，用户可以利用图纸空间创建最终的打印布局。如图12-6所示为图纸空间的效果。

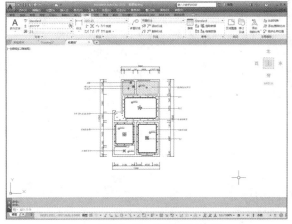

图12-5　模型空间效果

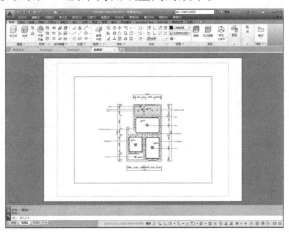

图12-6　图纸空间效果

12.2.2　模型空间与图纸空间的切换

模型空间与图纸空间是可以相互切换的，下面将对其切换方法进行介绍。

1. 模型空间与图纸空间的切换
- 将鼠标放置在"文件"选项卡上，在弹出的浮动空间中选择"布局"选项。
- 在状态栏左侧单击"布局1"或者"布局2"按钮。
- 在状态栏中单击"模型"按钮 模型。

2. 图纸空间与模型空间的切换
- 将鼠标放置在"文件"选项卡上，在弹出的浮动空间中选择"模型"选项。
- 在状态栏左侧单击"模型"按钮 模型 。
- 在状态栏单击"图纸"按钮 图纸。
- 在图纸空间中双击鼠标左键，激活活动视口，然后进入模型空间。

12.3　布局视口

在设计过程中，用户可以根据需要在布局空间中创建视口，并设置布局视口和布局视口的可见性。

12.3.1　创建布局视口

默认情况下，系统将自动创建一个浮动视口。若用户需要查看模型的不同视图，则可以创建多个视口进行查看。

【例12-2】下面在图纸空间中自定义4个布局视口。

01 在状态栏单击"布局1"按钮，打开图纸空间，然后执行"视图"|"视口"|"一个视口"命令，如图12-7所示。

02 根据提示指定对角点的位置，如图12-8所示。

图12-7　选择"一个视口"选项

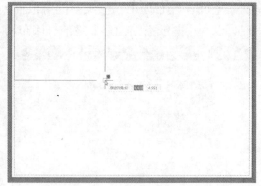

图12-8　指定对角点的位置

03 在合适的位置单击鼠标左键即可创建视口，如图12-9所示。

04 复制视口，在图纸空间中粘贴视口，并利用夹点调整视口大小，如图12-10所示。

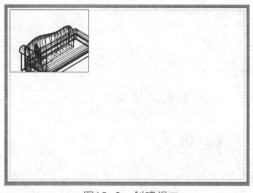

图12-9　创建视口

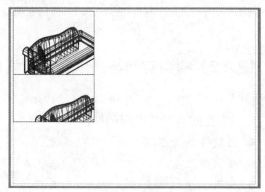

图12-10　复制视口

05 重复以上操作即可创建视口，如图12-11所示。

06 双击创建的视口，此时视图的外边框变为粗黑色并激活该视口，在视图中可以编辑模型并更改图形的显示，如图12-12所示。

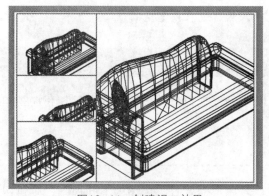

图12-11　创建视口效果

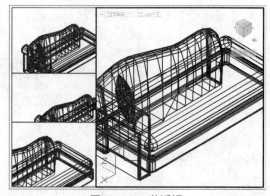

图12-12　激活视口

12.3.2　设置布局视口

创建视口后，如果对创建的视口不满意，则可以根据需要调整布局视口。

1.更改视口大小和位置

如果创建的视口不符合用户的需求，则用户可以更改视口的大小和位置。

【例12-3】下面具体介绍更改视口大小和位置的方法。

01 打开"布局"空间模式，如图12-13所示。

02 单击视口显示夹点，选择并亮显夹点，如图12-14所示。

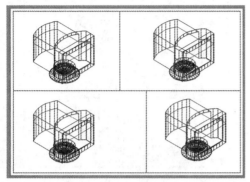

图12-13 打开"布局"空间模式

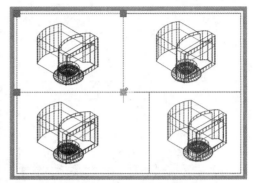

图12-14 选择并亮显夹点

03 拖动夹点，在合适的位置单击鼠标左键，确定视口大小和位置，如图12-15所示。

04 重复以上步骤更改视口大小，完成后如图12-16所示。

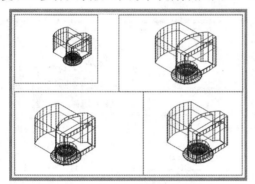

图12-15 单击鼠标左键确定位置

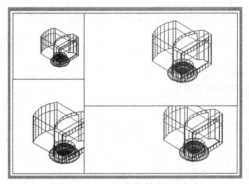

图12-16 更该整体视口大小

2. 删除和复制布局视口

【例12-4】下面将介绍如何删除和复制布局视口。

01 在"布局"空间模式中单击视口，再单击鼠标右键，在弹出的列表中选择"删除"选项，如图12-17所示。

02 执行上述操作即可删除布局视口，如图12-18所示。

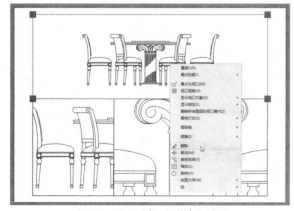

图12-17 选择"删除"选项

图12-18 删除效果

03 选择视口并单击鼠标右键，在列表中选择"复制选择"选项，如图12-19所示。

04 根据提示设置位移基点，如图12-20所示。

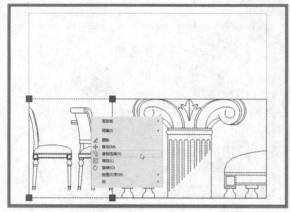

图12-19 单击"复制选择"选项

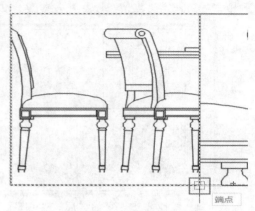

图12-20 设置位移基点

05 指定视口位置并更改视口大小，如图12-21所示。

06 重复以上步骤创建视口，设置完成后如图12-22所示。

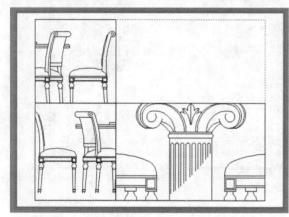

图12-21 指定视口位置并更改视口大小

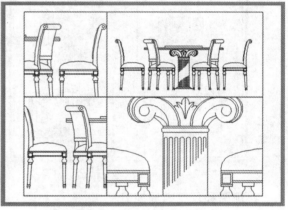

图12-22 创建视口效果

💡 知识点拨

通过键盘命令也可以进行删除和复制命令的操作。单击视口，按Delete键即可删除视口，按Ctrl+C键复制视口，Ctrl+V键粘贴视口。

3. 设置视口中的视图和视觉样式

在"布局"空间模式中可以更改视图和视觉样式，并编辑模型显示大小。

【例12-5】下面以编辑婴儿床视图显示为例，介绍编辑视图和视觉样式的方法。

01 双击视图即可激活视图，使其窗口边框变为粗黑色，如图12-23所示。

02 单击视口左上角的视图控件图标，在弹出的列表中选择"西南等轴测"选项，如图12-24所示。

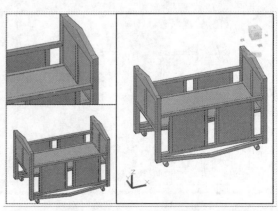

图12-23 激活视口

⑬ 设置完成后即可更改视图，如图12-25所示。

⑭ 单击视口左上角的视觉样式控件图标，在弹出的列表中选择"真实"选项，如图12-26所示。

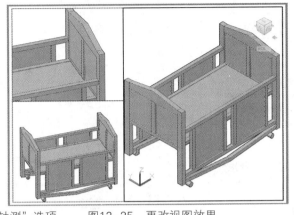

图12-24　选择"西南等轴测"选项　　　图12-25　更改视图效果　　　图12-26　单击"真实"选项

⑮ 设置完成后，即可更改视觉样式，如图12-27所示。

⑯ 滚动鼠标滚轮即可更改模型显示大小，如图12-28所示。

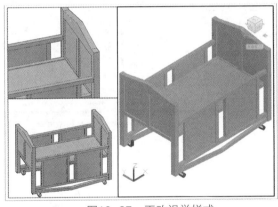
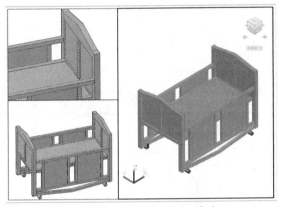

图12-27　更改视觉样式　　　　　　　　图12-28　更改模型显示大小

知识点拨

　　在"布局"空间模式中还可以创建不规则视口。执行"视图"|"视口"|"多边形视口"命令，在图纸空间只指定起点和端点，创建封闭的图形，然后按回车键即可创建不规则视口，或者在"布局"选项卡的"布局视口"面板中单击"矩形"按钮，在弹出的下拉列表框中选择"多边形"选项。

12.3.3　布局视口的可见性

　　在"布局"空间模式中，用户可以使用多种方法设置布局视口的可见性。设置布局视口的可见性有助于突出显示和隐藏图形，并缩短平面重生时间。下面将对其具体操作进行介绍。

1. 冻结视口的指定布局

● 在每个视口中有选择地冻结图层，也可以设置为新视口和新图层指定默认的可见性。

● 在不同的视口中冻结部分图层，这些操作并不影响其他视口，并且冻结的图层是不可以被重生和打印的。

● 在"图层特性管理器"选项板以及"常用"选项卡中的"图层"面板上均可以进行操作。

【例12-6】下面以设置布局视口显示为例,介绍冻结不影响其他图层的方法。

01 执行"视图"|"视口"|"一个视口"命令,根据命令行提示依次输入LA和N选项并按回车键,设置完成后命令行提示如下。

> 命令: VPORTS
> 　　指定视口的角点或 [开(ON)/关(OFF)/布满(F)/着色打印(S)/锁定(L)/对象(O)/多边形(P)/恢复(R)/图层(LA)/2/3/4] <布满>: LA
> 　　是否将视口图层特性替代重置为全局特性? [是(Y)/否(N)]: N

02 然后指定对角点,创建视口,如图12-29所示。

03 依次创建视口,完成后如图12-30所示。

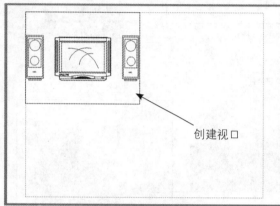

图12-29　创建视口

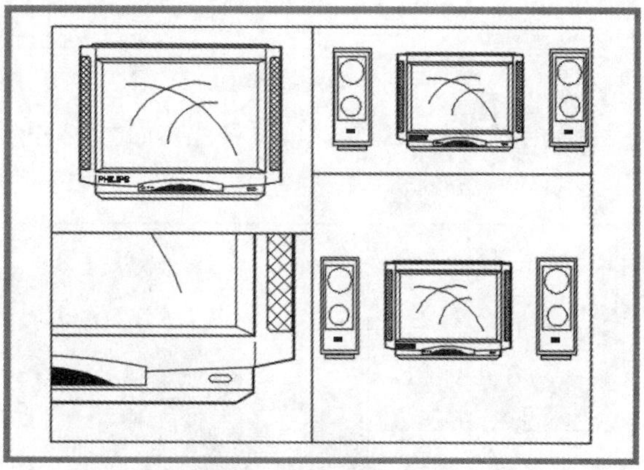

图12-30　创建多个视口

04 双击并激活视口,如图12-31所示。

05 在"常用"选项卡"图层"面板的下拉列表框中单击"图层"列表框,然后再单击"在当前视口中冻结或解冻"按钮,如图12-32所示。

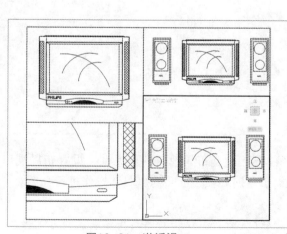

图12-31　激活视口

图12-32　单击"在当前视口中冻结或解冻"按钮

06 此时,视口中的图层将被冻结,如图12-33所示。

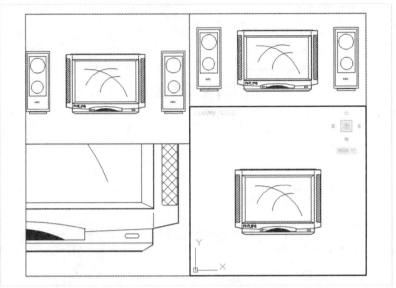

图12-33 冻结当前视口图层

2. 在布局中淡显对象

淡显是指在打印时，使用较少的墨水对图层进行暗淡化处理。利用淡显可以不必更改图层的特性，只更改淡显值即可将图层淡化处理，并突出重要的图形信息。

默认情况下，淡显值为100。淡显有效值为0～100。当淡显值为0时，淡显对象将不使用墨水，且在视口中也不可见。

3. 打开或关闭布局视口

通过打开和关闭布局视口操作可以有效地减少视口数量，优化系统性能，并且可以节省重生时间。

【例12-7】下面将具体介绍打开或关闭布局视口的方法。

01 利用窗交方式框选择所有视口，如图12-34所示。

02 单击鼠标右键，在弹出的快捷菜单列表中选择"显示视口对象"|"否"选项，如图12-35所示。

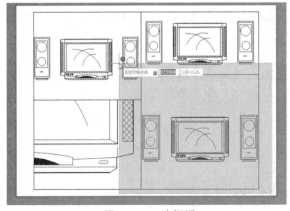

图12-34 选择视口

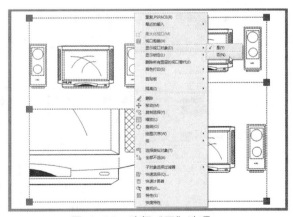

图12-35 选择"否"选项

03 设置完成后，视图中的所有视口对象将被隐藏，如图12-36所示。

04 选择视口并右击鼠标，选择"是"选项，此时图形将被显示，如图12-37所示。

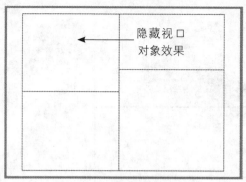

图12-36　隐藏视口对象

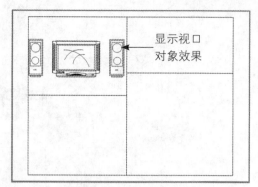

图12-37　显示视口对象

12.4　打印图纸

完成图形的绘制后，便可以对其实施打印了。在打印之前，我们需要对打印参数进行设置。如果需要重复打印一些图形，还可以保存打印并调用打印设置。

12.4.1　设置打印参数

在打印图形之前需要对打印参数进行设置，如图纸尺寸、打印方向、打印区域、打印比例等。在"打印-模型"对话框中可以设置各打印参数。用户可以通过以下方式打开"打印-模型"对话框。

- 执行"文件"|"打印"命令。
- 在快速访问工具栏中单击"打印"按钮🖶。
- 在"输出"选项卡的"打印"面板中单击"打印"按钮。
- 在命令行输入PLOT命令并按回车键。

【例12-8】下面以打印两居室平面图为例，介绍设置打印参数的方法。

01 执行"文件"|"打印"命令，打开"打印-模型"对话框，如图12-38所示。

02 单击"名称"列表框，在该下拉列表中选择打印设备，如图12-39所示。

图12-38　"打印-模型"对话框

图12-39　选择打印设备

03 单击"图纸尺寸"列表框，在弹出的列表中选择"A4"选项，如图12-40所示。

04 选择"打印区域"选项组"打印范围"列表框中的"范围"选项，如图12-41所示。

图12-40 选择"A4"选项

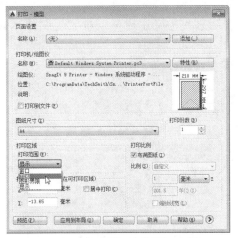
图12-41 选择"范围"选项

05 在"打印偏移"选项组中勾选"居中打印"复选项，并单击"更多选项"按钮，如图12-42所示。

06 在展开的"图形方向"选项组中单击"横向"单选按钮，使图形方向设置为横向，如图12-43所示。

图12-42 单击"更多选项"按钮

图12-43 单击"横向"按钮

07 在对话框的左下角单击"预览"按钮，即可预览打印效果，如图12-44所示。

08 单击窗口左上方的"打印"按钮即可开始打印，如图12-45所示。

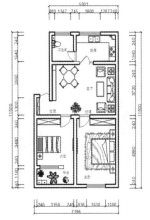
图12-44 预览打印效果

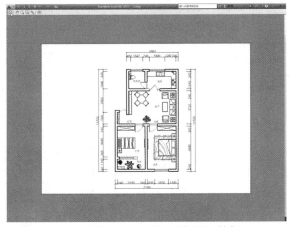
图12-45 单击"打印"按钮

12.4.2　保存与调用打印设置

在打印过程中，用户可以对之前设置好的打印参数进行保存，以便后期随时调用并进行快速打印。

1. 保存打印设置

【例12-9】下面将介绍保存打印设置的方法。

01 在"页面设置"选项组中单击"添加"按钮，如图12-46所示。

02 在弹出的对话框中输入新页面设置名，然后单击"确定"按钮，如图12-47所示。

图12-46　单击"添加"按钮　　　　　图12-47　单击"确定"按钮

2. 调用打印设置

【例12-10】下面将介绍调用打印设置的方法。

01 在"输出"选项卡的"打印"面板中单击"页面设置管理器"按钮，如图12-48所示。

02 打开"页面设置管理器"对话框，如图12-49所示。

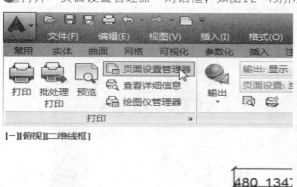

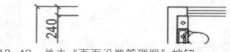

图12-48　单击"页面设置管理器"按钮　　　　　图12-49　"页面设置管理器"对话框

03 选择保存的打印设置，并单击"置为当前"按钮，如图12-50所示。

04 设置完成后单击"关闭"按钮，然后执行"文件" | "打印"命令。此时，系统已经调用保存的打印设置了，如图12-51所示。

图12-50 单击"置为当前"按钮

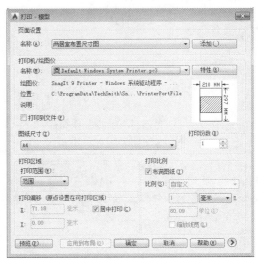

图12-51 调用打印设置

12.4.3 预览打印

在设置打印之后，可以预览设置的打印效果，通过打印效果查看是否符合要求，如果不符合要求在关闭预览进行更改，如果符合要求即可继续进行打印。

在AutoCAD 2015中，用户可以通过以下方式实施打印预览。

● 执行"文件" | "打印预览"命令。

● 在"输出"选项卡"预览"按钮 。

● 在"打印-模型"对话框中设置"打印参数"后，单击左下角的"预览"按钮。

12.5 上机实训

为了更好地掌握本章所学的知识内容，接下来通过以下两个操作案例的练习来巩固和温习本章知识点。

12.5.1 网上发布图纸

下面使用"发布图纸到Web"知识点，将"机械零件模型"图纸发布到网上，下面具体介绍其操作方法。

01 打开需要进行发布的文件，执行"文件" | "网上发布"命令。

02 打开"网上发布"页面，并单击"下一步"按钮，如图12-52所示。

03 进入"创建Web页"页面，在其中设置网页名称，并单击"下一步"按钮，如图12-53所示。

04 在"选择图像类型"对话框中设置发布文件的格式和大小，如图12-54所示。

05 选择网页样板，并单击"下一步"按钮，打开"应用主题"页面，在其中设置主题，如图12-55所示。然后单击"下一步"按钮。

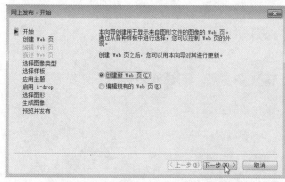

图12-52　单击"下一步"按钮

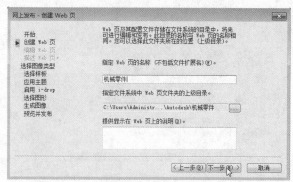

图12-53　设置网页名称

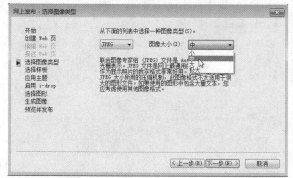

图12-54　设置文件格式和大小

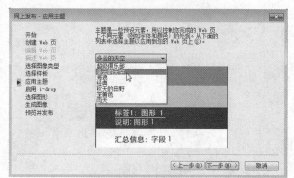

图12-55　设置网页主题

06 进入下一个页面，勾选"启用i-drop"复选框，继续单击"下一步"按钮，如图12-56所示。

07 打开"选择图形"对话框，单击"添加"按钮即可将模型添加到图像列表中，如图12-57所示。

图12-56　单击"下一步"按钮

图12-57　添加模型

08 单击"重新生成以修改图形的图像"单选按钮，然后单击"下一步"按钮，如图12-58所示。

09 打开"预览并发布"对话框，并单击"立即发布"按钮，如图12-59所示。

10 此时程序将弹出"发布Web"对话框来提示用户指定发布文件的位置，单击"保存"按钮保存发布，如图12-60所示。

11 设置完成后系统会提示完成发布。返回对话框并单击"完成"按钮，程序将自动发布图片，如图12-61所示。

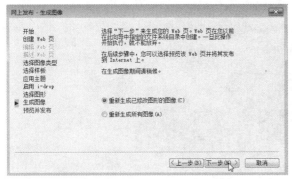

图12-58 单击"下一步"按钮

图12-59 单击"立即发布"按钮

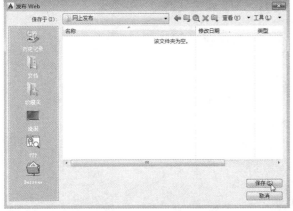

图12-60 指定发布文件位置

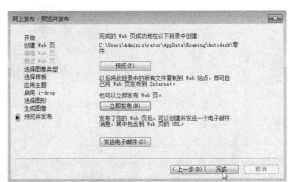

图12-61 单击"完成"按钮

12.5.2 输出厨房立面图图纸

本例将介绍输出厨房立面图的方法。其中要求输入图纸格式为BMP格式。下面具体介绍其操作方法。

01 打开绘制好的"厨房立面图"文件，如图12-62所示。

02 执行"文件"|"输入"命令，打开"输出数据"对话框，在其中设置输出路径、输出格式以及输出名称，设置完成后单击"确定"按钮，如图12-63所示。

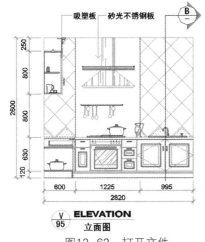

图12-62 打开文件

图12-63 输出设置

03 根据提示框选图形，如图12-64所示。

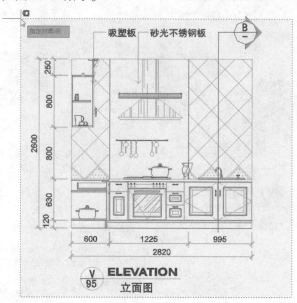

图12-64　框选图形

04 按回车键后即可按照之前设置的输出格式进行输出，设置打开方式后，即可利用其他软件打开和
编辑图纸效果，如图12-65所示。

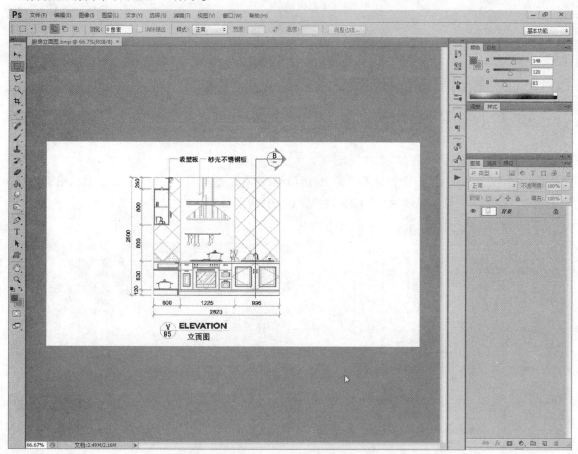

图12-65　输出图纸效果

在学习的过程中，读者可能会提出各种各样的问题，在此我们对常见的问题及其解决办法进行了汇总，以供读者参考。

Q： CAD中为什么有些图形能显示出来，却打印不出来？

A： 这涉及到很多问题。图层中包含一个是否打印的设置，很多人都会忽略这一细节。这个位置会影响打印的效果，因此在打印时应检查该设置是否被关闭。

在进行标注时，系统会自动创建一些图层，如Defpoints图层默认被设置成不打印，而且无法修改。如果不小心将该图层置为当前，就会出现这一现象。因此用户打印之前也需要查看图形所在的图层。

如果将线型颜色设置为真彩色的白色（255，255，255），就会按白色打印。因为纸张是白色的，所以不显示线条。因此如果不是将图形放到不打印图层，就检查一下颜色的设置。

Q： 为什么打印出来的线宽和软件中的线宽不同，怎么设置？

A： 在"打印"对话框中可以统一线宽。执行"文件"｜"打印"命令，打开"打印"对话框，在对话框右下角单击"更多选项"按钮 ⊙，此时展开对话框，在其中勾选"按样式打印"复选框，如图12-66所示。然后单击"确定"按钮即可完成设置。

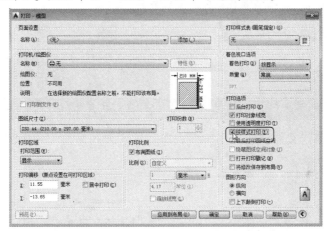

图12-66　勾选"按样式打印"复选框

Q： 如何区域打印图纸？

A： 执行"文件"｜"打印"命令，打开"打印"对话框，在"打印区域"选择组中单击"打印范围"列表框，并选择"窗口"选项，如图12-67所示。此时将返回绘图区，用户根据提示指定打印区域，如图12-68所示。设置完成后单击"确定"按钮即可打印指定区域。

图12-67　选择"窗口"选项

A-A 剖面图

图12-68　指定打印区域

12.7 拓展应用练习 📖

为了更加深入地掌握本章知识点，下面列举两个针对于本章的拓展案例，以供读者练手。

◉ 将DWG文件输出为EPS格式

打开"沙发立面"文件，如图12-69所示，将文件输出为EPS格式。

操作提示：

01 执行"文件"|"输出"命令，打开"输出数据"对话框。

02 设置输出路径、输出名称和输出格式，如图12-70所示。

03 单击"保存"按钮完成设置，并输出图形。

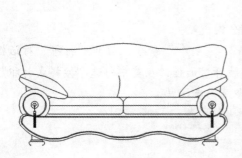

图12-69　打开文件

图12-70　"输出数据"对话框

◉ 创建布局视口

下面为"卫浴模型"文件创建三个布局视口，排列方式为左侧一个视口，右侧两个视口垂直放置，如图12-71所示。

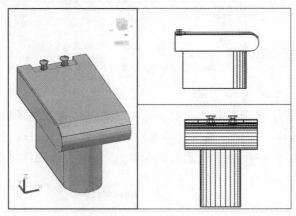

图12-71　创建布局视口

操作提示：

01 打开"卫浴模型"文件，进入图纸空间。

02 执行"视图"|"视口"|"一个视口"命令，根据提示单击拖动鼠标创建视口。

03 按Ctrl+C键复制视口，按Ctrl+V键粘贴视口，然后调整视口位置和大小。

04 左侧视口为西南等轴测视图，视觉样式为灰度样式。

05 右侧视觉样式为二维线框，上方为左视图，下方为前视图。

第 13 章

室内施工图的绘制

本章概述   本章将以三居室室内施工图的绘制为例，综合应用前面章节所学的知识内容，系统地介绍室内平面图、立面图、剖面图的绘制方法。在设计这类型的图纸时，要注意整体风格的把握，要把每个装饰点的细节表现到位，只有做好每一个细节点，才能使整个作品看上去更为饱满。通过对本案例的学习，读者不仅可以熟悉图纸的设计流程，还可以掌握住宅室内空间施工图的绘图方法与技巧。

知识要点   ● 室内空间设计原则与技巧；   ● 大户型立面图的绘制方法；
          ● 大户型平面图的绘制方法；   ● 大户型剖面图的绘制方法。

13.1 室内空间设计概述

    室内空间设计的目的就是运用美术手段和人体工程学，把材料、施工工艺、设备有机地结合，为人们创造舒适、环保、美丽的居住空间。

13.1.1 室内空间设计分析

    室内空间是一种美化了的物质环境，是艺术与技术结合的产物。随着生产力的发展，物质产品的相对丰富以及社会文化水平的提高，人们必然会改变原有对室内设计的认识。追求环境、生态、科技为主题的第三代产品，将会是今后居室的主导性产品。室内产品也将会更加强调生活的高品味、人性化、舒适美观、绿化空间、人文景观和适应现代社会的智能管理系统。

1. 居室空间常见类型

下面将首先对常见的室内住宅空间分类进行介绍。

（1）单体式住宅

单体式住宅一般带有庭院和宽敞的内部空间，可以保持其独特性。住户可以根据个人的需要来设计或重新改造整个房子，因此它能更好地满足人们对私密性的要求，使人的活动更自由，建筑形象更具个性化。在单体式住宅的开发、经营和设计中应注意创造更加舒适、安全的居住环境，使建筑形象与空间更加别致新颖，有独特的个性，设备、设施、档次与配套也应做到真正的高质量，如下图所示。

（2）联体式住宅

随着住宅商品化的发展，多样的居住者必然有各种档次、类型、套型的住宅需求。除了上述介绍的单体式住宅外，还包括如级排式、联排式的联体式住宅，即通常所说的TownHouse。联体式住宅为几套或多套拼联而成，其边墙与相邻房屋毗连，既有独立结构的秘密性，较独立式住宅而言又具有经济性，但每套住宅只有三面或两面临空。

（3）单元式住宅

单元式住宅是相对于单体式住宅而言的住宅形式，它可以容纳更多的住户。单元式住宅又称梯间式住宅，是目前我国大量兴建的多层和高层住宅中应用最广的一种住宅建筑形式。

（4）商住两用住宅

与前三种形式相比，商住两用住宅的功能不是简单的"居住"，而是将居住与办公活动结合起来，是一种既可以居住又可以办公的高档物业住宅，在产权上属于公寓类型，但其中又完全具备写字楼的功能，是近年来出现的一种极具个性化和功能性的居住空间形式。该类型住宅适用于需要长期在家办公的特殊人群。这种住宅整体设计上丝毫不亚于高档写字楼的豪华尊贵，商务配套和生活配套也让用户耳目一新。

2. 居室空间设计特点

除了要综合考虑实用性、经济性、美观性的原则外，还要循序以下几个原则。

（1）空间多样化

首先，居室设计的最大特点是增加空间感；其次是不同的人群有着不同的性格，不同的性格差异导致生活方式、生活习惯的差异，对居室空间功能的需求、对空间的划分就会有所不同。这些因素导致居室空间布局的多样化发展。

（2）色彩情感化

人们在感受空间环境的时候，首先是注意色彩，然后才会注意物体的形状及其他因素。色彩的魅力举足轻重，它影响着人们的精神感受。只有室内的色彩环境符合居住者的生活方式和审美情趣，才能使人产生舒适感、安全感和美感。

（3）居室空间生态化

居室空间环境直接影响到人的健康。人们对居室空间材料的选择、运用和采光、通风等问题非常关注。现代居室装饰崇尚返璞归真，要求能体现人与物的本来面貌，并显示人们居住环境的特点，这就使居室在空间设计与装饰工艺手法上贴近自然，回归自然。

室内墙面装饰的作用是保护墙体，满足室内使用功能的要求，同时提供美观、整洁的生活环境。室内装饰墙体与人的距离较近，因此所用的装饰材料必须符合国家标准，不能含有有毒气体，不能含有异味，人接触后不能污染衣物，质感应柔和细腻。

（4）风格个性化

不同的生活背景，使人的性格、爱好产生了很大的差异，而不同的职业、民族和年龄形成了每一个人的性格，个性差异导致了人们对设计审美的意识观念不同。居室空间设计在含有时代特色的同时，要体现出与众不同的个性特点，显示出独具风采的艺术风格和魅力。

13.1.2 居室空间设计风格

不同的居室装修风格是以不同的文化背景及不同的地域特色为依据，通过各种设计元素营造出来的一种特有的装饰风格。随着轻装修重装饰的理念的提出，风格的体现多在软装上来体现。下面将简单介绍几种经典的设计风格。

1. 现代简约风格

现代简约风格在处理空间方面一般强调室内空间宽敞、内外通透，在空间平面设计中追求不受承重墙限制的自由；以简洁的造型、纯洁的质地、精细的工艺为其特征，并且尽可能不用装饰并取消多余的东西，认为任何复杂的设计和没有实用价值的特殊部件以及任何装饰都会增加建筑造价；强调形式应更多地服务于功能。

2. 中式风格

中式风格是以宫廷建筑为代表的中国古典建筑的室内装饰设计艺术风格，这种风格的建筑气势恢弘、壮丽华贵、高空间、大进深、雕梁画柱、金碧辉煌，造型讲究对称，色彩讲究对比。中式风格的装修造价较高，且缺乏现代气息，只能在家居中作点缀使用。

除了传统意义上的中式风格，另外还有一种现代中式风格。现代中式风格是中国传统风格文化意义在当前时代背景下的演绎，是在对中国当代文化充分理解基础上的当代设计。

3. 欧式风格

曲线趣味、非对称法则、色彩柔和艳丽、崇尚自然。欧式风格中有典雅的古代风格，纤致的中世纪风格，富丽的文艺复兴风格，浪漫的巴洛克、洛可可风格，一直到庞贝式、帝政式的新古典风格。

4. 韩式田园风格

韩式田园风格力求表现悠闲、舒畅、自然的田园生活情趣。碎花是韩式田园风格不可缺少的元素，碎花沙发、碎花墙纸、碎花桌布都是韩式田园装修中常用的家具。

5. 地中海风格

对于地中海风格的灵魂，比较一致的看法就是"蔚蓝色的浪漫情怀，海天一色、艳阳高照的纯美自然"。对于地中海风格来说，白色和蓝色是两个主打色，最好还要有造型别致的拱廊和细细小小的石砾。在打造地中海风格的家居时，配色是一个主要的方面，要给人一种阳光而自然的感觉。其主要的颜色来源是白色、蓝色、黄色、绿色以及土黄色和红褐色，这些都是来自于大自然最纯朴的元素。

13.2 三居室空间平面图

介绍完居室空间设计概述后，下面介绍一个三居室平面图的绘制过程，包括原始户型图、平面布置图、地面布置图及顶面布置图等。

13.2.1 绘制居室原始户型图

原始户型图的绘制是室内设计过程中尤为重要的一个环节，它所表现的是建筑墙体的尺寸、门窗位置、原始功能分区等，尺寸的准确与否直接关系到后面的设计。

下面将介绍居室原始户型图的绘制步骤。

01 执行"图层特性"命令，新建"轴线"图层，并设置其颜色为红色，如图13-1所示。

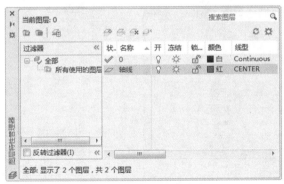

图13-1 创建"轴线"图层

02 继续单击"新建图层"按钮，依次创建出"墙体"、"门窗"、"标注"、"家具"等图层，并设置图层参数，如图13-2所示。

图13-2 创建其余图层

03 设置"轴线"图层为当前层，执行"直线"和"偏移"命令，根据现场测量的实际尺寸，绘制出墙体轴线，如图13-3所示。

04 执行"格式"|"多线样式"命令，打开"多线样式"对话框，如图13-4所示。

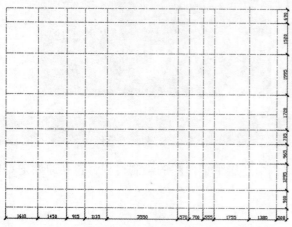

图13-3 绘制轴线

图13-4 "多线样式"对话框

05 单击"修改"按钮，打开"修改多线样式"对话框，勾选直线的"起点"、"端点"复选框，依次单击"确定"按钮，完成设置，如图13-5所示。

06 设置"墙体"图层为当前层，执行"多线"命令，设置比例为230，沿轴线绘制墙体，如图13-6所示。

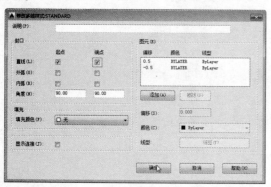

图13-5 "修改多线样式"对话框

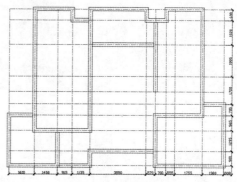

图13-6 绘制墙体

07 继续执行"多线"命令，设置比例为140，沿轴线绘制墙体，如图13-7所示。

08 隐藏"轴线"图层，如图13-8所示。

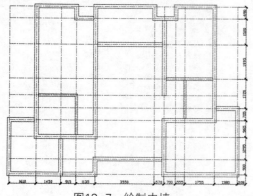

图13-7 绘制内墙

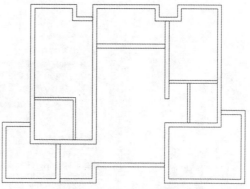

图13-8 隐藏"轴线"图层

⑨ 将墙体轮廓炸开，再执行"偏移"、"修剪"命令，制作门洞，如图13-9所示。

⑩ 执行"延伸"、"偏移"、"修剪"命令，绘制窗户，并将其设置为"窗户"图层，如图13-10所示。

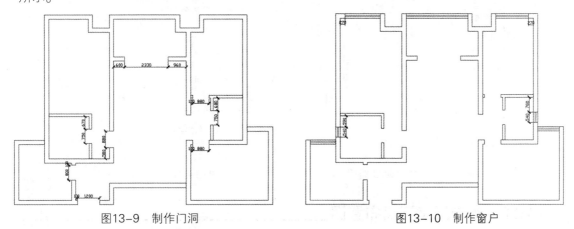

图13-9 制作门洞　　　　　　　　　　　图13-10 制作窗户

⑪ 执行"直线"命令，在窗洞位置绘制直线，绘制出飘窗，如图13-11所示。

⑫ 执行"圆"命令，绘制水管及地漏等，如图13-12所示。

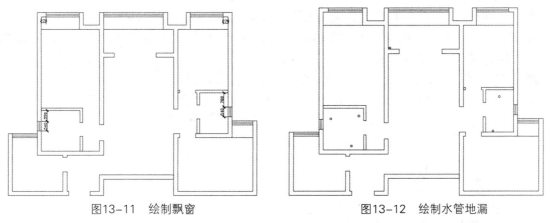

图13-11 绘制飘窗　　　　　　　　　　图13-12 绘制水管地漏

⑬ 执行"直线"、"偏移"命令，绘制梁，如图13-13所示。

⑭ 执行"标注样式"命令，在"修改标注样式"对话框中设置精度为0，比例为60，箭头为建筑标记，如图13-14所示。

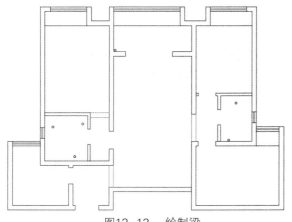

图13-13 绘制梁

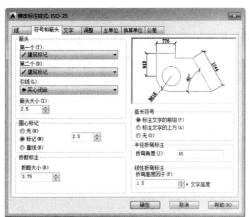

图13-14 设置标注样式

⒂ 设置"标注"为当前层,执行"直线"命令,绘制辅助线,如图13-15所示。

⒃ 执行"线性标注"命令,对图形进行尺寸标注,再删除辅助线,如图13-16所示。

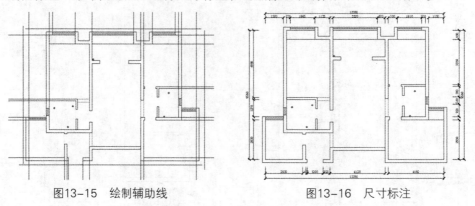

图13-15　绘制辅助线　　　　　　　　图13-16　尺寸标注

13.2.2　绘制居室平面布置图

平面布置图就是设计者根据用户的需求以及自己的设计思想,结合实际布局尺寸,对家居进行的合理布局分配。空间的利用、家具的摆放、装饰物的点缀、地面材料分布、天花造型分布等都要合理利用空间,合理搭配,满足生活需求以及物质和感官上的享受。

绘制居室平面布置图时,先绘制室内的简单造型,然后插入家具图块,最后设置多重引线样式、文字样式,添加文字标注。

⒈ 复制原始户型图,删除梁、水管、地漏等图形,如图13-17所示。

⒉ 执行"矩形"、"直线"命令,绘制80×80的矩形,再绘制中线,如图13-18所示。

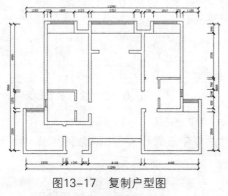

图13-17　复制户型图　　　　　　　　图13-18　绘制矩形与直线

⒊ 执行"修剪"命令,修剪图形,如图13-19所示。

⒋ 执行"直线"、"镜像"命令,绘制长为720的直线并将图形镜像,如图3-20所示。

修剪效果　　　　　　　　　　　　　镜像效果

图13-19　修剪图形　　　　　　　　　图13-20　镜像图形

⑤ 删除直线，执行"矩形"命令，绘制一个40×800的矩形，如图13-21所示。

⑥ 执行"圆弧"、"直线"命令，绘制一个圆弧及门的轮廓线，将绘制好的门设置到"门窗"图层并成组，如图13-22所示。

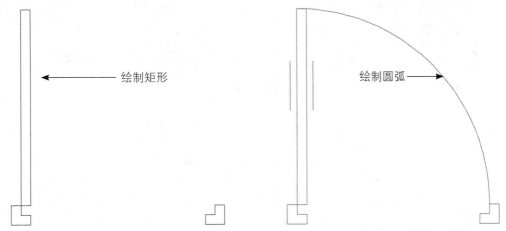

图13-21　绘制矩形　　　　　　　　　　图13-22　绘制圆弧

⑦ 照此操作步骤绘制其他位置的室内门，如图13-23所示。

⑧ 执行"矩形"、"复制"命令，绘制阳台区域的推拉门，如图13-24所示。

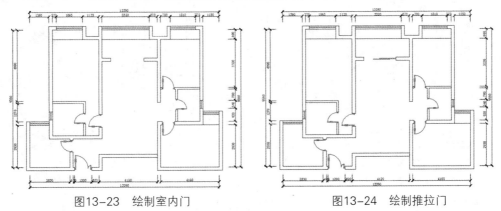

图13-23　绘制室内门　　　　　　　　　　图13-24　绘制推拉门

⑨ 设置"家具"图层为当前层，执行"矩形"、"直线"命令，在主卧区域绘制衣柜造型，如图13-25所示。

⑩ 执行"插入"命令，为主卧室插入双人床、电视、抱枕、植物等图块并调整位置，如图13-26所示。

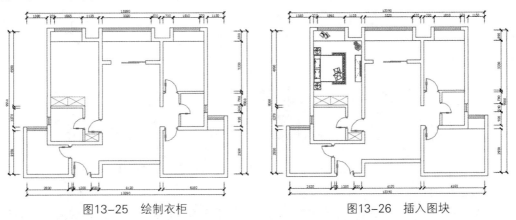

图13-25　绘制衣柜　　　　　　　　　　图13-26　插入图块

⑪ 同样为次卧室制作衣柜并插入家具图块，如图13-27所示。

⑫ 执行"矩形"、"直线"命令，为客厅、餐厅、书房区域绘制柜子图形，如图13-28所示。

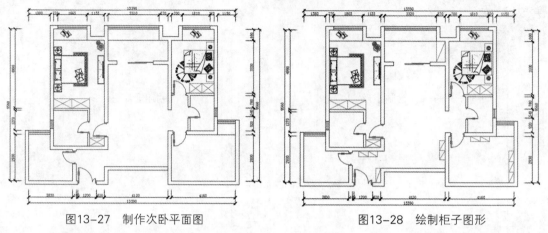

图13-27　制作次卧平面图　　　　　　图13-28　绘制柜子图形

⑬ 执行"偏移"、"修剪"命令，制作厨房橱柜造型，如图13-29所示。

⑭ 执行"插入"命令，为客厅、餐厅、书房、厨房插入图块，如图13-30所示。

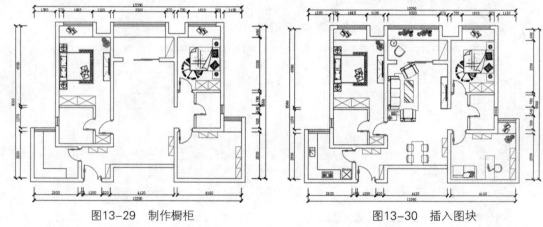

图13-29　制作橱柜　　　　　　　　　图13-30　插入图块

⑮ 执行"偏移"、"修剪"命令，绘制主卫中的造型，如图13-31所示。

⑯ 调整图层，并插入卫浴图块，如图13-32所示。

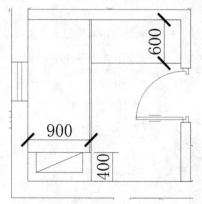
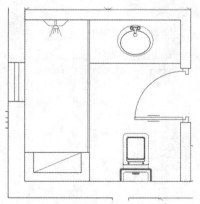

图13-31　绘制主卫造型　　　　　　　图13-32　插入图块

⑰ 同样制作次卫平面图，如图13-33所示。

⑱ 执行"多行文字"命令，设置文字高度等参数，对平面布置图进行文字标注，如图13-34所示。

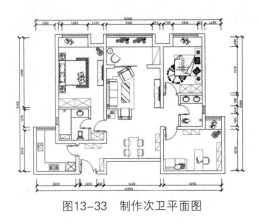

图13-33 制作次卫平面图

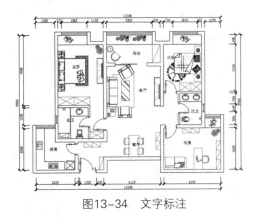

图13-34 文字标注

13.2.3 绘制居室地面布置图

地面布置图是在平面图的基础上绘制的。它利用不同地面材质的分布来划分功能空间，其绘制过程如下。

01 复制平面布置图，删除家具、门等图形，如图13-35所示。

02 执行"直线"命令，绘制直线封闭门洞，如图13-36所示。

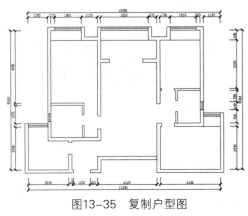

图13-35 复制户型图

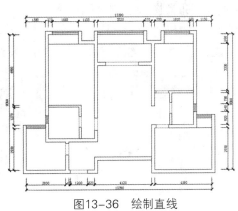

图13-36 绘制直线

03 执行"图案填充"命令，选择图案ANGLE，设置颜色及比例，选择厨房、卫生间、阳台区域进行填充，如图13-37所示。

04 执行"图案填充"命令，选择图案DOLMIT，设置颜色及比例，选择卧室、客厅区域进行填充，如图13-38所示。

图13-37 填充图案

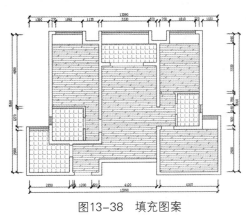

图13-38 填充图案

05 执行"图案填充"命令，选择图案AR-CONC，设置颜色及比例，选择飘窗位置的石材台面以及过门石材区域进行填充，如图13-39所示。

06 执行"多行文字"命令，设置文字高度等参数，对地面布置图各区域的地面材质进行文字标注，如图13-40所示。

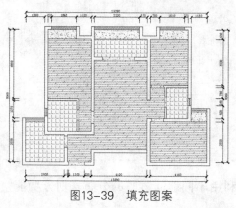

图13-39 填充图案

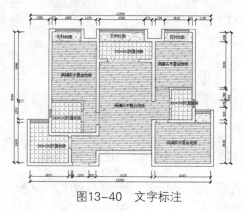

图13-40 文字标注

13.2.4 绘制居室顶面布置图

屋室顶面布置图的绘制过程如下。

01 复制平面布置图，删除家具、门等图形，如图13-41所示。

02 执行"直线"命令，绘制直线，封闭门洞及梁，如图13-42所示。

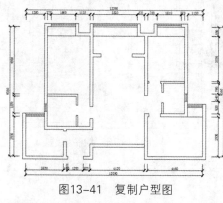

图13-41 复制户型图

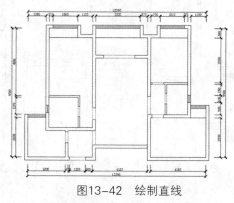

图13-42 绘制直线

03 执行"矩形"、"偏移"命令，为卧室、书房、客厅绘制顶部造型，如图13-43所示。

04 将客厅位置最外围的矩形炸开，再执行"偏移"命令，将直线向内偏移200，如图13-44所示。

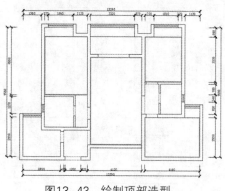

图13-43 绘制顶部造型

图13-44 偏移图形

05 执行"图案填充"命令，选择图案NET，设置颜色及比例，选择卫生间及厨房区域进行填充，如图13-45所示。

06 执行"图案填充"命令，选择图案STEEL，设置颜色及比例，选择客厅、阳台位置进行填充，如图13-46所示。

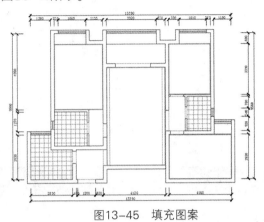

图13-45 填充图案

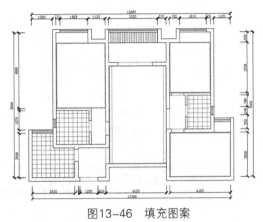

图13-46 填充图案

07 执行"直线"命令，绘制对角线，如图13-47所示。

08 执行"插入块"命令，插入灯具图块，如图13-48所示。

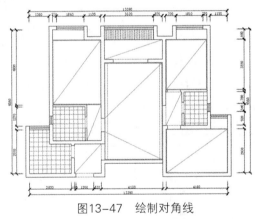

图13-47 绘制对角线

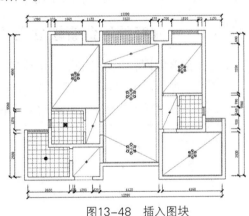

图13-48 插入图块

09 删除对角线，执行"偏移"命令，将客厅位置的直线向内偏移400，如图13-49所示。

10 执行"插入块"命令，插入射灯图块，居中放置在偏移后的直线上，如图13-50所示。

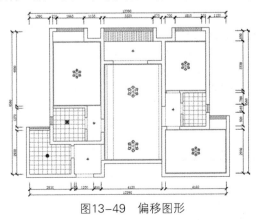

图13-49 偏移图形

图13-50 插入图块

11 执行"复制"、"镜像"命令，将射灯复制后再进行镜像，如图13-51所示。

⑫ 在命令行中输入QLEADER命令，对天花布置图进行引线标注，如图13-52所示。

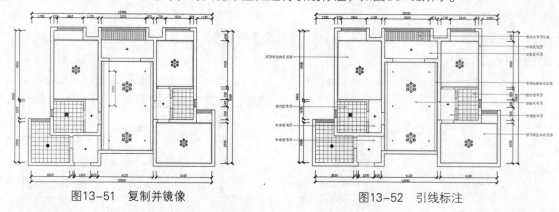

图13-51　复制并镜像　　　　　　　　　图13-52　引线标注

13.3　居室立面图的设计

在一套整体的居室设计中，比较多的亮点都在于立面上的艺术处理，包括造型与装修是否优美。在设计过程中，立面图主要就是用来研究这种艺术处理的，它在以人为本的基础上，进行功能及视觉上的升华。在施工图中，它主要反映的是墙体的面貌和立面装修的做法。

13.3.1　绘制客餐厅背景墙立面图

下面将介绍客餐厅背景墙立面图的绘制步骤。

① 执行"直线"命令，绘制6450×2750的长方形，如图13-53所示。

② 单击"图层特性管理器"按钮，新建轮廓线等图层并设置图层特性，如图13-54所示。

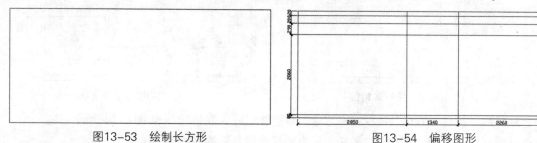

图13-53　绘制长方形　　　　　　　　　图13-54　偏移图形

③ 执行"修剪"命令，修剪图形，如图13-55所示。

④ 执行"偏移"命令，偏移门套线轮廓和踢脚线轮廓，如图13-56所示。

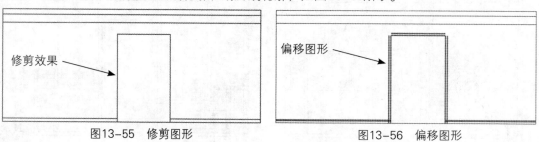

图13-55　修剪图形　　　　　　　　　　图13-56　偏移图形

⑤ 执行"圆角"命令，设置圆角半径为0，对门套线进行圆角操作，如图13-57所示。

⑥ 执行"直线"、"修剪"命令，绘制门套线轮廓，再修剪踢脚线，如图13-58所示。

图13-57　圆角操作

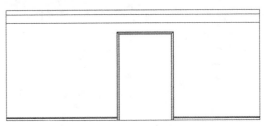

图13-58　修剪图形

07 执行"插入块"命令，插入家具、灯具等图块，如图13-59所示。

08 执行"修剪"命令，修剪被家具覆盖住的线条，如图13-60所示。

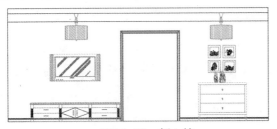

图13-59　插入块

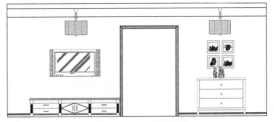

图13-60　修剪线条

09 执行"直线"命令，绘制门洞示意符号，如图13-61所示。

10 执行"图案填充"命令，选择填充 图案AR-SAND，设置颜色和比例，选择墙体区域进行填充，如图13-62所示。

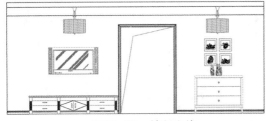

图13-61　绘制直线

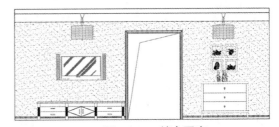

图13-62　填充图案

11 执行"线性标注"命令，对立面图进行尺寸标注，如图13-63所示。

12 在命令行中输入QLEADER命令，对立面图进行文字标注，如图13-64所示。

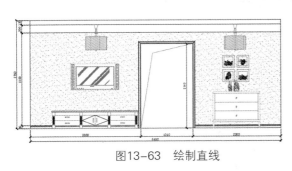

图13-63　绘制直线

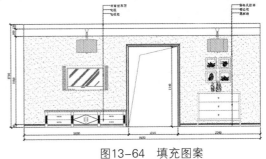

图13-64　填充图案

13.3.2　绘制主卫立面图

下面绘制卫生间立面图，具体步骤如下。

01 执行"直线"命令，绘制3270×3090的长方形，如图13-65所示。

02 执行 "偏移" 命令,对图形进行偏移操作,如图13-66所示。

图13-65　绘制长方形

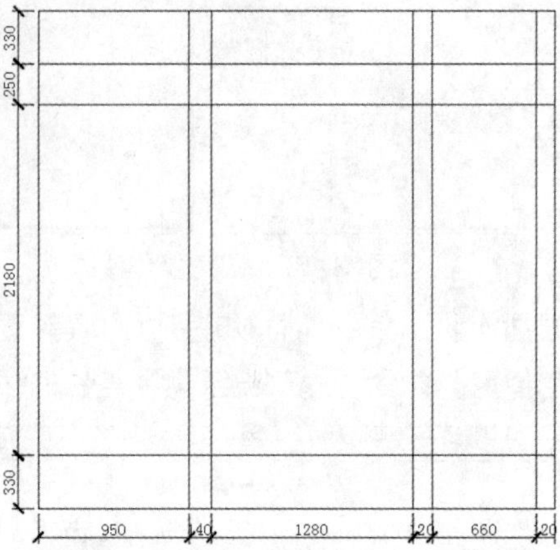

图13-66　偏移图形

03 执行 "修剪" 命令,修剪图形,如图13-67所示。

04 执行 "偏移" 命令,对图形进行偏移操作,如图13-68所示。

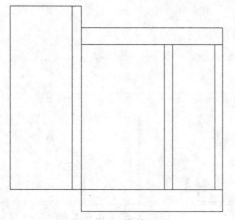

图13-67　修剪图形

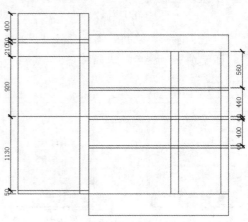

图13-68　偏移图形

05 执行 "修剪" 命令,修剪图形,如图13-69所示。

06 执行 "直线" 命令,绘制柜门装饰线,如图13-70所示。

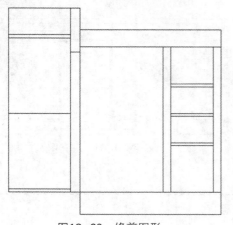

图13-69　修剪图形

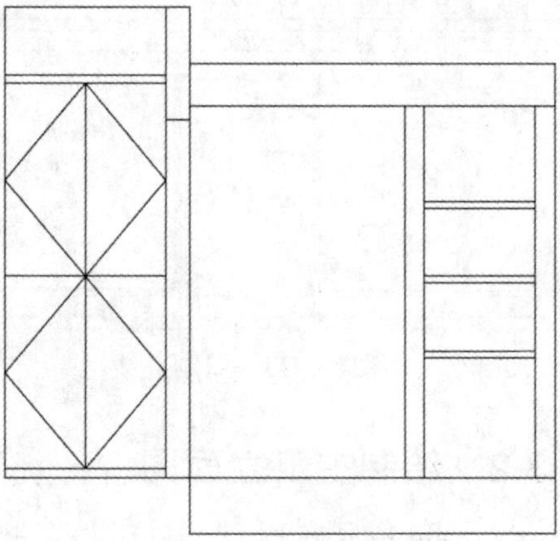

图13-70　绘制直线

07 执行 "矩形" 、 "镜像" 命令,绘制矩形并对其进行镜像复制操作,如图13-71所示。

08 执行 "修剪" 命令，修剪被家具覆盖住的线条，如图13-72所示。

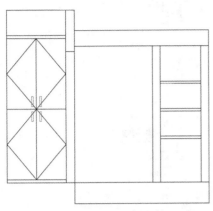

图13-71 插入块

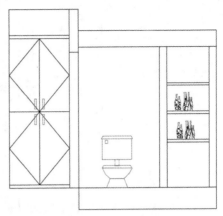

图13-72 修剪线条

09 执行 "图案填充" 命令，选择填充图案AR-CONC，设置颜色和比例，选择吊顶区域进行填充，如图13-73所示。

10 执行 "图案填充" 命令，选择填充 图案NET，设置颜色和比例，选择墙体区域进行填充，如图13-74所示。

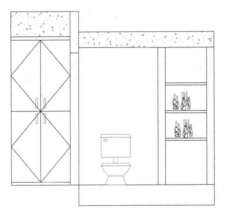

图13-73 绘制直线

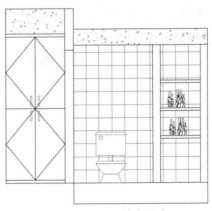

图13-74 填充图案

11 执行 "图案填充" 命令，选择填充图案ANSI31，设置颜色和比例，选择墙体区域进行填充，如图13-75所示。

12 执行 "线性标注" 命令，对立面图进行尺寸标注，如图13-76所示。

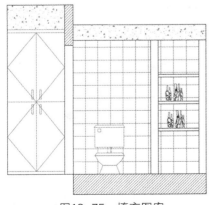

图13-75 填充图案

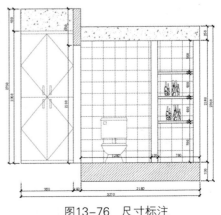

图13-76 尺寸标注

⑬ 在命令行中输入QLEADER命令，对立面图进行引线标注，如图13-77所示。

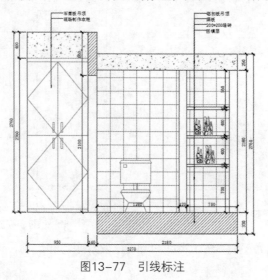

图13-77　引线标注

13.3.3　绘制卧室立面图

下面绘制次卧室背景立面图，绘制过程如下。

① 执行"直线"命令，绘制4270×2750的长方形，如图13-78所示。

② 执行"偏移"命令，对图形进行偏移操作，如图13-79所示。

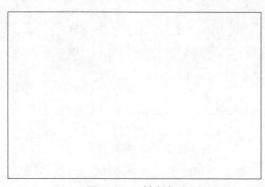

图13-78　绘制长方形

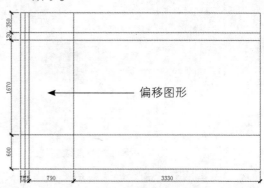

图13-79　偏移图形

③ 执行"修剪"命令，修剪图形，如图13-80所示。

④ 执行"偏移"命令，对图形进行偏移操作，如图13-81所示。

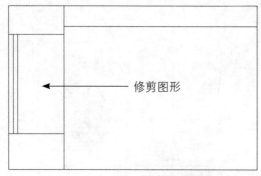

图13-80　修剪图形

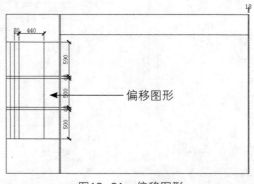

图13-81　偏移图形

05 执行"修剪"命令，修剪图形，如图13-82所示。

06 执行"直线"命令，绘制衣柜造型，如图13-83所示。

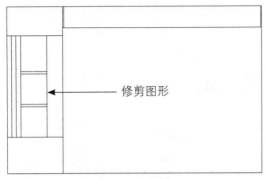

图13-82 修剪图形

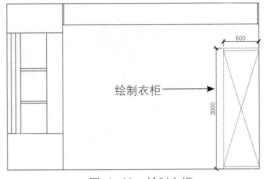

图13-83 绘制衣柜

07 执行"插入块"命令，为立面图插入双人床、装饰品等图块，如图13-84所示。

08 执行"图案填充"命令，选择填充图案CROSS，设置颜色、比例及角度，选择墙面区域进行填充，如图13-85所示。

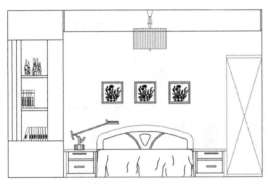

图13-84 插入块

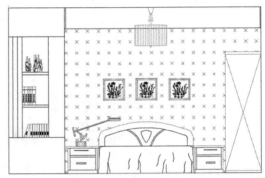

图13-85 填充墙面图案

09 执行"图案填充"命令，选择填充图案ANSI31，设置颜色和比例，选择飘窗上下墙体区域进行填充，如图13-86所示。

10 执行"图案填充"命令，选择填充图案AR-SAND，设置颜色和比例，选择飘窗的墙面区域进行填充，如图13-87所示。

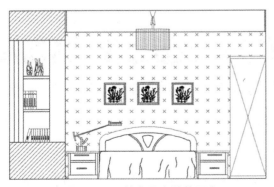

图13-86 填充飘窗墙体图案

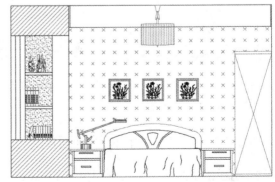

图13-87 填充飘窗墙面图案

⑪ 执行"线性标注"命令，对立面图进行尺寸标注，如图13-88所示。

⑫ 在命令行中输入QLEADER命令，对立面图进行引线标注，如图13-89所示。

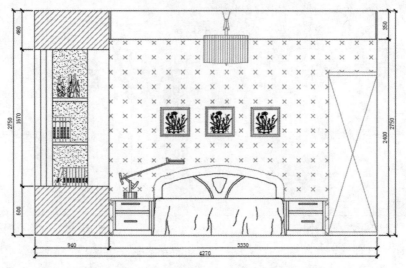

图13-88　尺寸标注

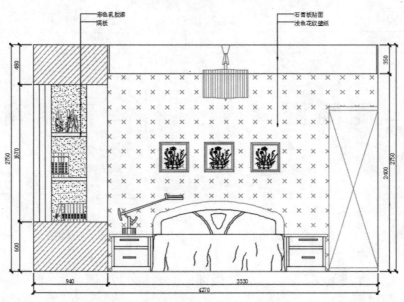

图13-89　引线标注

13.4　剖面图的绘制

剖面图是把在整图当中无法表示清楚的某一个部分拿出来单独表现其具体构造的一种表明建筑构造细节部分的图。

13.4.1　绘制客厅吊顶剖面图

首先根据立面图绘制所剖切位置的线段，然后根据平面图确定剖面的厚度，再根据实际情况绘制出剖面的细节部分，最后添加标注。具体的绘制过程如下。

01 执行"直线"命令，绘制两条相互垂直的长为400的直线，如图13-90所示。

02 执行"偏移"命令，对图形进行偏移操作，如图13-91所示。

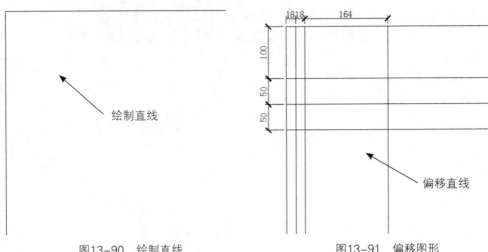

图13-90　绘制直线　　　　　　　　　图13-91　偏移图形

03 执行"修剪"命令，修剪图形，如图13-92所示。

04 执行"偏移"命令，对图形进行偏移操作，如图13-93所示。

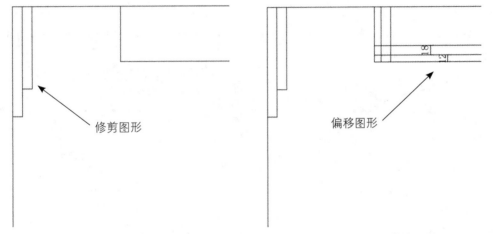

图13-92　修剪图形　　　　　　　　　图13-93　偏移图形

05 执行"修剪"命令，修剪图形，如图13-94所示。

06 执行"圆"命令，绘制一个半径为200的圆，如图13-95所示。

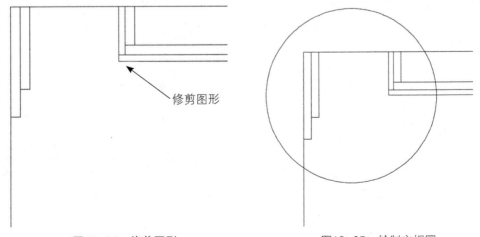

图13-94　修剪图形　　　　　　　　　图13-95　绘制衣柜圆

07 执行 "修剪" 命令，修剪图形，如图13-96所示。

08 执行 "图案填充" 命令，选择填充图案ANSI31，设置颜色、角度，选择墙体区域进行填充，如图13-97所示。

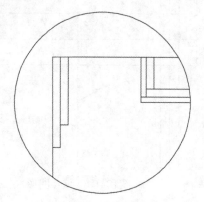
图13-96 修剪图形

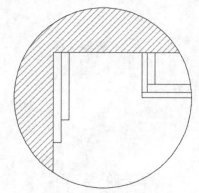
图13-97 填充图案

09 执行 "图案填充" 命令，选择填充图案CORK，设置颜色和比例，选择木工板区域进行填充，如图13-98所示。

10 执行 "图案填充" 命令，选择填充图案AR-SAND，设置颜色和比例，选择石膏板区域进行填充，如图13-99所示。

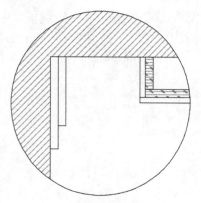
图13-98 填充图案

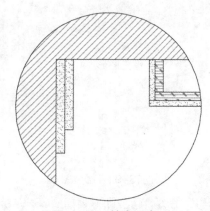
图13-99 填充图案

11 执行 "线性标注" 命令，对立面图进行尺寸标注，如图13-100所示。

12 在命令行中输入QLEADER命令，对立面图进行引线标注，如图13-101所示。

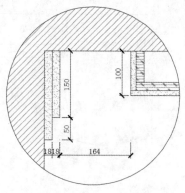
图13-100 尺寸标注

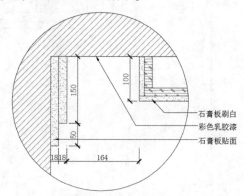
图13-101 引线标注

13.4.2　绘制阳台吊顶剖面图

下面来介绍阳台吊顶剖面图的绘制过程。

01 执行"直线"命令，绘制两条相互垂直的长度分别为800、1000的直线，如图13-102所示。

02 执行"偏移"命令，对图形进行偏移操作，如图13-103所示。

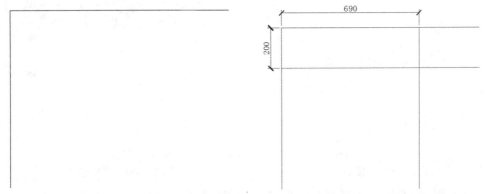

图13-102　绘制直线　　　　　　　　　　图13-103　偏移图形

03 执行"修剪"命令，修剪图形，如图13-104所示。

04 执行"偏移"命令，对图形进行偏移操作，如图13-105所示。

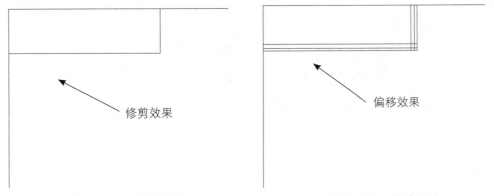

图13-104　修剪图形　　　　　　　　　　图13-105　偏移图形

05 执行"修剪"命令，修剪图形，如图13-106所示。

06 执行"圆"命令，绘制一个半径为200的圆，如图13-107所示。

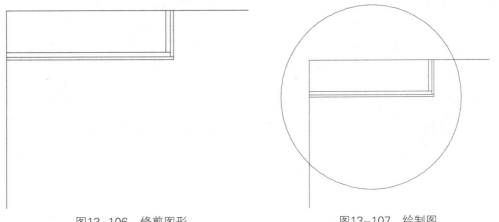

图13-106　修剪图形　　　　　　　　　　图13-107　绘制图

⑦ 执行"修剪"命令，修剪图形，如图13-108所示。

⑧ 执行"图案填充"命令，选择填充图案ANSI31，设置颜色、角度，选择墙体区域进行填充，如图13-109所示。

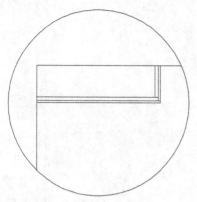

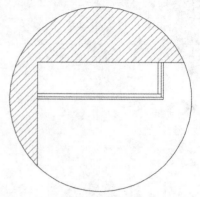

图13-108　修剪图形　　　　　　　　　　　图13-109　填充图案

⑨ 执行"图案填充"命令，选择填充图案CORK，设置颜色和比例，选择木工板区域进行填充，如图13-110所示。

⑩ 执行"图案填充"命令，选择填充图案AR-SAND，设置颜色和比例，选择石膏板区域进行填充，如图13-111所示。

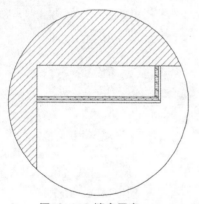

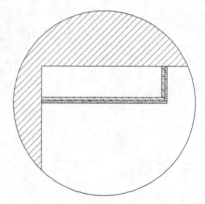

图13-110 填充图案　　　　　　　　　　　图13-111　填充图案

⑪ 执行"线性标注"命令，对立面图进行尺寸标注，如图13-112所示。

⑫ 在命令行中输入QLEADER命令，对立面图进行引线标注，如图13-113所示。

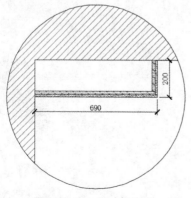

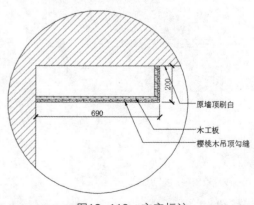

图13-112　尺寸标注　　　　　　　　　　　图13-113　文字标注

第 14 章

专卖店施工图的绘制

📽 **本章概述**　　专卖店是企业品牌推广的重要环节，它能有效地传达企业品牌形象，增强品牌印象，从而推动产品的销售。不论是商品的橱窗还是展览会场的空间设计，都是企业形象的展现。本章将以某品牌服装专卖店施工图的设计为例展开介绍。通过学习本章内容后，读者不仅可以熟悉专卖店的设计原则，还能掌握专卖店图纸的设计方法与技巧，最终做到学以致用。

📖 **知识要点**
- 专卖店空间设计的技巧；
- 专卖店平面图的绘制方法；
- 专卖店立面图的绘制方法；
- 专卖店大样图的绘制方法；
- 专卖店剖面图的绘制方法。

14.1　专卖店空间设计概述

专卖店设计是指专卖商店的形象设计。其主要目的是吸引各种类型的过往顾客停下脚步，仔细观望，吸引他们进店购买商品。因此专卖店的店面应该新颖别致，具有独特风格，并且清新典雅。

14.1.1　专卖店设计构成

专卖店设计主要包括商标设计、招牌与标志设计、橱窗设计、店面布置以及商品陈列等。

1. 商标设计

专卖店的形象与名称和商标有着很紧密的关系。店名很重要，但不能偏离主题太远。有了响亮的店名后，还需设计相应的商标，商标设计要力求简单形象、美观大方。换句话说，店名是一种文字说明，商标是一种图案表现，图案更容易给人留下深刻的印象。

2. 橱窗设计

橱窗是专卖店设计的重要组成部分，是吸引顾客的重要手段。它就像一幅画展示在人流之中，被过往行人欣赏、议论、品头论足。专卖商店橱窗设计要遵循三个原则：一是以别出心裁的设计吸引顾客，切忌平面化，努力追求动感和文化艺术色彩；二是可以通过一些生活化场景使顾客感到亲切自然，进而产生共鸣；三是努力给顾客留下深刻的印象，使顾客过目不忘，刻入脑海。

3. 店面布置

专卖店布置的主要目的是突出商品特征，使顾客产生购买欲望，同时又便于顾客挑选和购买。在布置专卖店店面时，要考虑多种相关因素，如空间的大小、种类的多少、商品的样式、灯光的氛围、收银台的位置等。

4. 商品陈列

专卖商品的成功在于特色。所谓的特色不仅在于所经营的商品独特，还在于商品陈列方式的与众不同。专卖店的商品陈列有一些共同性的要求，如特色突出、色彩协调、材料选择适当等。由于专卖店的种类不同，它们对商品陈列的要求也就不同。因此，即使是同一类专卖店也有必要寻求自己的特色。

14.1.2 专卖店设计风格

随着人们消费水平的不断提高，各种各样的专卖店遍地开花，且装修设计风格千姿百态，从而吸引着人们前去光顾。目前，个性、概念型的店面装饰风格脱颖而出，逐步取代了以往沉闷、千篇一律的装修风格。下面将对较为典型的几种店面设计风格进行简单介绍。

1. 个性店铺风格

这类设计风格不强调华丽的装扮，用普通甚至是最原始的装饰达到店面的个性化要求，同时用不同的商品、饰品来点缀，以突出店面主题。这类设计风格具有强烈的视觉吸引力。

2. 概念型店铺风格

以后现代主义风格为主导，融入了西方抽象派的夸张手法来突出品牌店面的风格，其用材考究、简练，色调搭配不拘一格，气氛另类、典雅，使人感觉清新、心旷神怡。

3. 张扬型店铺风格

用夸张的色调、图案及新型装饰材料进行装修，风格独树一帜，使人们的视觉焕然一新，不论在什么地方都有一种醒目的感觉。

14.2　专卖店平面图

了解了专卖店空间的基本设计原则后，接下来开始绘制服装专卖店的平面图，其中包括原始户型图、平面布置图、地面布置图和顶面布置图。

14.2.1　绘制专卖店原始户型图

原始户型图所表现的是建筑墙体的尺寸、门窗的位置、原始的功能分区等，这些要素的准确性直接关系到整个空间的设计效果。因此，原始户型图的绘制是尤为重要的一个环节。下面将根据前期的测量值开始绘制，其主要操作步骤介绍如下。

01　执行"图层特性"命令，新建"轴线"图层，并设置其颜色为红色，如图14-1所示。

02　继续单击"新建图层"按钮，依次创建出"墙体"、"门窗"、"标注"等图层，并设置图层参数，如图14-2所示。

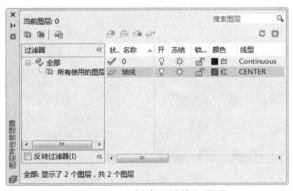

图14-1　创建"轴线"图层　　　　　　　　　图14-2　创建其余图层

03　设置"轴线"图层为当前层，执行"直线"和"偏移"命令，根据现场测量的实际尺寸，绘制出墙体轴线，如图14-3所示。

04　设置"墙体"图层为当前层，执行"矩形"和"复制"命令，绘制820×640的矩形，并进行复制，居中对齐到轴线交叉点，如图14-4所示。

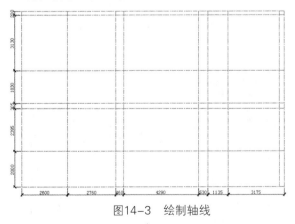

图14-3　绘制轴线　　　　　　　　　　　　图14-4　绘制并复制矩形

05　继续执行"矩形"命令，绘制820×820的矩形，并进行复制，居中对齐到轴线交叉点，如图14-5所示。

06　执行"矩形"命令，绘制650×650的矩形，居中对齐到轴线交叉点，如图14-6所示。

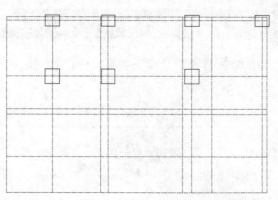

图14-5 绘制并复制矩形

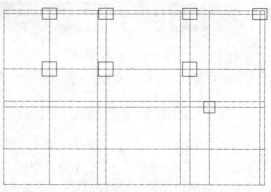

图14-6 绘制矩形

07 执行"格式"|"多线样式"命令，打开"多线样式"对话框，单击"修改"按钮，如图14-7所示。

08 打开"修改多线样式"对话框，勾选直线的"起点"和"端点"复选框，单击"确定"按钮，返回到"多线样式"对话框，继续单击"确定"按钮完成设置，如图14-8所示。

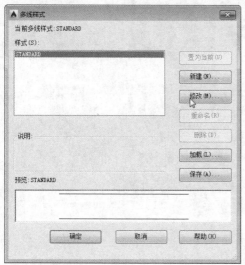

图14-7 "多线样式"对话框

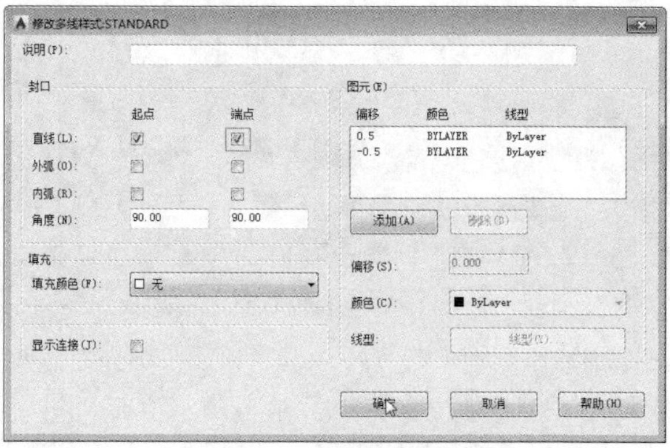

图14-8 设置多线样式

09 执行"多线"命令，设置比例为240，对正方式为无，沿轴线绘制墙体，如图14-9所示。

10 双击多线打开"多线编辑工具"对话框，从中选择合适的工具，如图14-10所示。

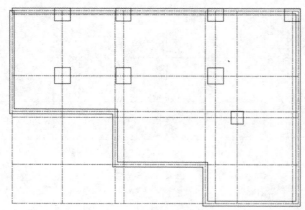

图14-9 绘制多线

图14-10 选择多线编辑工具

⑪ 返回到绘图区，单击要编辑的多线，如图14-11所示。

⑫ 将多线炸开，执行"偏移"和"修剪"命令，制作门洞，如图14-12所示。

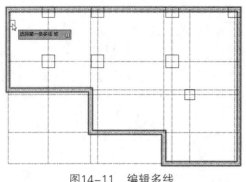

图14-11 编辑多线　　　　　　　　　图14-12 制作门洞

⑬ 从图层管理器中关闭"轴线"图层，如图14-13所示。

⑭ 执行"直线"和"偏移"命令，在门洞处绘制一条直线，再偏移图形，如图14-14所示。

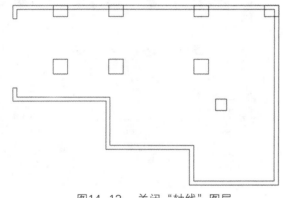

图14-13 关闭"轴线"图层　　　　　　图14-14 偏移图形

⑮ 执行"修剪"命令，修剪图形，并将玻璃线条设置到"门窗"图层上，如图14-15所示。

⑯ 执行"图案填充"命令，选择实体填充图案SOLID，设置颜色为黑色，选择柱子区域进行填充，如图14-16所示。

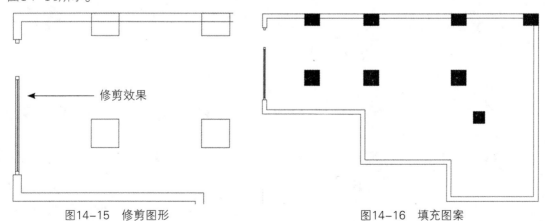

图14-15 修剪图形　　　　　　　　　　图14-16 填充图案

⑰ 执行"直线"命令，捕捉绘制一条直线，划分地面区域，如图14-17所示。

⑱ 继续执行"直线"命令，绘制辅助线，再执行"线性标注"命令，对图形进行尺寸标注，如图14-18所示。

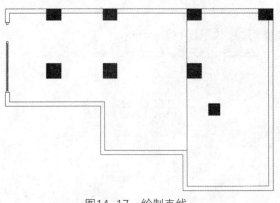

图14-17　绘制直线

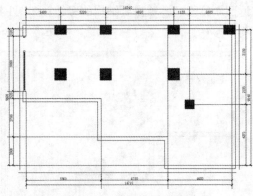

图14-18　绘制辅助线并标注

⑲ 删除辅助线，如图14-19所示。

⑳ 为原始户型添加标高，完成图形的制作，如图14-20所示。

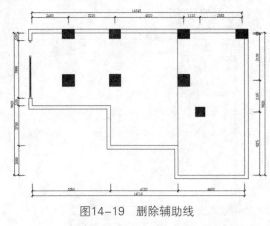

图14-19　删除辅助线

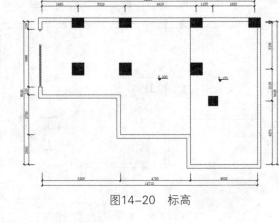

图14-20　标高

14.2.2　绘制专卖店平面布置图

　　平面布置图是设计者根据用户的需求以及自己的设计思想，结合实际布局尺寸，对室内空间进行的合理的布局分配。在绘制平面布置图时，通常先绘制室内的简单造型，然后插入家具图块，最后设置多重引线样式、文字样式，添加文字标注。

⓵ 复制原始户型图，删除多余图形，如图14-21所示。

⓶ 执行"直线"、"偏移"命令，绘制直线并进行偏移操作，如图14-22所示。

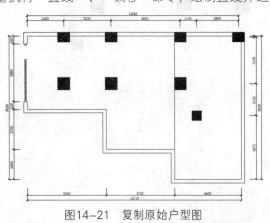

图14-21　复制原始户型图

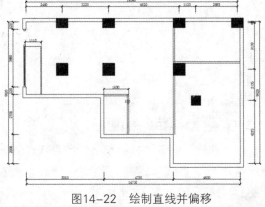

图14-22　绘制直线并偏移

03 执行"圆角"命令，设置圆角尺寸为0，对图形进行圆角操作，如图14-23所示。

04 执行"偏移"、"修剪"命令，绘制出门洞与隔墙，如图14-24所示。

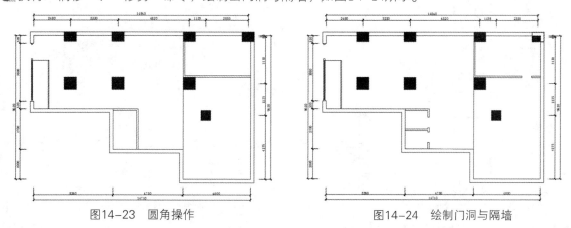

图14-23　圆角操作　　　　　　　　　图14-24　绘制门洞与隔墙

05 执行"偏移"、"修剪"和"直线"命令，绘制储物柜造型，如图14-25所示。

06 继续执行"偏移"、"修剪"和"直线"命令，制作墙面造型，如图14-26所示。

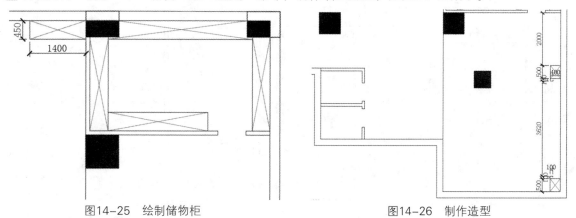

图14-25　绘制储物柜　　　　　　　　　图14-26　制作造型

07 执行"圆"、"直线"命令，绘制T5剖面，并将其放置到墙面造型位置，如图14-27所示。

08 执行"矩形"、"直线"命令，绘制多个矩形，并将其放置到合适的位置，如图14-28所示。

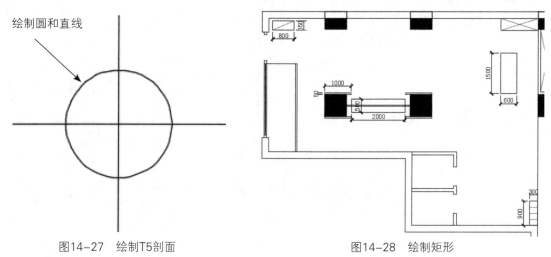

图14-27　绘制T5剖面　　　　　　　　　图14-28　绘制矩形

09 执行"矩形"命令，绘制两个矩形，并进行复制，如图14-29所示。

⑩ 执行"直线"、"偏移"和"镜像"命令,制作出侧挂A图形,如图14-30所示。

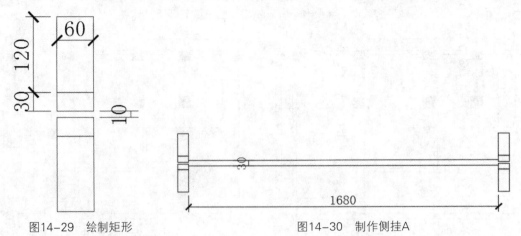

图14-29 绘制矩形　　　　　　　　　　图14-30 制作侧挂A

⑪ 复制图形,并调整侧挂A的长度和位置,如图14-31所示。

⑫ 执行"矩形"、"修剪"命令,制作侧挂B图形,如图14-32所示。

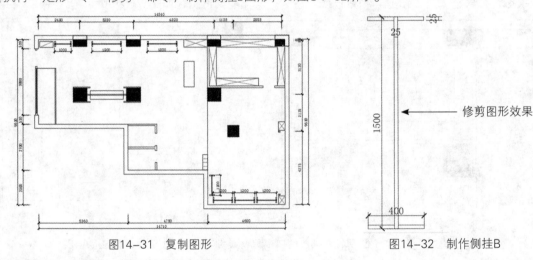

图14-31 复制图形　　　　　　　　　　图14-32 制作侧挂B

⑬ 复制图形,并调整侧挂的长度和位置,如图14-33所示。

⑭ 执行"矩形"、"复制"命令,制作侧挂C,如图14-34所示。

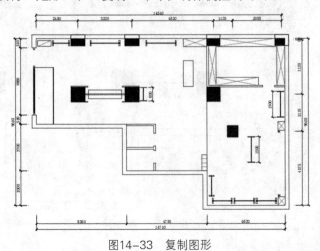

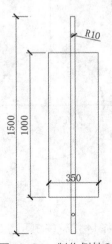

图14-33 复制图形　　　　　　　　　　图14-34 制作侧挂C

⑮ 复制图形，并调整侧挂C的长度和位置，如图14-35所示。

⑯ 执行"矩形"命令，绘制矩形并复制图形，制作出吊挂图形，如图14-36所示。

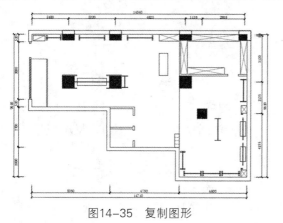

图14-35　复制图形

图14-36　制作吊挂

⑰ 复制图形，并调整吊挂的长度和位置，如图14-37所示。

⑱ 执行"矩形"、"直线"命令，绘制一个矩形与一条直线，如图14-38所示。

图14-37　复制图形

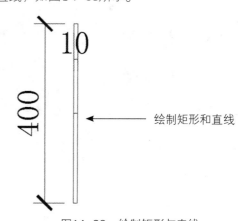

图14-38　绘制矩形与直线

⑲ 执行"环形阵列"命令，以直线中点为阵列中心，阵列复制矩形，制作正挂图形，如图14-39
所示。

⑳ 删除直线，调整图形位置并复制正挂图形，如图14-40所示。

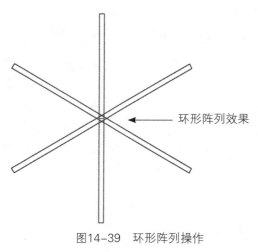

图14-39　环形阵列操作

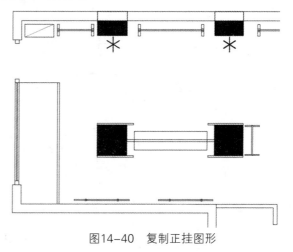

图14-40　复制正挂图形

㉑ 执行"矩形"命令，绘制斜靠镜、流水台、玻璃隔断等图形，如图14-41所示。

㉒ 执行"直线"、"圆"、"修剪"和"偏移"命令，绘制门造型，如图14-42所示。

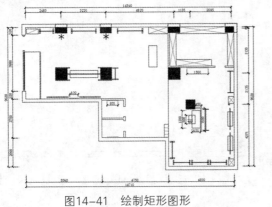

图14-41 绘制矩形图形　　　　　　　图14-42 制作门造型

㉓ 执行"插入块"命令，插入家具图块，如图14-43所示。

㉔ 执行"多行文字"命令，进行文字标注，如图14-44所示。

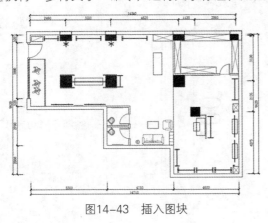
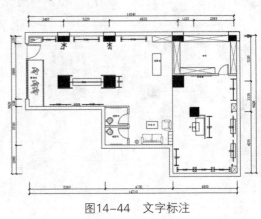

图14-43 插入图块　　　　　　　　　图14-44 文字标注

㉕ 调整尺寸标注，如图14-45所示。

㉖ 最后添加索引符号，如图14-46所示。

图14-45 调整尺寸　　　　　　　　　图14-46 添加索引符号

14.2.3 绘制专卖店地面布置图

地面布置图是在平面图的基础上绘制出来的，利用不同地面材质的分布来划分功能空间。

专卖店地面布置图的绘制过程如下。

01 复制平面布置图，删除家具、门等图形，如图14-47所示。

02 执行"直线"命令，绘制直线，封闭门洞，如图14-48所示。

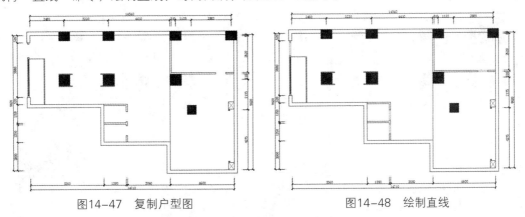

图14-47 复制户型图　　　　　　　　　图14-48 绘制直线

03 继续执行"直线"、"矩形"命令，绘制直线与矩形，并调整位置，如图14-49所示。

04 执行"图案填充"命令，选择填充图案NET，设置颜色及比例，选择仓库、更衣室以及入门处进行填充，如图14-50所示。

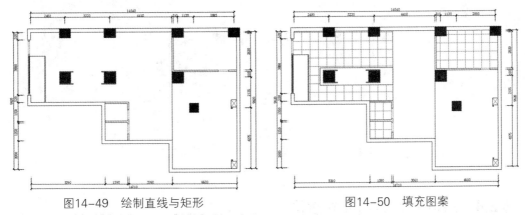

图14-49 绘制直线与矩形　　　　　　　图14-50 填充图案

05 执行"图案填充"命令，选择填充图案ANSI31，设置颜色及比例，设置角度为45°，选择合适的区域进行填充，如图14-51所示。

06 继续执行"图案填充"命令，选择填充图案ANSI31，设置颜色及比例，设置角度为135°，选择区域进行填充，如图14-52所示。

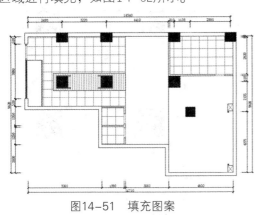

图14-51 填充图案　　　　　　　　　　图14-52 填充图案

07 执行"图案填充"命令，选择填充图案AR-HBONE，设置颜色及比例，选择填充合适的区域进行填充，如图14-53所示。

08 执行"多行文字"命令，对地面材质进行注释，如图14-54所示。

图14-53 填充图案

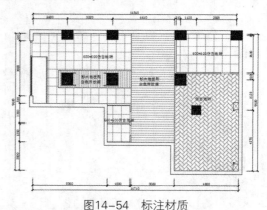

图14-54 标注材质

09 为地面布置图添加地面标高，完成制作，如图14-55所示。

图14-55 标高

14.2.4 绘制专卖店顶面布置图

完成地面图的绘制之后，下面将介绍顶面布置图的绘制过程。具体操作介步骤绍如下。

01 复制地面布置图，删除填充图案、文字标注等，如图14-56所示。

02 执行"直线"命令，连接柱间，如图14-57所示。

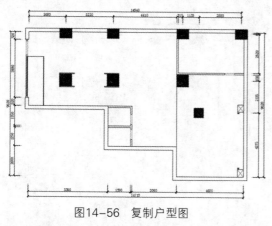

图14-56 复制户型图

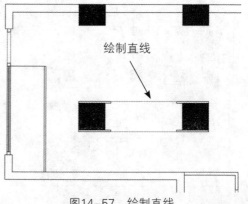

图14-57 绘制直线

03 执行"直线"命令，绘制收银台区域的吊顶轮廓，如图14-58所示。

04 执行"偏移"、"修剪"命令，设置线条的颜色和线型，制作吊顶灯带，如图14-59所示。

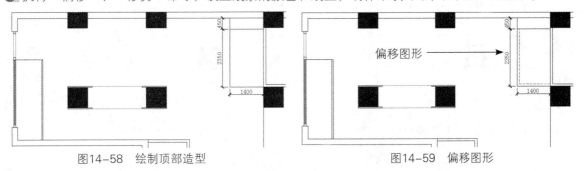

图14-58 绘制顶部造型　　　　　　　　图14-59 偏移图形

05 执行"偏移"命令，偏移墙体轮廓线，如图14-60所示。

06 执行"插入块"命令，制作轨道金卤灯，如图14-61所示。

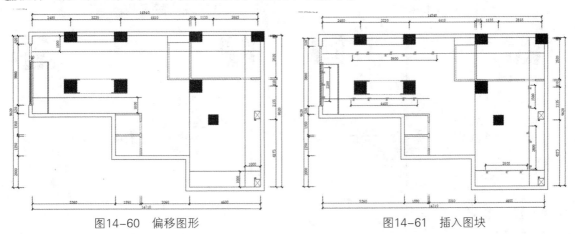

图14-60 偏移图形　　　　　　　　图14-61 插入图块

07 删除直线，继续执行"偏移"命令，偏移墙体轮廓线，如图14-62所示。

08 执行"插入块"命令，插入吊挂筒灯图块，删除轮廓线，如图14-63所示。

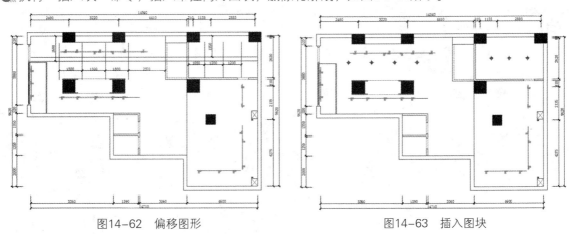

图14-62 偏移图形　　　　　　　　图14-63 插入图块

09 继续执行"偏移"命令，偏移墙体轮廓线，如图14-64所示。

10 执行"插入块"命令，插入白炽灯泡图块，删除轮廓线，如图14-65所示。

11 删除直线，继续执行"偏移"命令，偏移墙体轮廓线，如图14-66所示。

12 执行"插入块"命令，插入射灯图块，删除轮廓线，如图14-67所示。

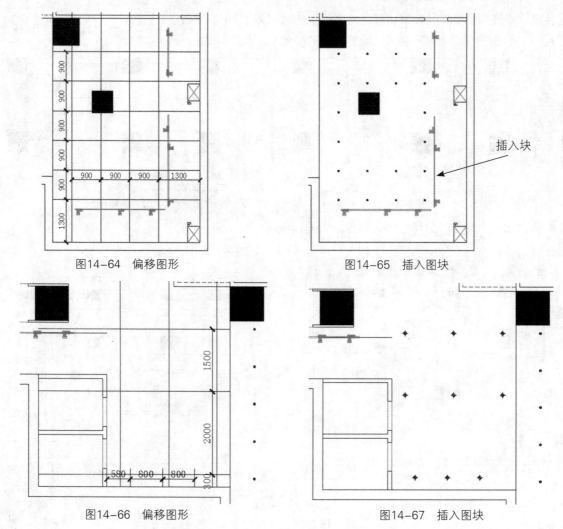

图14-64 偏移图形　　　　　　　图14-65 插入图块

图14-66 偏移图形　　　　　　　图14-67 插入图块

⓭ 删除直线，执行"直线"、"偏移"命令，绘制更衣室和休息区的对角线，并偏移轮廓线，如图14-68所示。

⓮ 执行"插入块"命令，插入艺术吊灯图块，删除对角线及轮廓线，如图14-69所示。

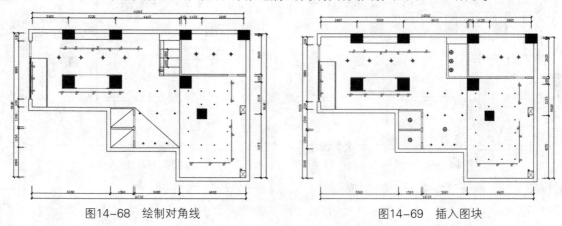

图14-68 绘制对角线　　　　　　　图14-69 插入图块

⓯ 执行"多行文字"命令，对顶面布置图进行文字说明，如图14-70所示。

⓰ 在命令行输入QLEADER命令，对顶面布置图进行引线标注，如图14-71所示。

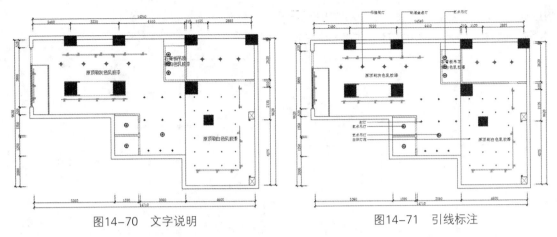

图14-70　文字说明　　　　　　　　　　　　　图14-71　引线标注

⓱ 对顶面进行标高，如图14-72所示。

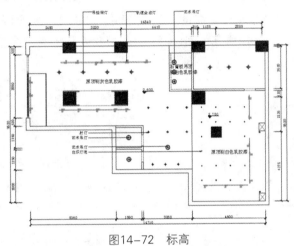

图14-72　标高

14.3　专卖店立面图的设计

在一套整体的店面设计中，比较多的亮点都在于立面上的艺术处理，包括造型与装修是否优美。在设计过程中，立面图主要就是用来研究这种艺术处理的，它在以人为本的基础上，进行功能及视觉上的升华。在施工图中，它主要反映的是墙体的面貌和立面装修的做法。

14.3.1　绘制专卖店B立面图

下面将介绍专卖店B立面图的绘制过程，其具体操作步骤如下。

⓵ 执行"矩形"命令，绘制矩形，如图14-73所示。

⓶ 将矩形炸开，再执行"偏移"命令，偏移图形，如图14-74所示。

图14-73　绘制矩形

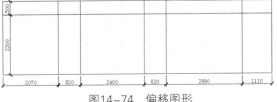

图14-74　偏移图形

03 执行"修剪"命令，修剪图形，如图14-75所示。

04 执行"偏移"命令，偏移图形，如图14-76所示。

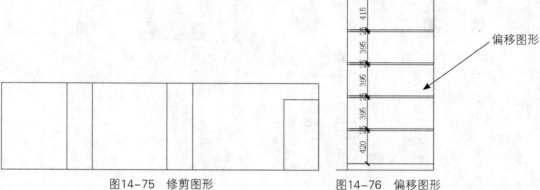

图14-75 修剪图形   图14-76 偏移图形

05 执行"插入块"命令，插入矮柜、装饰镜、正挂及侧挂A的图块，如图14-77所示。

06 执行"图案填充"命令，选择填充图案BRICK，设置颜色及比例，选择墙体区域进行填充，如图14-78所示。

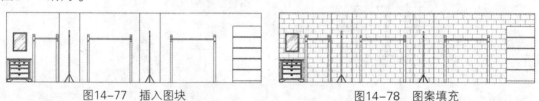

图14-77 插入图块   图14-78 图案填充

07 执行"线性标注"命令，对立面图进行尺寸标注，如图14-79所示。

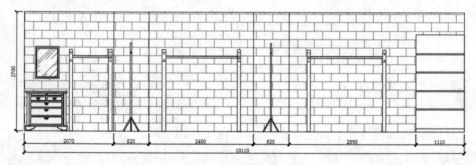

图14-79 线性标注

08 在命令行中输入QLEADER命令，对图形进行引线标注，如图14-80所示。

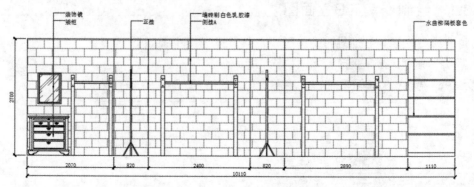

图14-80 引线标注

14.3.2　绘制专卖店C立面图

下面将介绍专卖店C立面图的绘制过程，其具体操作步骤如下。

01 执行"矩形"命令，绘制矩形，如图14-81所示。

02 将矩形炸开，再执行"偏移"命令，偏移图形，如图14-82所示。

图14-81　绘制矩形　　　　　　　　　　图14-82　偏移图形

03 执行"修剪"命令，修剪图形，如图14-83所示。

04 执行"偏移"命令，偏移图形，并设置线条线型，如图14-84所示。

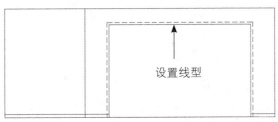

图14-83　修剪图形　　　　　　　　图14-84　偏移图形并设置线条线型

05 执行"插入块"命令，插入矮柜、侧挂B及侧挂C的图块，如图14-85所示。

06 执行"图案填充"命令，选择填充图案NET，设置颜色及比例，选择背景墙区域进行填充，如图14-86所示。

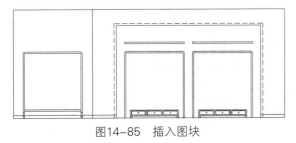
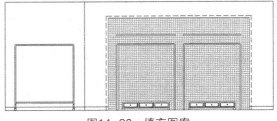

图14-85　插入图块　　　　　　　　　图14-86　填充图案

07 执行"线性标注"命令，对立面图进行尺寸标注，如图14-87所示。

08 在命令行中输入QLEADER命令，对图形进行引线标注，如图14-88所示。

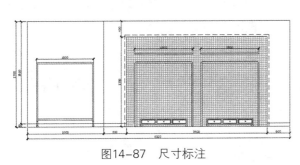
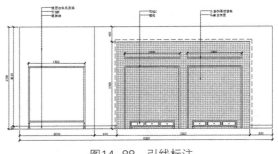

图14-87　尺寸标注　　　　　　　　　图14-88　引线标注

14.3.3　绘制专卖店D立面图

下面将介绍专卖店D立面图的绘制过程，其具体的操作步骤如下。

01 执行"矩形"命令，绘制矩形，如图14-89所示。

02 将矩形炸开，再执行"偏移"命令，偏移图形，如图14-90所示。

图14-89　绘制矩形

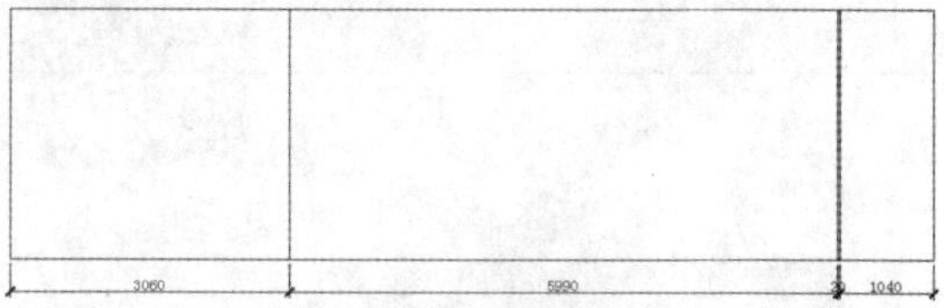

图14-90　偏移图形

03 执行"矩形"命令，绘制290×290的矩形，如图14-91所示。

04 执行"复制"命令，复制矩形，设置矩形之间的间隔为10，如图14-92所示。

图14-91　绘制矩形

图14-92　复制图形

05 执行"直线"命令，为一个矩形绘制对角线并进行复制，如图14-93所示。

06 执行"偏移"、"修剪"命令，偏移直线并进行修剪操作，如图14-94所示。

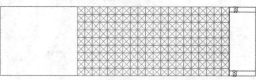

图14-93　绘制对角线并复制造型

图14-94　偏移并修剪图形

07 执行"直线"命令，绘制对角线，如图14-95所示。

08 执行"偏移"、"修剪"命令，依次偏移直线并进行修剪操作，如图14-96所示。

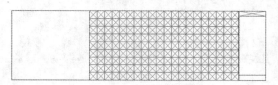
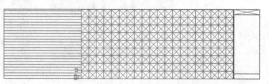

图14-95　绘制对角线

图14-96　偏移并修剪图形

09 执行"插入块"命令，插入装饰模特、品牌商标、镜子、吊挂、轨道金卤灯图块，如图14-97所示。

10 执行"修剪"命令，修剪被覆盖的线条，如图14-98所示。

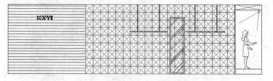
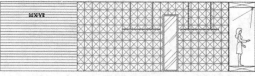

图14-97　插入图块

图14-98　修剪图形

11 执行"多行文字"命令，输入一段文字说明，并调整位置，如图14-99所示。

⑫ 执行"线性标"命令，对立面图进行尺寸标注，如图14-100所示。

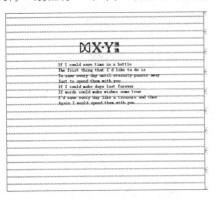

图14-99　输入多行文字

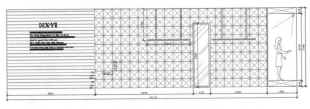

图14-100　尺寸标注

⑬ 在命令行中输入QLEADER命令，对立面图进行引线标注，完成立面图的制作，如图14-101所示。

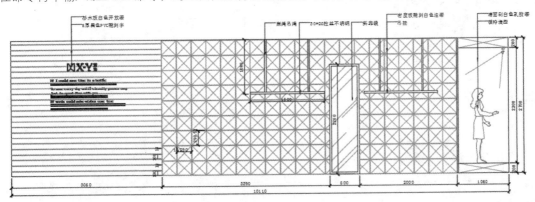

图14-101　引线标注

14.4　专卖店大样图的设计

大样图是指针对某一特定区域进行特殊性放大标注，较详细地将其表现出来。在这里将要介绍的是收银台大样图、衣柜造型大样图、侧挂大样图的设计方案。

14.4.1　绘制收银台大样图

下面将对收银台大样图的绘制过程进行介绍，具体操作步骤如下。

① 执行"矩形"命令，绘制矩形，如图14-102所示。

② 将矩形炸开，再执行"偏移"命令，偏移图形，如图14-103所示。

图14-102　绘制矩形

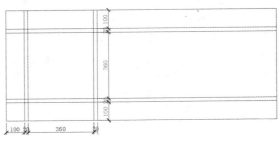

图14-103　偏移图形

03 执行"修剪"命令，修剪图形，如图14-104所示。

04 执行"线性标注"命令，对收银台平面图进行尺寸标注，如图14-105所示。

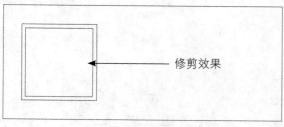

图14-104　修剪图形　　　　　　　　　　　　图14-105　尺寸标注

05 在命令行中输入QLEADER命令，对图形进行引线标注，完成收银台平面图的制作，如图14-106所示。

06 执行"矩形"命令，绘制矩形，如图14-107所示。

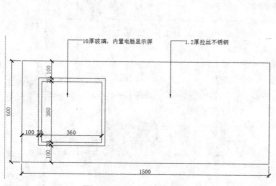

图14-106　引线标注　　　　　　　　　　　　图14-107　绘制矩形

07 将矩形炸开，再执行"偏移"命令，偏移图形，如图14-108所示。

08 执行"修剪"命令，修剪图形，如图14-109所示。

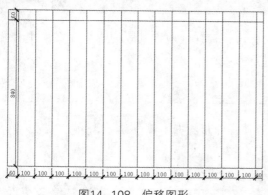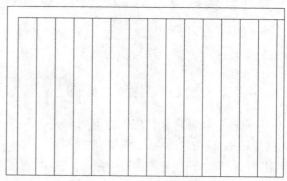

图14-108　偏移图形　　　　　　　　　　　　图14-109　修剪图形

09 执行"线性标注"命令，对收银台平面图进行尺寸标注，如图14-110所示。

10 在命令行中输入QLEADER命令，对图形进行引线标注，完成收银台正立面图的制作，如图14-111所示。

11 执行"矩形"命令，绘制矩形，如图14-112所示。

12 将矩形炸开，再执行"偏移"命令，偏移图形，如图14-113所示。

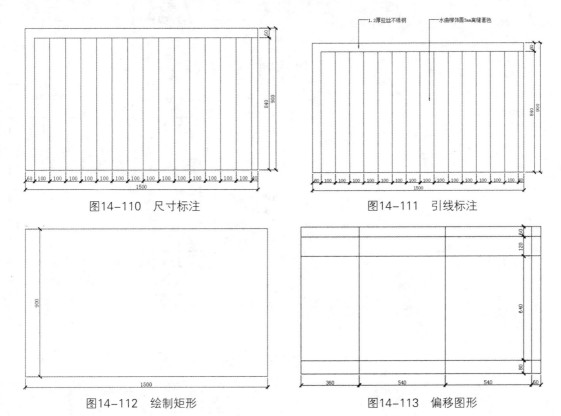

图14-110 尺寸标注　　　　　　　　　　图14-111 引线标注

图14-112 绘制矩形　　　　　　　　　　图14-113 偏移图形

⑬ 执行"修剪"命令，修剪图形，如图14-114所示。

⑭ 执行"偏移"、"修剪"命令，偏移直线并修剪图形，如图14-115所示。

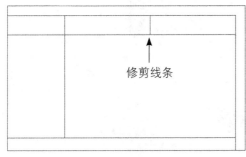

修剪线条

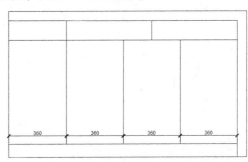

图14-114 修剪图形　　　　　　　　　　图14-115 偏移并修剪图形

⑮ 执行"偏移"命令，偏移图形，如图14-116所示。

⑯ 执行"修剪"命令，修剪图形，如图14-117所示。

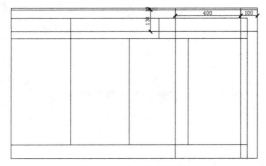

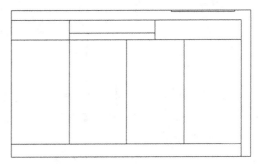

图14-116 偏移图形　　　　　　　　　　图14-117 修剪图形

⑰ 执行"矩形"、"偏移"命令，绘制矩形并进行偏移，制作柜门和抽屉门造型，如图14-118所示。

⑱ 执行"镜像"命令，镜像柜门图形，如图14-119所示。

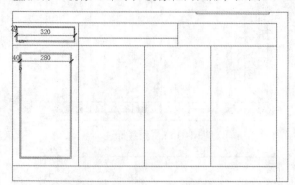

图14-118 绘制矩形并偏移 图14-119 镜像图形

⑲ 执行"圆"命令，绘制抽屉拉手，如图14-120所示。

⑳ 复制抽屉拉手，并执行"直线"命令，绘制另一侧抽屉及柜门装饰线并设置线条线型，如图14-121所示。

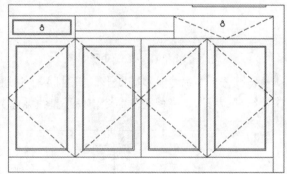

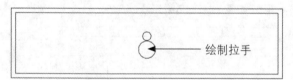

图14-120 绘制拉手 图14-121 复制拉手并绘制装饰线

㉑ 执行"矩形"命令，绘制10×60的柜门拉手，如图14-122所示。

㉒ 执行"插入块"命令，插入显示器图块，如图14-123所示。

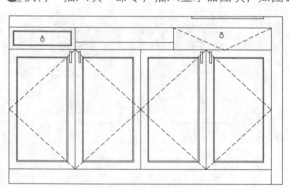

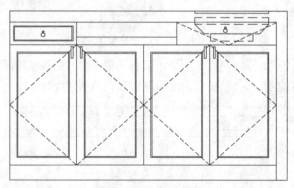

图14-122 绘制矩形 图14-123 插入图块

㉓ 执行"图案填充"命令，选择填充图案AR-RROOF，设置颜色及比例，选择玻璃区域进行填充，如图14-124所示。

㉔ 执行"线性标注"命令，对立面图进行尺寸标注，如图14-125所示。

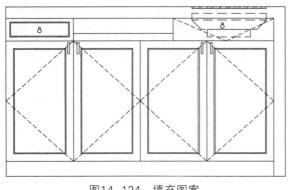

图14-124　填充图案

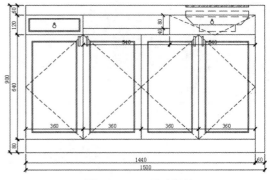

图14-125　尺寸标注

㉕ 在命令行中输入QLEADER命令，对图形进行引线标注，完成收银台内里面图的制作，如图14-126所示。

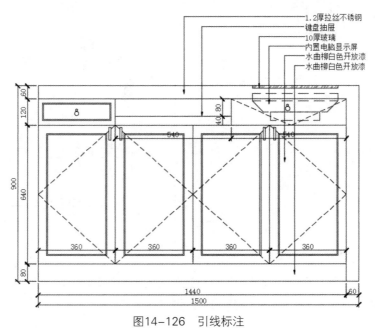

图14-126　引线标注

14.4.2　绘制衣柜造型大样图

下面将对衣柜造型大样图的绘制过程进行介绍，具体操作步骤如下。

❶ 复制衣柜造型平面图，如图14-127所示。

❷ 执行"线性标注"命令，进行尺寸标注，如图14-128所示。

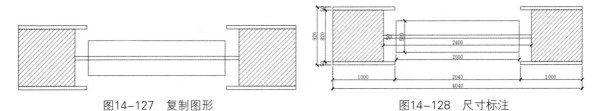

图14-127　复制图形　　　　　　　　图14-128　尺寸标注

❸ 执行"矩形"命令，绘制矩形，如图14-129所示。

❹ 偏移图形并执行"线性标注"命令，对收银台平面图进行尺寸标注，如图14-130所示。

图14-129　绘制矩形

图14-130　尺寸标注

05 执行"修剪"命令，修剪图形，如图14-131所示。

06 执行"偏移"命令，偏移图形，如图14-132所示。

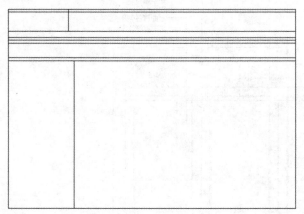

图14-131　修剪图形

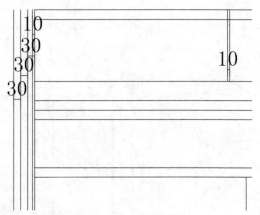

图14-132　偏移图形

07 执行"延伸"、"修剪"命令，延伸图形后再进行修剪，如图14-133所示。

08 执行"矩形"命令，绘制矩形，如图14-134所示。

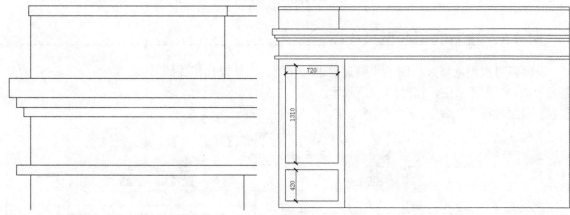

图14-133　延伸并修剪图形

图14-134　绘制矩形

09 执行"偏移"命令，偏移矩形图形，如图14-135所示。

10 执行"圆"、"偏移"命令，绘制同心圆并偏移的图形，如图14-136所示。

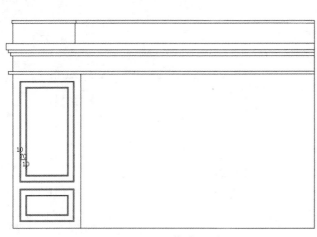

图14-135　偏移图形

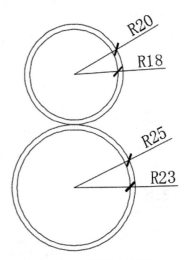

图14-136　绘制圆并偏移

⑪ 将下方同心圆向上移动5mm，如图14-137所示。

⑫ 执行"图案填充"命令，选择填充图案ANSI37，设置颜色及比例并进行填充，制作出一个拉手模型，如图14-138所示。

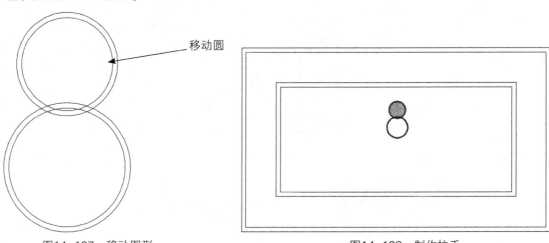

图14-137　移动图形

图14-138　制作拉手

⑬ 执行"镜像"命令，镜像左侧所有图形，如图14-139所示。

⑭ 执行"延伸"、"修剪"命令，延伸图形并进行修剪，如图14-140所示。

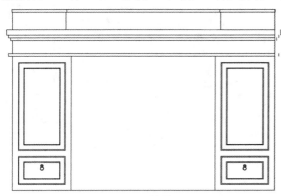

图14-139　镜像图形

图14-140　延伸并修剪图形

⑮ 执行"偏移"命令，偏移图形，如图14-141所示。

⑯ 执行"修剪"命令，修剪图形，如图14-142所示。

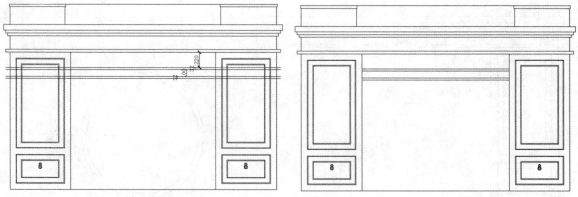

图14-141　偏移图形　　　　　　　图14-142　修剪图形

⑰ 执行"偏移"命令，偏移图形，如图14-143所示。

⑱ 执行"修剪"命令，修剪图形，如图14-144所示。

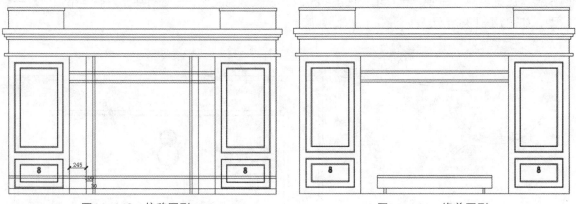

图14-143　偏移图形　　　　　　　图14-144　修剪图形

⑲ 执行"偏移"、"修剪"命令，偏移线条并修剪图形，如图14-145所示。

⑳ 复制拉手，并执行"缩放"命令，设置缩放尺寸为0.5，如图14-146所示。

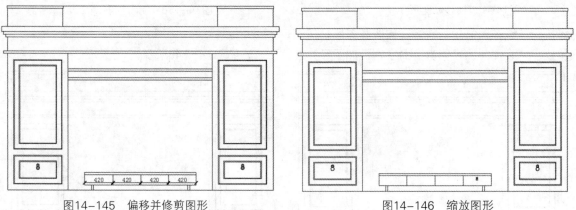

图14-145　偏移并修剪图形　　　　　图14-146　缩放图形

㉑ 执行"复制"命令，复制拉手，如图14-147所示。

㉒ 执行"直线"命令，绘制斜线符号，如图14-148所示。

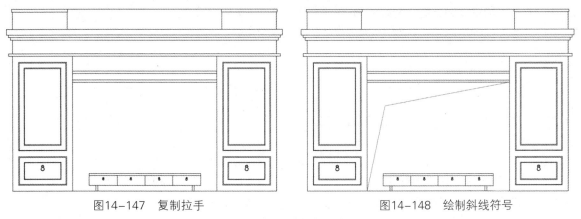

图14-147 复制拉手　　　　　　　　图14-148 绘制斜线符号

㉓ 执行"图案填充"命令，设置填充图案AR-SAND，设置颜色及比例，选择顶部区域进行填充，如图14-149所示。

㉔ 执行"线性标注"命令，对立面图进行尺寸标注，如图14-150所示。

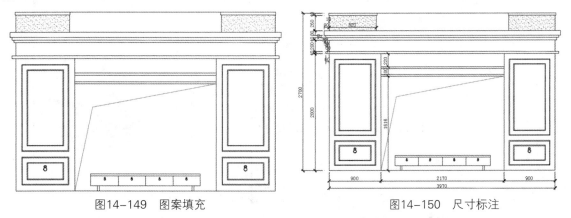

图14-149 图案填充　　　　　　　　图14-150 尺寸标注

㉕ 在命令行中输入QLEADER命令，对图形进行引线标注，完成衣柜造型立面图的制作，如图14-151所示。

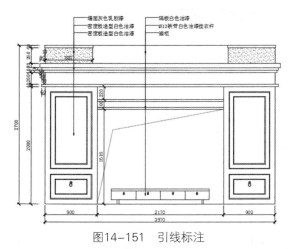

图14-151 引线标注

14.4.3 绘制侧挂大样图

下面将对侧挂大样图的绘制过程进行介绍，具体操作步骤如下。

01 从平面布置图中复制已经绘制好的侧挂A平面图，如图14-152所示。

02 执行"线性标注"命令，对侧挂A进行尺寸标注，如图14-153所示。

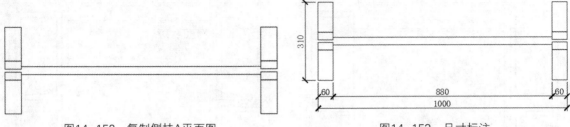

图14-152　复制侧挂A平面图　　　　　　　　图14-153　尺寸标注

03 在命令行中输入QLEADER命令，对其进行引线标注，如图14-154所示。

04 执行"矩形"、"直线"命令，绘制两个矩形和两条直线，如图14-155所示。

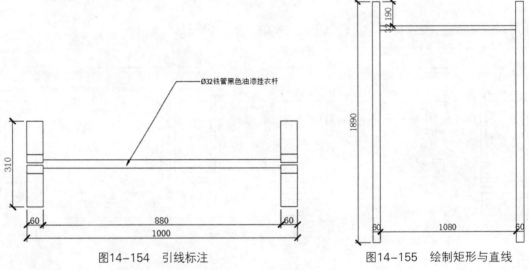

图14-154　引线标注　　　　　　　　图14-155　绘制矩形与直线

05 将矩形炸开，执行"偏移"命令，偏移图形，并设置线型，如图14-156所示。

06 执行"圆"命令，绘制直径为8的圆，如图14-157所示。

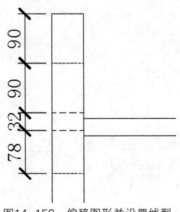
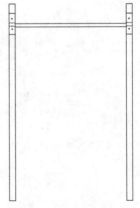

图14-156　偏移图形并设置线型　　　　　　　　图14-157　绘制圆

07 执行"线性标注"命令，进行尺寸标注，如图14-158所示。

08 在命令行中输入QLEADER命令，对图形进行引线标注，完成侧挂A正立面图的制作，如图14-159
所示。

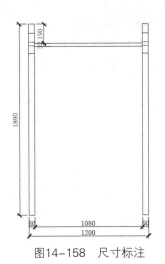

图14-158　尺寸标注

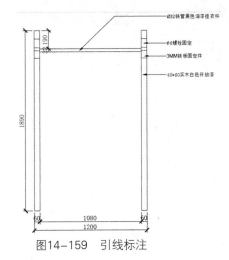

图14-159　引线标注

09 执行"直线"命令，绘制两条相互垂直的直线，如图14-160所示。

10 继续执行"直线"命令，捕捉绘制出一个三角形，然后删除竖直线，如图14-161所示。

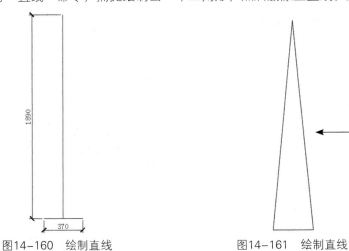

图14-160　绘制直线

绘制直线

图14-161　绘制直线

11 执行"偏移"命令，将两侧直线向外偏移40mm，如图14-162所示。

12 再执行"偏移"命令，偏移图形，如图14-163所示。

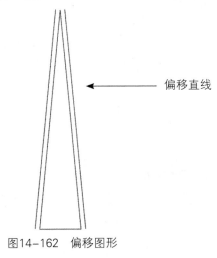

偏移直线

图14-162　偏移图形

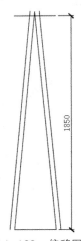

图14-163　偏移图形

⑬ 执行"圆角"、"修剪"命令，设置圆角尺寸为0，对图形执行圆角操作，再修剪图形，如图14-164所示。

⑭ 执行"直线"、"偏移"命令，绘制直线并偏移直线，如图14-165所示。

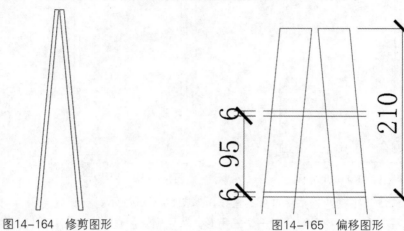

图14-164 修剪图形

图14-165 偏移图形

⑮ 继续执行"偏移"命令，偏移图形，如图14-166所示。

⑯ 执行"修剪"命令，修剪图形，如图14-167所示。

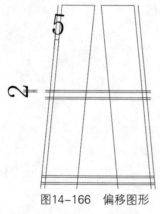

图14-166 偏移图形

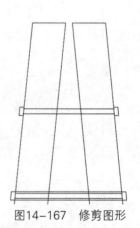

图14-167 修剪图形

⑰ 继续执行"偏移"命令，偏移图形，如图14-168所示。

⑱ 执行"圆角"命令，设置圆角尺寸为8，对图形进行圆角操作，如图14-169所示。

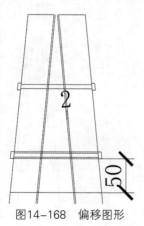

图14-168 偏移图形

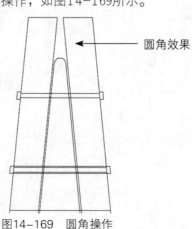

圆角效果

图14-169 圆角操作

⑲ 执行"偏移"命令，偏移图形，如图14-170所示。

⑳ 执行"修剪"命令，修剪图形，如图14-171所示。

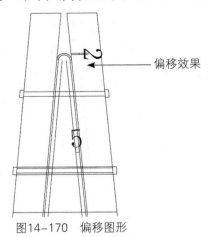

图14-170　偏移图形

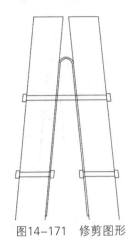

图14-171　修剪图形

㉑ 执行"图案填充"命令，设置实体填充图案，选择合适的区域进行填充，如图14-172所示。

㉒ 执行"直线"命令，绘制一条直线，如图14-173所示。

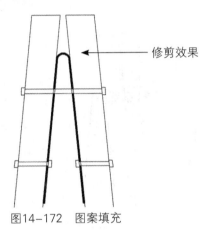

图14-172　图案填充

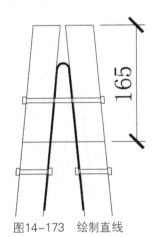

图14-173　绘制直线

㉓ 执行"圆"命令，捕捉直线中点，绘制半径为15的圆，再删除直线，如图14-174所示。

㉔ 执行"线性标注"命令，对立面图进行尺寸标注，完成侧挂A侧立面图的绘制，如图14-175所示。

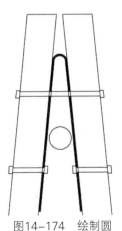

图14-174　绘制圆

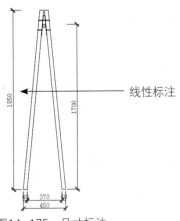

图14-175　尺寸标注

㉕ 执行"偏移"命令，将圆向外偏移，如图14-176所示。

㉖ 复制圆内图形，并执行"缩放"命令，将图形放大两倍，如图14-177所示。

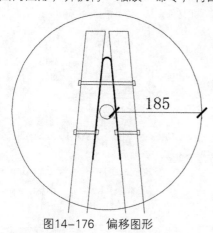

图14-176　偏移图形　　　　　　　　图14-177　缩放图形

㉗ 双击尺寸标注数据，修改数值，如图14-178所示。

㉘ 在命令行中输入QLEADER命令，对图形进行引线标注，完成侧挂A侧立面详图的制作，如图14-179所示。

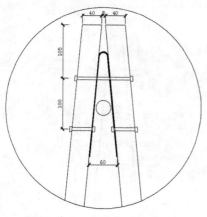
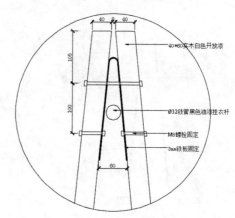

图14-178　修改尺寸标注　　　　　　　图14-179　引线标注

㉙ 从平面布置图中复制侧挂B图形，进行尺寸标注及引线标注，制作出侧挂B的平面图，如图14-180所示。

㉚ 执行"矩形"命令，绘制三个矩形并对齐，如图14-181所示。

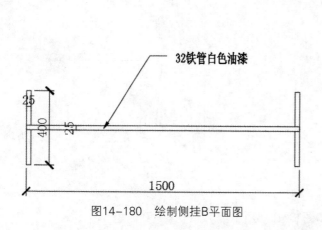
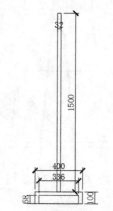

图14-180　绘制侧挂B平面图　　　　　图14-181　绘制矩形并对齐

㉛ 执行"修剪"命令，修剪图形，如图14-182所示。

㉜ 执行"圆角"命令，设置圆角尺寸，对图形进行圆角操作，如图14-183所示。

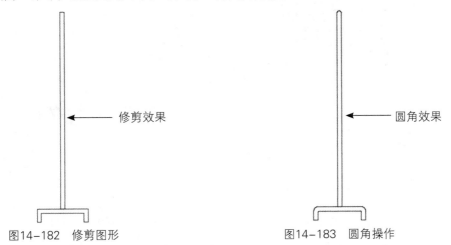

图14-182 修剪图形   图14-183 圆角操作

㉝ 执行"线性标注"命令，对立面图进行尺寸标注，如图14-184所示。

㉞ 在命令行中输入QLEADER命令，对图形进行引线标注，完成侧挂B侧立面图的绘制，如图14-185所示。

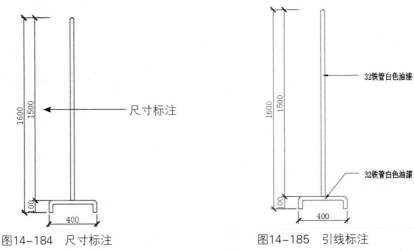

图14-184 尺寸标注   图14-185 引线标注

㉟ 执行"矩形"命令，绘制两个矩形并对齐，如图14-186所示。

㊱ 将矩形炸开，执行"偏移"、"修剪"命令，偏移图形并修剪，如图14-187所示。

图14-186 绘制矩形并对齐   图14-187 偏移并修剪图形

㊲ 执行"偏移"命令，偏移图形，如图14-188所示。

㊳ 执行"圆"命令，绘制圆，如图14-189所示。

图14-188 偏移图形

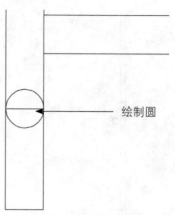

绘制圆

图14-189 绘制圆

㊴ 执行"修剪"命令，修剪图形，再删除直线，如图14-190所示。

㊵ 执行"圆角"命令，设置圆角尺寸，对图形进行圆角操作，如图14-191所示。

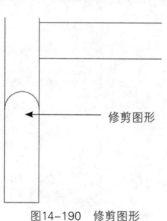

修剪图形

图14-190 修剪图形

图14-191 圆角操作

㊶ 执行"偏移"命令，将直线向下偏移，如图14-192所示。

㊷ 执行"圆"命令，捕捉直线中心，绘制一个圆，如图14-193所示。

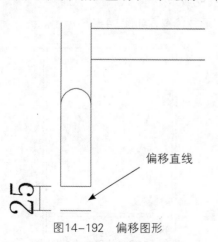

偏移直线

图14-192 偏移图形

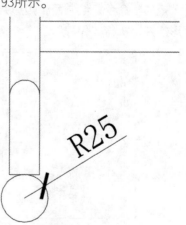

图14-193 绘制圆

㊸ 执行"线性标注"命令，对图形进行尺寸标注，如图14-194所示。

㊹ 在命令行中输入QLEADER命令，对图形进行引线标注，完成侧挂B正立面图的绘制，如图14-195所示。

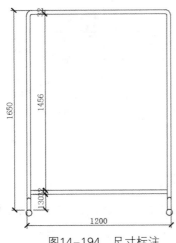

图14-194　尺寸标注

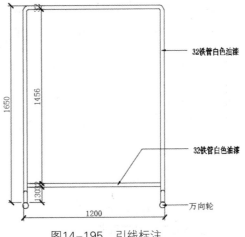

图14-195　引线标注

㊺ 执行"矩形"命令，绘制两个矩形，并进行尺寸标注，绘制出侧挂C的平面图，如图14-196所示。

㊻ 执行"直线"、"矩形"命令，绘制直线和两个矩形并对齐，如图14-197所示。

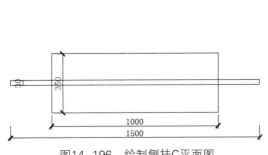

图14-196　绘制侧挂C平面图

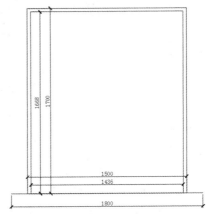

图14-197　绘制直线和矩形

㊼ 执行"圆角"命令，设置圆角尺寸，对图形进行圆角操作，如图14-198所示。

㊽ 执行"矩形"命令，绘制一个矩形，如图14-199所示。

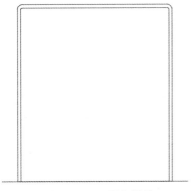

图14-198　圆角操作

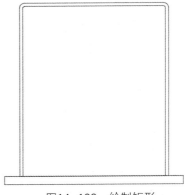

图14-199　绘制矩形

㊾ 执行“图案填充”命令，选择填充图案ANSI31，选择矩形区域进行填充，再删除矩形，如图14-200所示。

㊿ 执行“线性标注”命令，对图形进行尺寸标注，如图14-201所示。

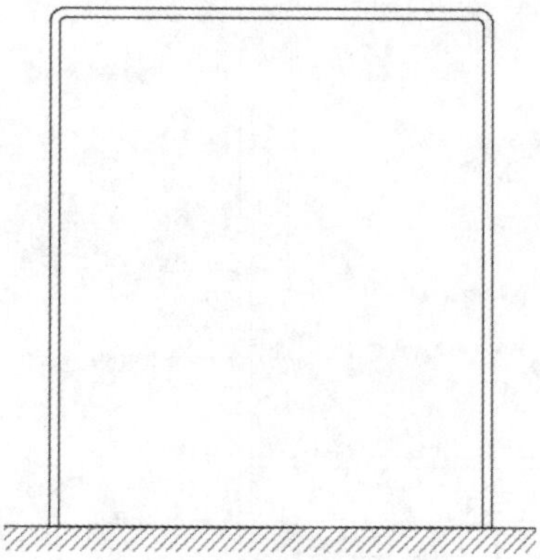

图14-200　填充图案

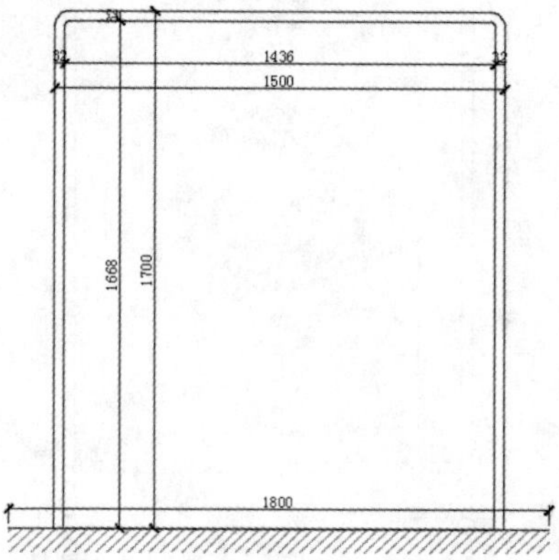

图14-201　尺寸标注

(51) 在命令行中输入QLEADER命令，对图形进行引线标注，完成侧挂C正立面图的绘制，如图14-202所示。

(52) 执行“矩形”命令，绘制矩形，如图14-203所示。

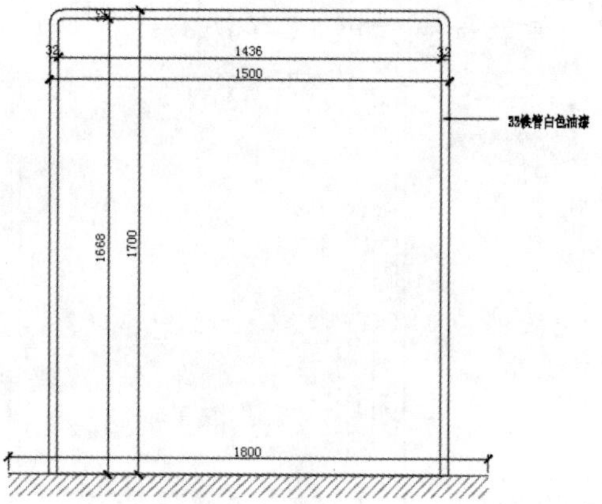

图14-202　引线标注

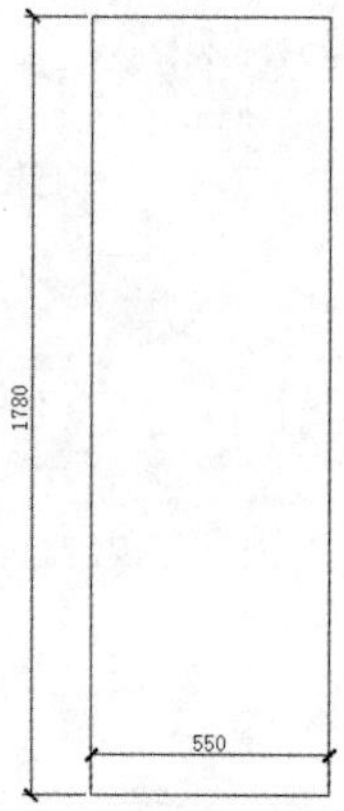

图14-203　绘制矩形

(53) 执行“偏移”命令，偏移图形，如图14-204所示。

(54) 执行“修剪”命令，修剪图形，如图14-205所示。

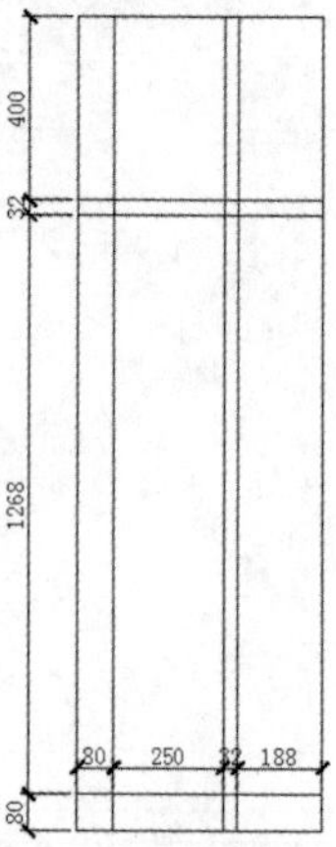

图14-204　偏移图形

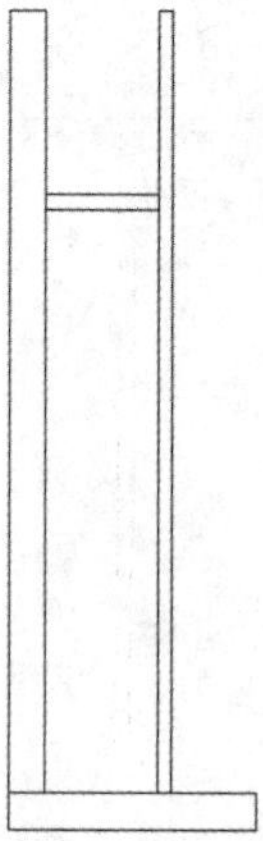

图14-205　修剪图形

(55) 执行“圆角”命令，设置圆角尺寸，对图形进行圆角操作，如图14-206所示。

(56) 执行“矩形”、“图案填充”命令，绘制矩形并进行图案填充，如图14-207所示。

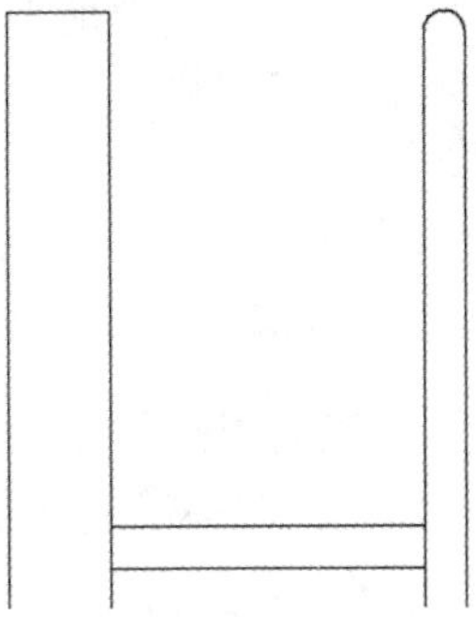

图14-206　圆角操作

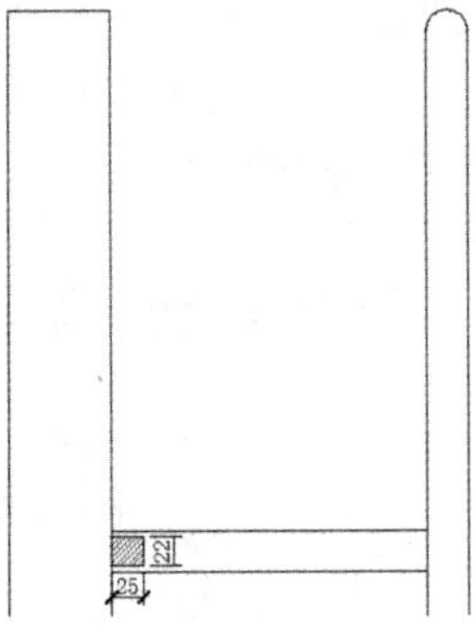

图14-207　绘制矩形并填充图案

(57) 执行“图案填充”命令，选择填充图案ANSI31，设置颜色及比例，选择图形区域进行填充，如图14-208所示。

(58) 删除多余线条，执行“线性标注”命令，对图形进行尺寸标注，如图14-209所示。

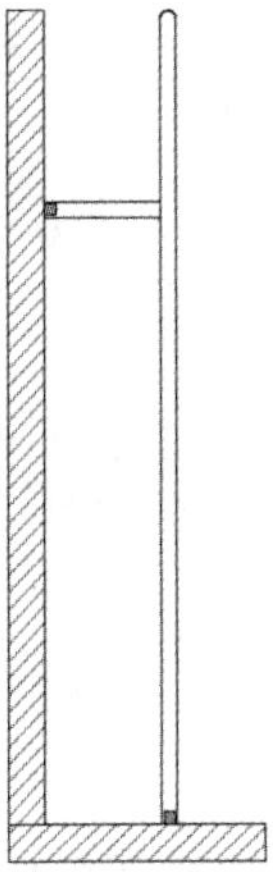

图14-208　填充图案

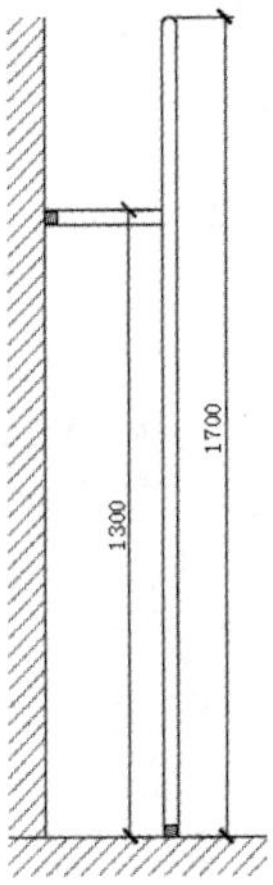

图14-209　尺寸标注

(59) 在命令行中输入QLEADER命令，对图形进行引线标注，完成侧挂C侧立面图的绘制，如图14-210所示。

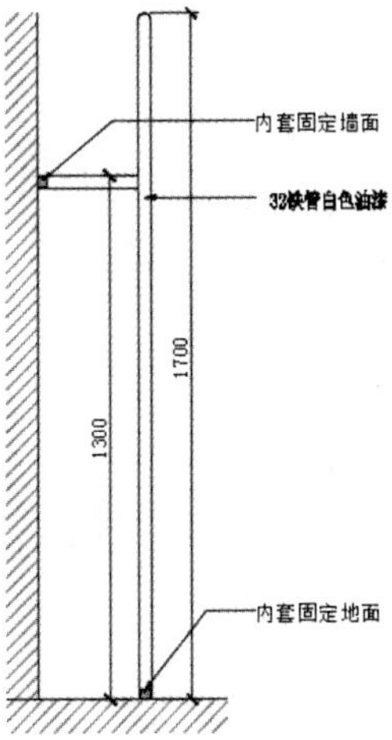

图14-210　引线标注

14.5 剖面图的绘制

剖面图是把整图当中无法表示清楚的某一个部分独立表示，以便于清晰地说明其构造。换句话说，剖面图是一种表明建筑构造细节部分的图。在本案例中，我们将对专卖店墙面造型和收银台吊顶造型进行介绍。

14.5.1 绘制专卖店墙面造型剖面图

在绘制剖面图时，首先根据立面图绘制所剖切位置的线段，然后根据平面图确定剖面的厚度，再根据实际情况绘制剖面的细节部分，最后添加标注。下面将对其具体绘制过程进行介绍。

01 复制墙面造型位置的图形，如图14-211所示。

02 删除多余图形，如图14-212所示。

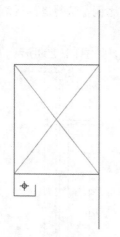

图14-211 复制图形

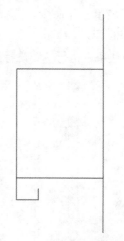

图14-212 删除多余图形

03 执行"偏移"命令，偏移出石膏板、木工板及马赛克的厚度，如图14-213所示。

04 执行"修剪"、"直线"命令，修剪图形后再绘制一条直线封闭图形，如图14-214所示。

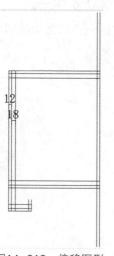

图14-213 偏移图形

图14-214 修剪图形

05 执行"圆"命令，绘制半径为250的圆，如图14-215所示。

06 执行"修剪"命令，修剪图形，如图14-216所示。

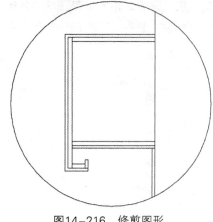

图14-215 绘制圆   图14-216 修剪图形

07 执行"图案填充"命令，选择填充图案ANSI31，设置颜色、比例，选择墙体区域进行填充，如图14-217所示。

08 执行"图案填充"命令，选择填充图案CORK，设置颜色、角度，选择木工板区域进行填充，如图14-218所示。

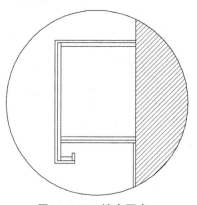 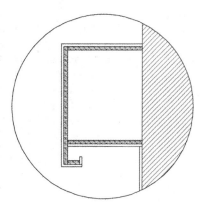

图14-217 填充图案   图14-218 填充图案

09 执行"图案填充"命令，选择填充图案AR-SAND，设置颜色和比例，选择石膏板区域进行填充，如图14-219所示。

10 执行"图案填充"命令，选择填充图案AR-CONC，设置颜色和比例，选择马赛克区域进行填充，如图14-220所示。

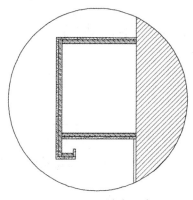 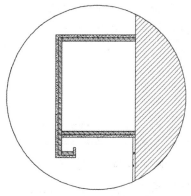

图14-219 填充图案   图14-220 填充图案

⑪ 执行"插入块"命令，插入灯带图块，如图14-221所示。

⑫ 执行"线性标注"命令，对图形进行尺寸标注，如图14-222所示。

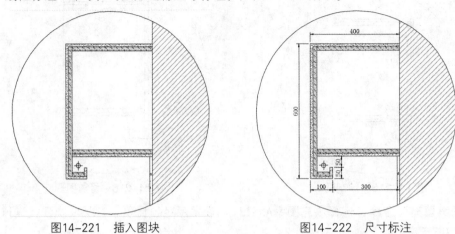

图14-221　插入图块　　　　　　　　　图14-222　尺寸标注

⑬ 在命令行中输入QLEADER命令，对图形进行引线标注，如图14-223所示。

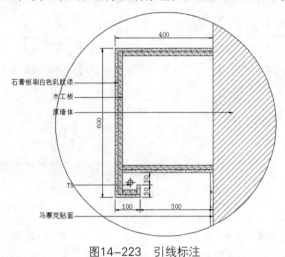

图14-223　引线标注

14.5.2　绘制收银台吊顶剖面图

下面将介绍收银台吊顶剖面图的绘制过程，其具体操作步骤为。

① 执行"矩形"命令，绘制一个矩形，如图14-224所示。

② 将矩形炸开，执行"偏移"命令，对图形进行偏移操作，如图14-225所示。

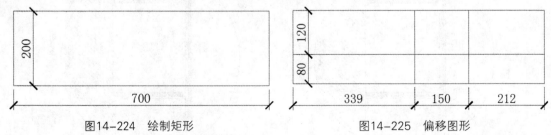

图14-224　绘制矩形　　　　　　　　　图14-225　偏移图形

③ 执行"修剪"命令，修剪图形，如图14-226所示。

④ 执行"偏移"命令，对图形进行偏移操作，如图14-227所示。

图14-226 修剪图形　　　　　　　　　　　图14-227 偏移图形

05 执行"修剪"、"直线"命令，修剪图形并绘制直线封闭图形，如图14-228所示。

06 执行"插入块"命令，插入灯具图块，如图14-229所示。

图14-228 修剪图形　　　　　　　　　　　图14-229 插入图块

07 执行"圆"命令，绘制一个半径为200的圆，如图14-230所示。

08 执行"图案填充"命令，选择填充图案ANSI31，设置颜色、角度，选择墙体区域进行填充，如图14-231所示。

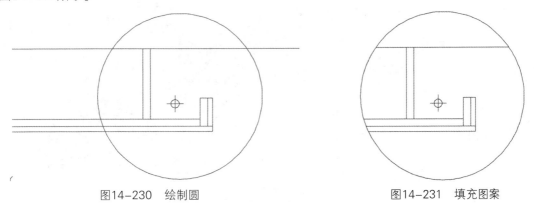

图14-230 绘制圆　　　　　　　　　　　图14-231 填充图案

09 执行"图案填充"命令，选择填充图案ANSI31，设置颜色和比例，选择顶面区域进行填充，如图14-232所示。

10 执行"图案填充"命令，选择填充 图案CORK，设置颜色和比例，选择木工板区域进行填充，如图14-233所示。

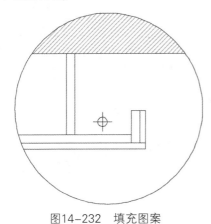
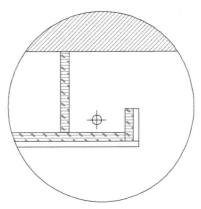

图14-232 填充图案　　　　　　　　　　　图14-233 填充图案

⑪ 执行"图案填充"命令，选择填充 图案AR-SAND，设置颜色和比例，选择石膏板区域进行填充，如图14-234所示。

⑫ 执行"线性标注"命令，对立面图进行尺寸标注，如图14-235所示。

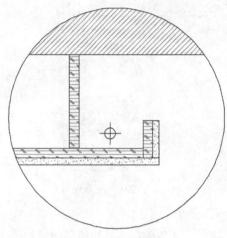

图14-234 填充图案

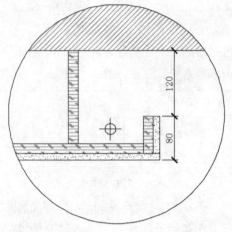

图14-235 尺寸标注

⑬ 在命令行中输入QLEADER命令，对图形进行引线标注，如图14-236所示。

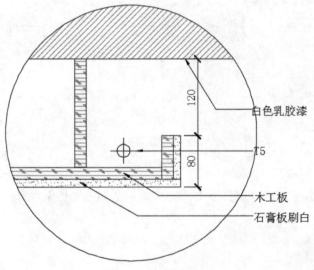

图14-236 文字标注

第**15**章

园林景观图的绘制

📽️ **本章概述**　　所谓园林景观设计，即指在一定的地域范围内，运用园林艺术和工程技术手段，通过改造地形、种植植物、营造建筑和布置园路等途径创造美的自然环境和生活、游憩境域的过程。本章将以生活小区中心园林景观的设计为例进行讲解。通过对本章内容的学习，读者可以熟悉园林景观的设计要领，掌握小区景观设计图纸的绘制方法与技巧。

📖 **知识要点**　● 园林景观设计要点；　　　　　　　● 园林小品的绘制方法。
　　　　　　　　● 园林平面规划图的绘制方法；

15.1　园林景观设计概述

　　小区景观设计是指在小区内创造一个由形态、形式因素构成的较为独立的，具有一定社会文化内涵及审美价值的景物。景观设计使环境具有美学欣赏价值和日常使用的功能，并能保证生态的可持续性发展。在一定程度上，它体现了当时人类文明的发展程度和价值取向，以及设计者个人的审美观念。

15.1.1　园林景观设计要点

　　园林不单纯是一种艺术形象，还是一种物质环境。它对环境加以艺术处理的理论与技巧。它是与功能相结合的艺术，是有生命的艺术，是与科学相结合的艺术，是融汇多种艺术于一体的综合艺术。景观设计的宗旨就是给人们创造一个休闲、活动的空间，创造舒适、宜人的环境。

承德避暑山庄

瘦西湖

　　在园林设计过程中，"实用，经济，美观"三者之间不是相互孤立的，而是紧密联系、不可分割的。首先要考虑适用的原则，要具有一定的科学性，使园林功能适用于服务对象。适用的观点带有永恒性和长久性。其次要考虑经济问题，正确的选址，因地制宜，就可以减少投资，避免资源的浪费。第三就是观赏性，美观是园林设计的必要条件，因此既要满足园林的布局要求，又要符合造景的艺术要求。用建筑方式来安排花草树木、喷泉、水池、道路、雕塑等，这就是园林艺术。园林艺术本身就允许多种风格的存在，随着东西文化交流和思想感情的沟通，各自的风格都在产生着惟妙惟肖的变化，从而使园林艺术更加丰富多彩，日新月异。

15.1.2 园林艺术风格

在漫长的发展进程中，由于世界各地自然、地理、气候、人文、社会等多方面的差异，景观园林逐步形成了多种流派与风格，也形成了不同的类型与形式。从世界范围来看，它主要有两大体系，即东方自然式园林和西方几何式园林。

1. 东方自然式园林

东方自然式园林又称风景式、自由式、山水派园林，其主要代表是中国古典园林。它以自然美为基础，提炼和概括了优雅的自然景观作为人工造园的题材，并提出了因地制宜、效法自然的自然风景理论，还有大量的实践活动。从实践来说，我国北方的颐和园、承德避暑山庄，南方的苏州、扬州等地的私家园林，如拙政园、狮子林、瘦西湖等，都可以作为典型事例来说明中国东方园林的理论体系。

圆明园　　　　　　　　　　　　拙政园

2. 西方几何式园林

西方几何式园林又称整形式、规则式、图案式或建筑式园林，以埃及、希腊、罗马古典时期的庭院为代表。到十八世纪英国风景式园林产生以前，西方园林基本属于几何式园林体系，形成了自己的理论及显著特征。

意大利式园林　　　　　　　　　　英国风景式园林

15.2 景观规划图的绘制

景观设计风格的选择与地域、文化层次等因素有着很大的关系，这里将以住宅小区的景观设计为例展开介绍，其中包括景观规划图、园林小品图等。

15.2.1 绘制景观规划图

在绘制景观规划图时，要在考虑到整体规划的面积和布局的基础上分布地面格局，如草皮、道路、流水、桥等，将其明确表示出来。下面将对景观规划图的绘制过程进行介绍。

01 执行"矩形"、"偏移"命令，绘制一个矩形并进行偏移操作，如图15-1所示。

02 将内部矩形炸开，执行"偏移"命令，偏移图形，如图15-2所示。

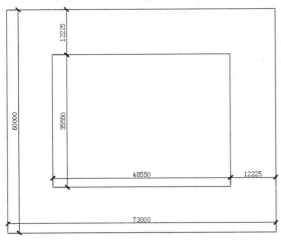

图15-1 绘制矩形并偏移

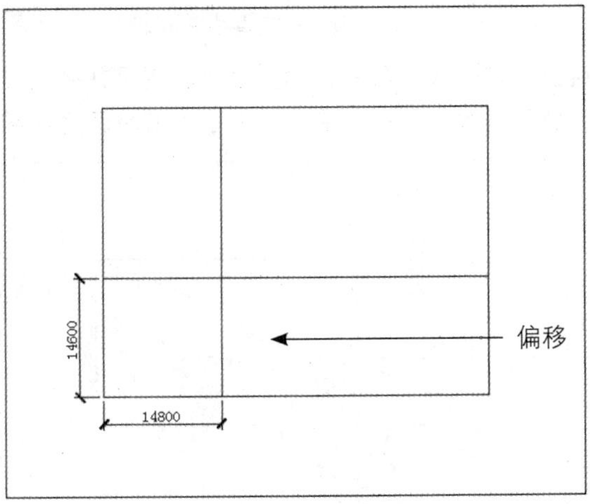

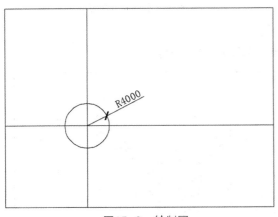

图15-2 炸开并偏移

03 执行"圆"命令，捕捉交点，绘制一个圆，如图15-3所示。

04 继续执行"圆"命令，在同一圆心位置绘制多个同心圆，如图15-4所示。

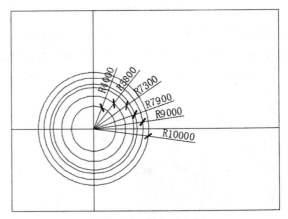

图15-3 绘制圆

图15-4 绘制同心圆

05 复制一条直线在圆心位置，并执行"旋转"命令，以圆心为旋转中点进行旋转操作，如图15-5所示。

06 执行"偏移"命令，偏移图形，如图15-6所示。

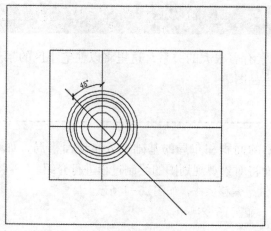

图15-5　复制直线并旋转

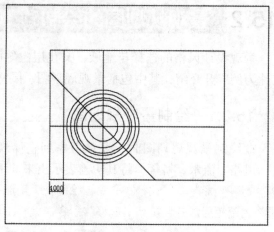

图15-6　偏移图形

07 执行"弧线"命令，捕捉起点、端点并经过点绘制一条弧线，如图15-7所示。

08 删除直线并执行"偏移"命令，偏移图形如图15-8所示。

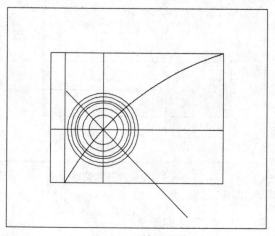

图15-7　绘制弧线

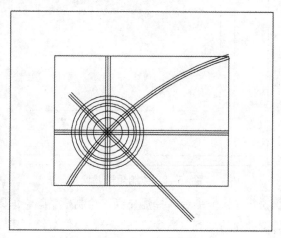

图15-8　偏移图形

09 执行"修剪"命令，修剪多余线条，如图15-9所示。

10 删除中线并执行"延伸"命令，将图形延伸到边界，如图15-10所示。

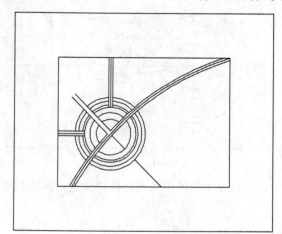

图15-9　修剪图形

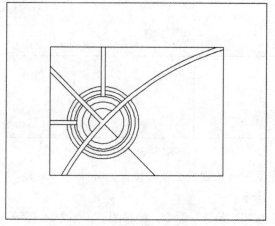

图15-10　延伸图形

⑪执行"偏移"命令，偏移图形，如图15-11所示。

⑫执行"延伸"、"修剪"命令，延伸线条再修剪图形，删除多余的线条，如图15-12所示。

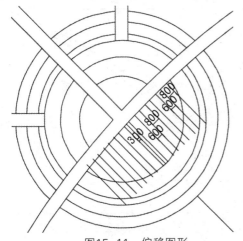

图15-11　偏移图形

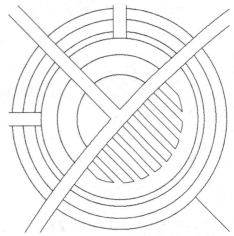

图15-12　延伸并修剪图形

⑬执行"偏移"命令，偏移直线，如图15-13所示。

⑭执行"圆"命令，捕捉交点，绘制三个圆，如图15-14所示。

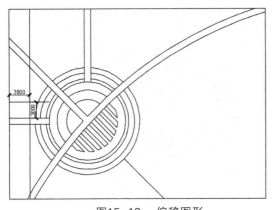

图15-13　偏移图形

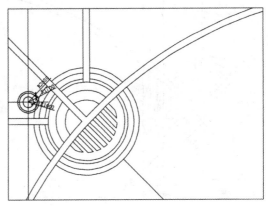

图15-14　绘制圆

⑮删除直线，再执行"圆角"命令，设置圆角尺寸为1000，对图形执行圆角操作，如图15-15所示。

⑯执行"偏移"命令，设置偏移尺寸为100，偏移图形，如图15-16所示。

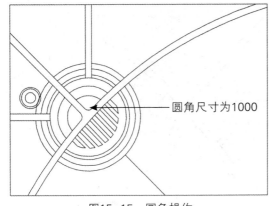

图15-15　圆角操作

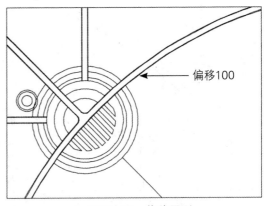

图15-16　偏移图形

⓱ 执行"直线"、"偏移"命令，在指定位置绘制直线并进行偏移操作，如图15-17所示。

⓲ 执行"修剪"命令，修剪图形，如图15-18所示。

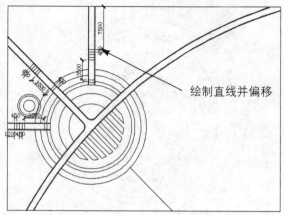

图15-17　绘制直线并偏移

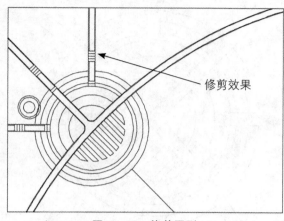

图15-18　修剪图形

⓳ 执行"偏移"命令，偏移图形，如图15-19所示。

⓴ 执行"修剪"命令，修剪图形，如图15-20所示。

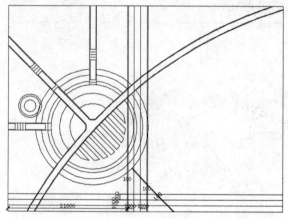

图15-19　偏移图形

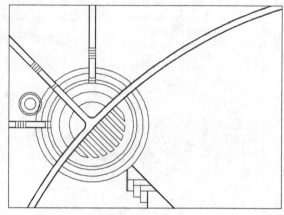

图15-20　修剪图形

㉑ 执行"矩形"命令，绘制矩形并将其移动到合适位置，如图15-21所示。

㉒ 执行"偏移"命令，偏移图形，如图15-22所示。

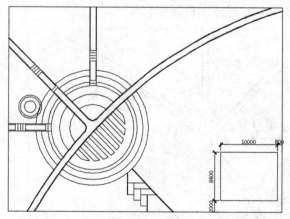

图15-21　绘制矩形

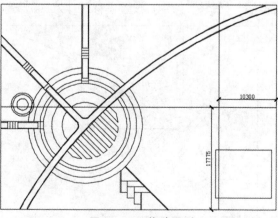

图15-22　偏移图形

㉓ 执行"圆"命令，绘制两个圆，如图15-23所示。

㉔ 执行"偏移"命令，偏移直线，如图15-24所示。

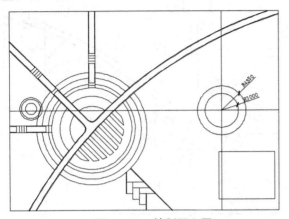

图15-23　绘制同心圆

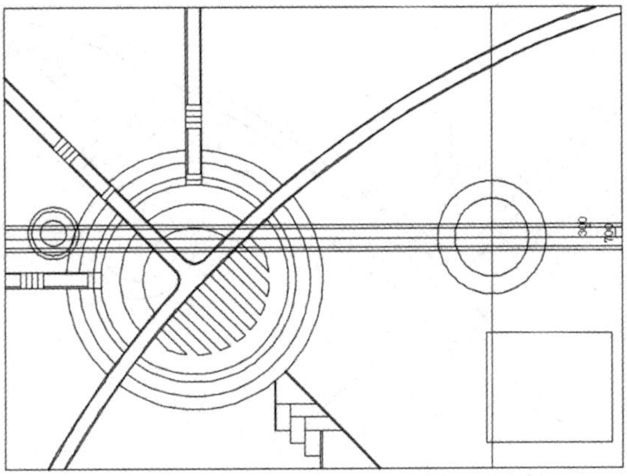

图15-24　偏移图形

㉕ 执行"修剪"命令，修剪图形并删除多余图形，如图15-25所示。

㉖ 执行"旋转"命令，旋转直线，如图15-26所示。

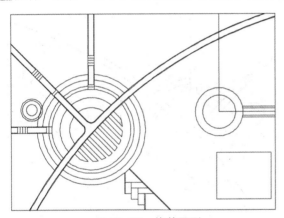
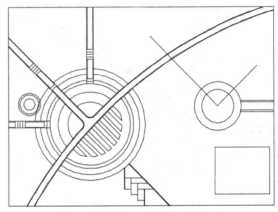

图15-25　修剪图形

图15-26　旋转图形

㉗ 执行"偏移"命令，偏移图形，如图15-27所示。

㉘ 执行"延伸"命令，延伸图形，如图15-28所示。

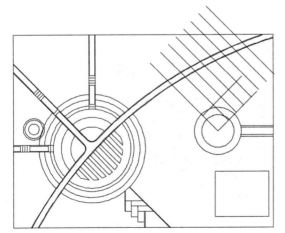
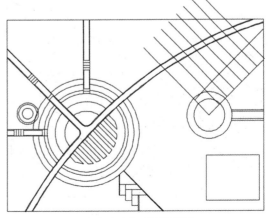

图15-27　偏移图形

图15-28　延伸图形

㉙ 执行"修剪"命令，修剪图形并删除多余图形，如图15-29所示。

㉚ 执行"偏移"命令，偏移图形，如图15-30所示。

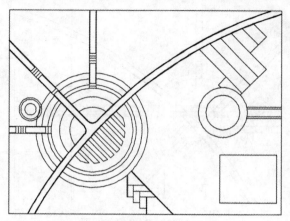

图15-29 修剪图形

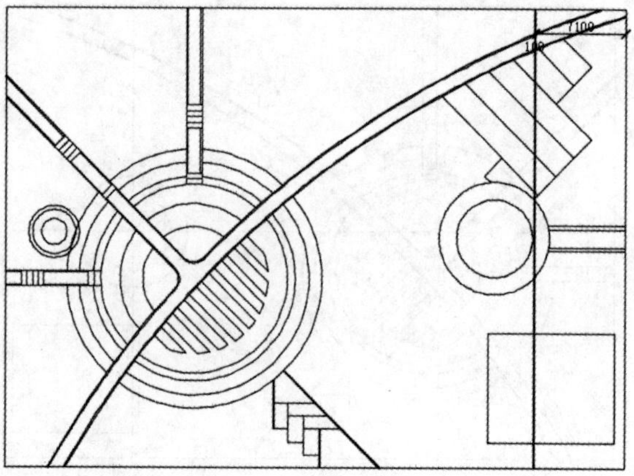

图15-30 偏移图形

㉛ 执行"圆角"命令，设置圆角尺寸为0，进行圆角操作，如图15-31所示。

㉜ 执行"偏移"命令，偏移图形，如图15-32所示。

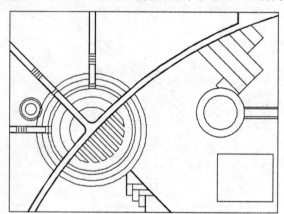
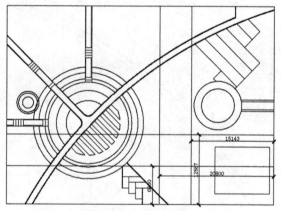

图15-31 圆角操作

图15-32 偏移图形

㉝ 执行"圆"命令，绘制两个相切的圆，如图15-33所示。

㉞ 执行"修剪"命令，修剪图形，如图15-34所示。

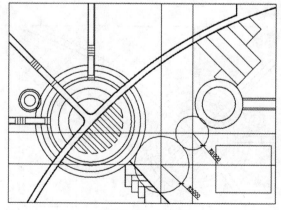
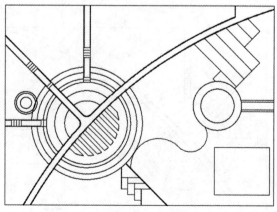

图15-33 绘制圆

图15-34 修剪图形

㉟ 执行"偏移"命令，偏移图形，如图15-35所示。

㊱ 执行"延伸"、"修剪"命令，延伸并修剪图形，如图15-36所示。

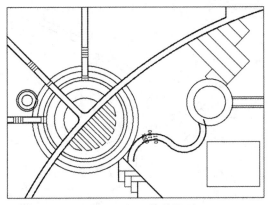

图15-35 偏移图形

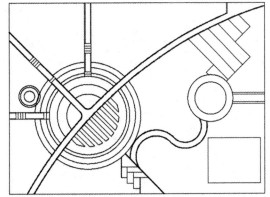

图15-36 延伸并修剪图形

㊲ 执行"直线"命令，捕捉交点，绘制圆的射线，如图15-37所示。

㊳ 执行"旋转"命令，以圆心为中点复制并旋转直线，如图15-38所示。

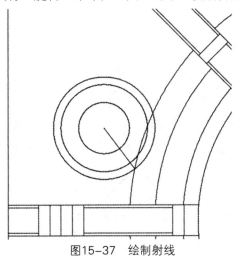

图15-37 绘制射线

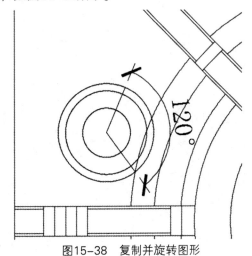

图15-38 复制并旋转图形

㊴ 执行"修剪"命令，修剪图形，如图15-39所示。

㊵ 执行"样条曲线"命令，绘制曲线，如图15-40所示。

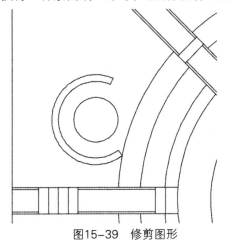

图15-39 修剪图形

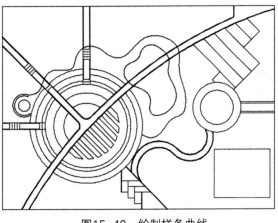

图15-40 绘制样条曲线

㊶ 执行"直线"命令，捕捉圆心，绘制一条直线，如图15-41所示。

㊷ 执行"旋转"命令，将直线顺时针旋转60°，如图15-42所示。

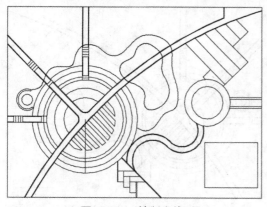

图15-41　绘制直线

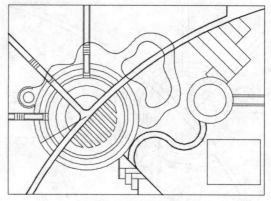

图15-42　旋转图形

㊸ 复制直线，并执行"旋转"命令，如图15-43所示。

㊹ 执行"修剪"命令，修剪图形并删除多余线条，如图15-44所示。

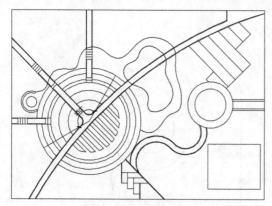

图15-43　复制并旋转

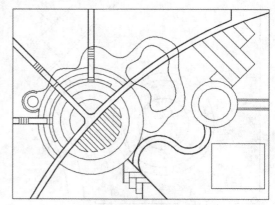

图15-44　修剪图形

㊺ 执行"矩形"、"偏移"命令，绘制矩形并进行偏移，如图15-45所示。

㊻ 执行"直线"命令，绘制对角线，如图15-46所示。

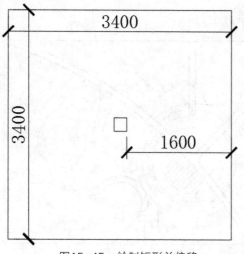

图15-45　绘制矩形并偏移

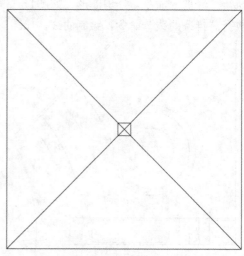

图15-46　绘制对角线

(47) 执行“偏移”命令，向两侧偏移对角线，如图15-47所示。

(48) 执行“修剪”命令，修剪图形，如图15-48所示。

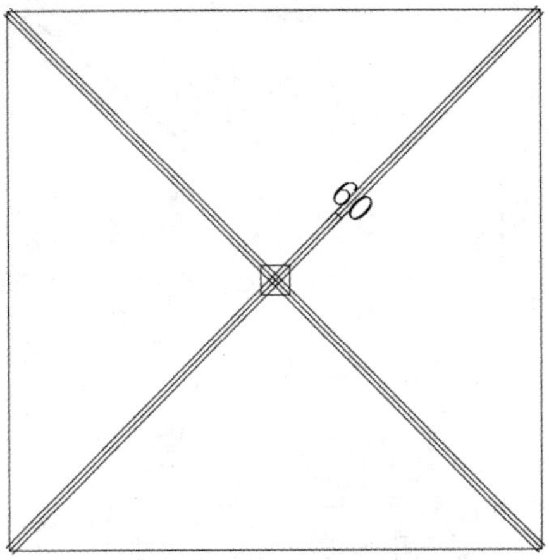

图15-47 偏移图形

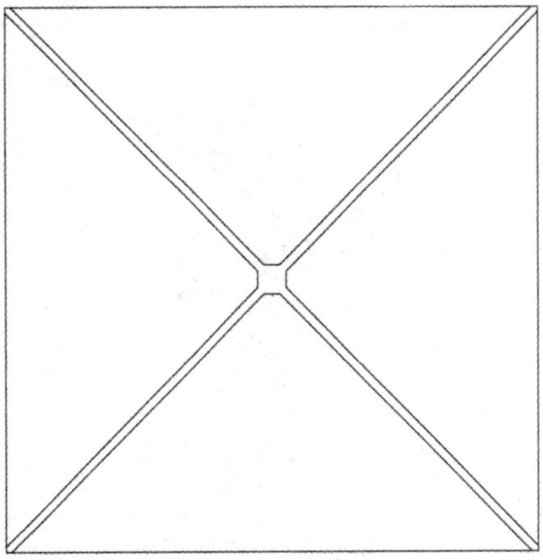
图15-48 修剪图形

(49) 执行“图案填充”命令，选择填充图案AR-RSHKE，选择区域并进行填充，制作出亭子平面图，并将其成组，如图15-49所示。

(50) 移动亭子图形到合适的位置，如图15-50所示。

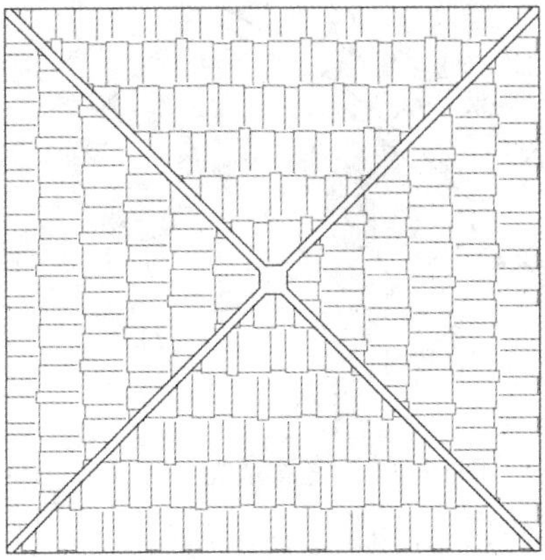
图15-49 图案填充

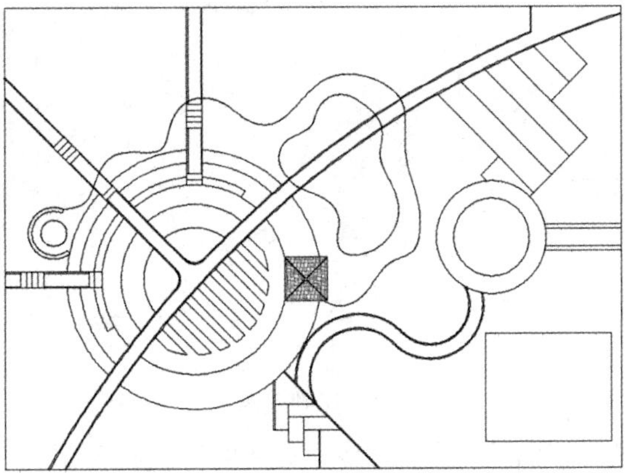
图15-50 移动图形

(51) 选择亭子图形，执行“环形阵列”命令，以圆心为阵列中心进行阵列复制，如图15-51所示。

(52) 将阵列出的图形炸开，并删除多余的亭子图形，如图15-52所示。

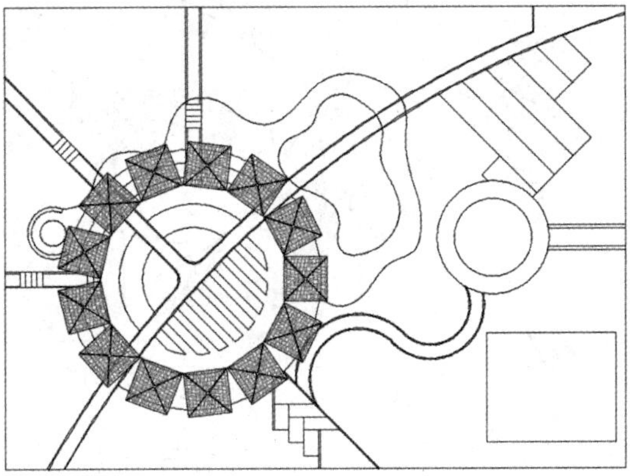
图15-51 环形阵列图形

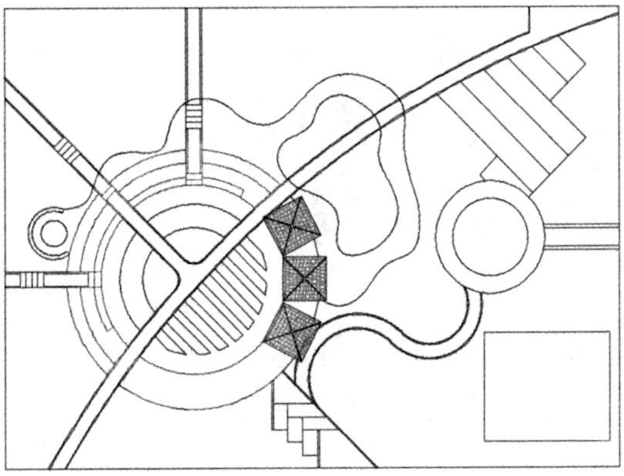
图15-52 炸开并删除

(53) 执行“修剪”命令，修剪被覆盖的线条，如图15-53所示。

(54) 执行“多段线”命令，绘制石头轮廓，并设置图形颜色，如图15-54所示。

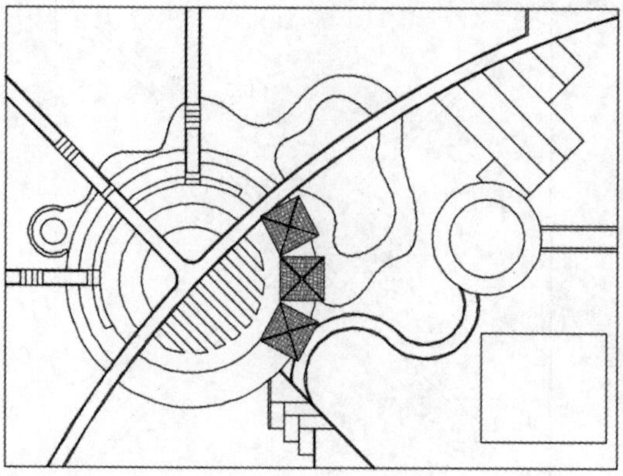

图15-53 修剪图形

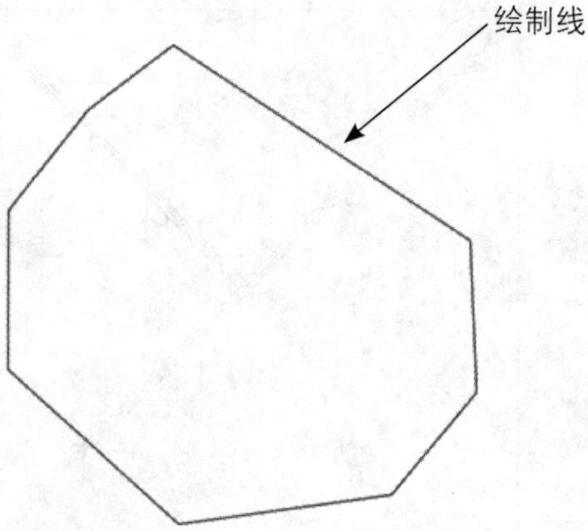

图15-54 绘制多段线

(55) 继续绘制石头轮廓，并将其分布到合适位置，如图15-55所示。

(56) 执行“图案填充”命令，选择填充图案ANSI37，选择区域进行填充，如图15-56所示。

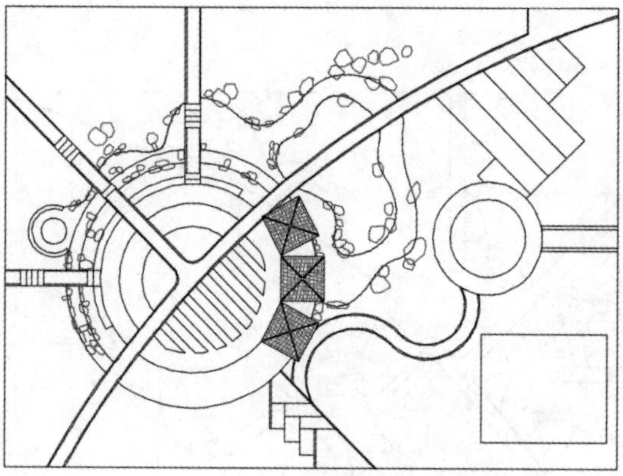

图15-55 绘制石头轮廓

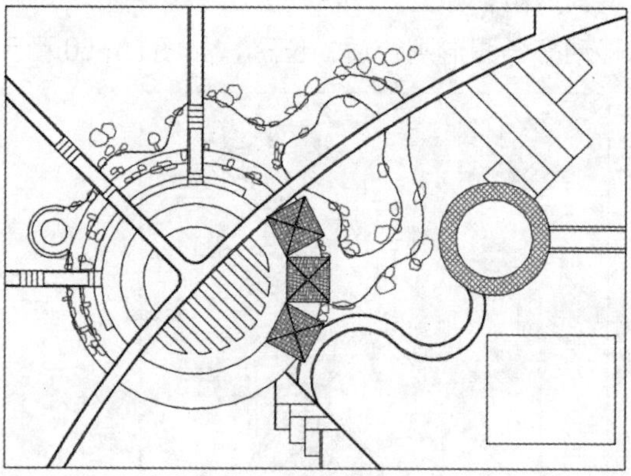

图15-56 图案填充

(57) 执行“图案填充”命令，选择填充图案GRAVEL，选择区域进行填充，如图15-57所示。

(58) 执行“图案填充”命令，选择填充图案BRSTONE，选择区域进行填充，如图15-58所示。

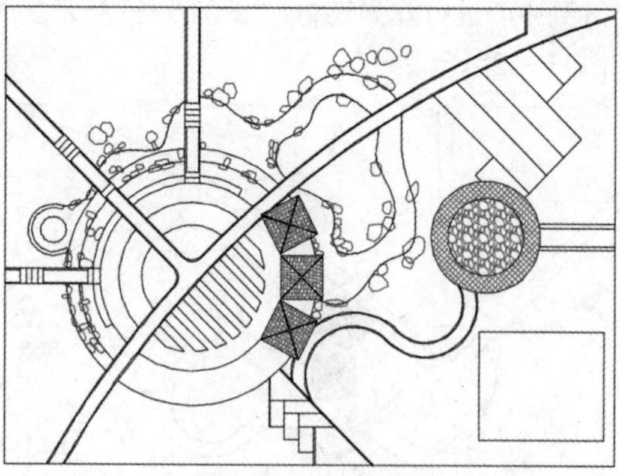

图15-57 图案填充

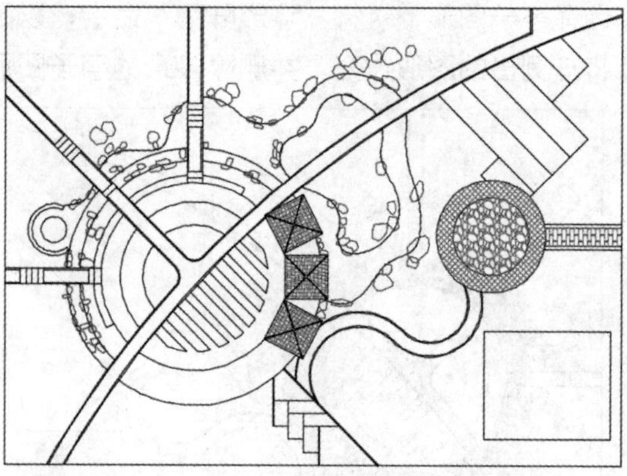

图15-58 图案填充

(59) 执行“圆角”、“修剪”命令，设置圆角尺寸为2800，对图形进行圆角操作并修剪图形，如图15-59所示。

⑥⓿ 执行"图案填充"命令，选择填充图案AR-HBONE，选择区域进行填充，如图15-60所示。

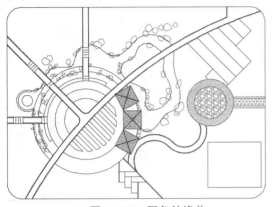

图15-59　圆角并修剪

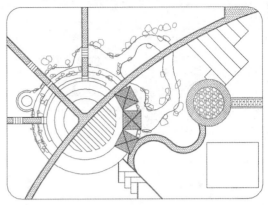

图15-60　图案填充

⑥① 执行"图案填充"命令，选择填充图案FLGSTONE，选择区域进行填充，如图15-61所示。

⑥② 执行"图案填充"命令，选择填充图案STONES，选择区域进行填充，如图15-62所示。

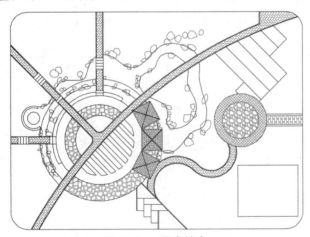

图15-61　图案填充

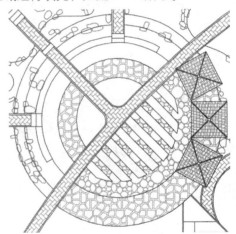

图15-62　图案填充

⑥③ 执行"图案填充"命令，选择填充图案MOSAIC，选择区域进行填充，如图15-63所示。

⑥④ 执行"偏移"命令，偏移图形外框，如图15-64所示。

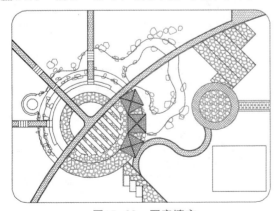

图15-63　图案填充

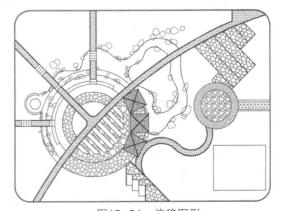

图15-64　偏移图形

⑥⑤ 执行"偏移"命令，依次偏移图形，如图15-65所示。

⑥⑥ 执行"修剪"命令，修剪图形，如图15-66所示。

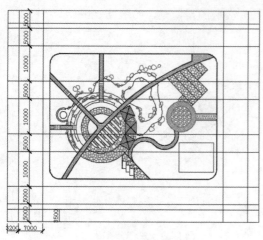

图15-65　偏移图形

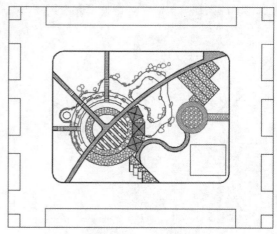

图15-66　修剪图形

⑥⑦ 执行"圆角"命令，设置圆角尺寸为1500，对图形进行圆角操作，如图15-67所示。

⑥⑧ 执行"偏移"命令，偏移图形，如图15-68所示。

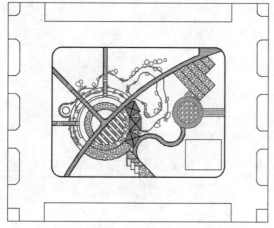

图15-67　圆角操作

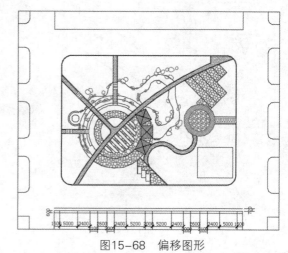

图15-68　偏移图形

⑥⑨ 执行"延伸"命令，延伸图形，如图15-69所示。

⑦⑩ 执行"修剪"命令，修剪图形，如图15-70所示。

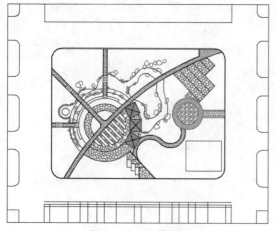

图15-69　延伸图形

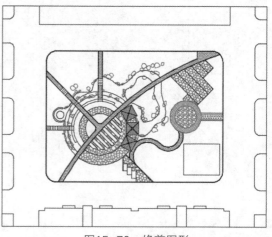

图15-70　修剪图形

71 删除另一侧图形，执行"镜像"命令，镜像图形，如图15-71所示。

72 执行"偏移"命令，偏移两侧图形，如图15-72所示。

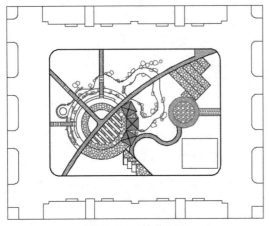

图15-71　镜像图形

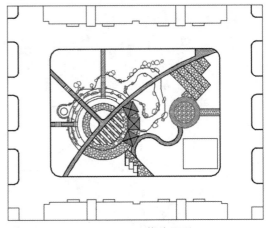

图15-72　偏移图形

73 调整图形颜色，如图15-73所示。

74 执行"多行文字"命令，对图纸进行文字说明，如图15-74所示。

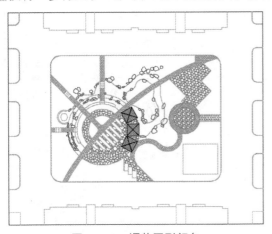

图15-73　调整图形颜色

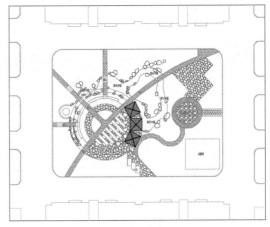

图15-74　文字说明

75 在命令行中输入QLEADER命令，对地面材料进行引线标注，完成图纸的绘制，如图15-75所示。

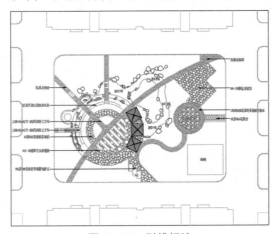

图15-75　引线标注

15.2.2 绘制园林小品详图

下面将介绍景观规划图中建筑小品的绘制方法。

1. 绘制亭子立面图和剖面图

在此将主要利用"偏移"、"修剪"、"填充"等命令来进行图形绘制。

01 从规划图中复制亭子图形，如图15-76所示。

02 执行"偏移"命令，将矩形向外偏移200mm，如图15-77所示。

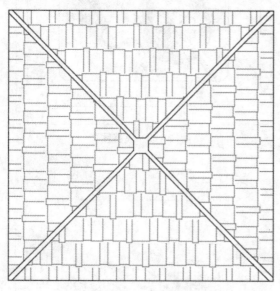

图15-76 复制图形

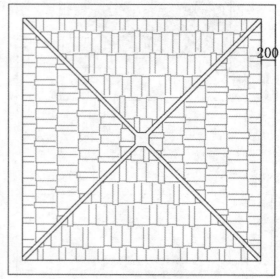

图15-77 偏移图形

03 将矩形炸开，执行"偏移"命令，偏移图形，如图15-78所示。

04 执行"直线"命令，绘制对角线，如图15-79所示。

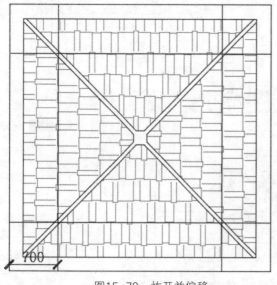

图15-78 炸开并偏移

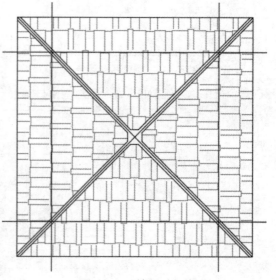

图15-79 绘制对角线

05 设置直线颜色及线型，如图15-80所示。

06 执行"线性标注"命令，对图形进行尺寸标注，如图15-81所示。

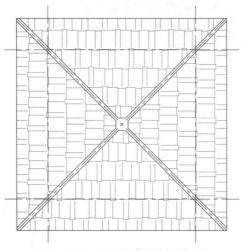

图15-80　设置直线颜色及线型

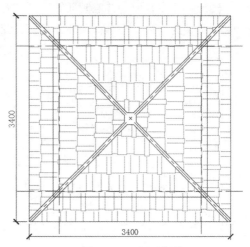

图15-81　尺寸标注

07 在命令行中输入QLEADER命令，进行引线标注，如图15-82所示。

08 从规划图中复制图形，延伸线条并清理多余图形，如图15-83所示。

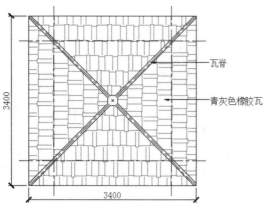

图15-82　引线标注

图15-83　复制图形

09 根据亭子周围地面的材质填充图形，如图15-84所示。

10 从亭子顶部平面图中复制轴线，如图15-85所示。

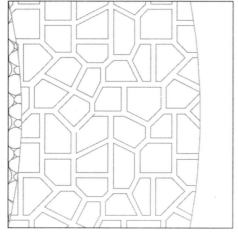

图15-84　图案填充

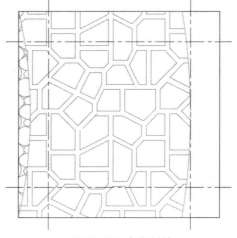

图15-85　复制轴线

⑪ 执行"矩形"命令，绘制并复制400×400的矩形并居中对齐，如图15-86所示。

⑫ 执行"图案填充"命令，选择填充图案ANSI32，对矩形区域进行填充，如图15-87所示。

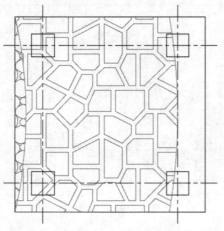

图15-86 绘制矩形

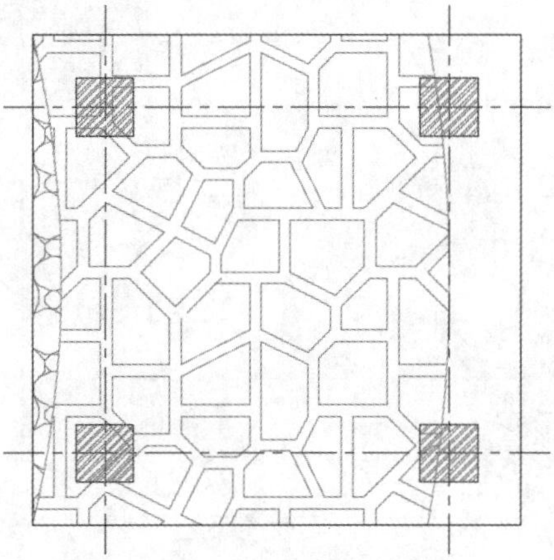

图15-87 图案填充

⑬ 执行"图案填充"命令，选择填充图案AR-CONC，对矩形进行填充，如图15-88所示。

⑭ 执行"线性标注"命令，对图形进行尺寸标注，如图15-89所示。

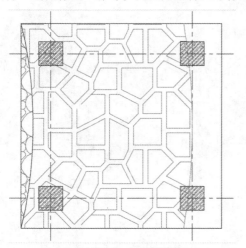

图15-88 图案填充

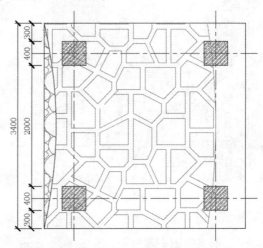

图15-89 尺寸标注

⑮ 在命令行中输入QLEADER命令，进行引线标注，如图15-90所示。

⑯ 执行"直线"、"偏移"命令，绘制直线并进行偏移操作，如图15-91所示。

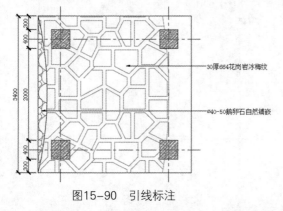

30厚664花岗岩冰梅纹

∅40-50鹅卵石自然铺嵌

图15-90 引线标注

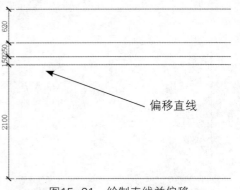

偏移直线

图15-91 绘制直线并偏移

⑰ 执行"直线"、"偏移"命令，绘制中线并进行偏移操作，如图15-92所示。

⑱ 执行"修剪"命令，修剪图形，如图15-93所示。

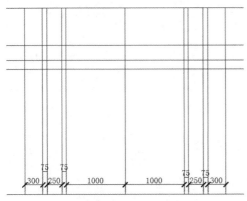

图15-92　偏移图形

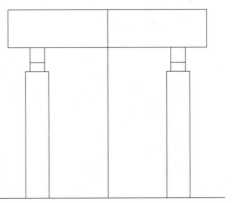

图15-93　修剪图形

⑲ 执行"偏移"命令，偏移线条，如图15-94所示。

⑳ 执行"延伸"、"偏移"命令，延伸直线并进行偏移操作，如图15-95所示。

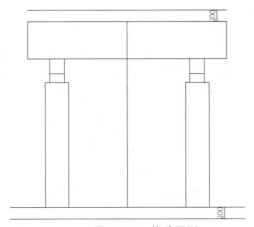

图15-94　偏移图形

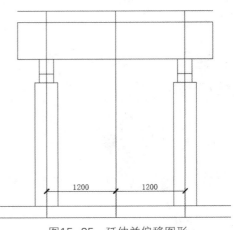

图15-95　延伸并偏移图形

㉑ 执行"直线"命令，绘制直线并删除部分线条，如图15-96所示。

㉒ 执行"偏移"命令，偏移屋顶线条，如图15-97所示。

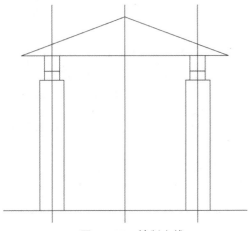

图15-96　绘制直线

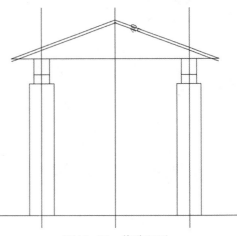

图15-97　偏移图形

㉓ 执行"修剪"命令，修剪图形，如图15-98所示。

㉔ 执行"图案填充"命令，选择填充图案AR-BRSTD，选择柱子区域进行填充，如图15-99所示。

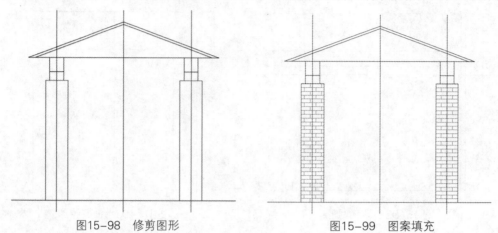

图15-98　修剪图形　　　　　　　　　　　　图15-99　图案填充

㉕ 执行"图案填充"命令，选择填充图案AR-RSHKE，选择亭子顶部区域进行填充，如图15-100所示。

㉖ 执行"图案填充"命令，选择填充图案AR-SAND，选择柱头区域进行填充，如图15-101所示。

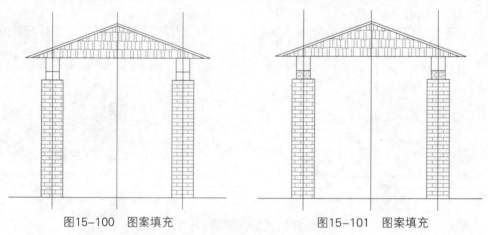

图15-100　图案填充　　　　　　　　　　　　图15-101　图案填充

㉗ 执行"插入块"命令，插入图块，如图15-102所示。

㉘ 执行"多段线"命令，绘制一段多段线，并设置其宽度，如图15-103所示。

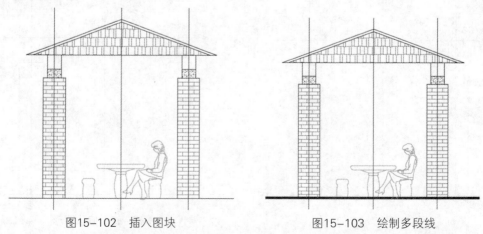

图15-102　插入图块　　　　　　　　　　　　图15-103　绘制多段线

㉙ 执行"线性标注"命令，进行尺寸标注，如图15-104所示。

㉚ 在命令行输入QLEADER命令，对图形进行引线标注，如图15-105所示。

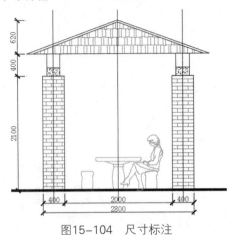

图15-104 尺寸标注

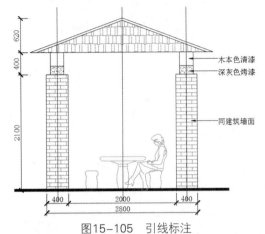

图15-105 引线标注

㉛ 修改轴线颜色及线型，完成亭子立面图的制作，如图15-106所示。

㉜ 接下来绘制亭子剖面图。首先复制亭子立面图形，随后删除多余图形，如图15-107所示。

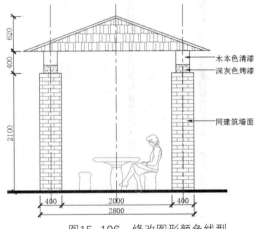
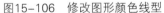

图15-106 修改图形颜色线型

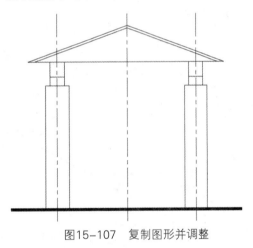

图15-107 复制图形并调整

㉝ 执行"偏移"命令，偏移图形，如图15-108所示。

㉞ 执行"圆角"命令，设置圆角尺寸为0，进行圆角操作，如图15-109所示。

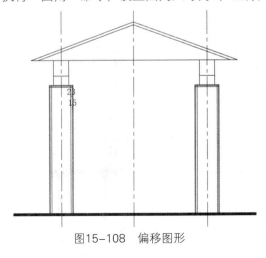

图15-108 偏移图形

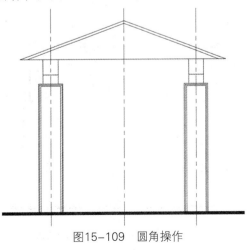

图15-109 圆角操作

㉟ 执行"延伸"命令,延伸图形,如图15-110所示。

㊱ 执行"修剪"命令,修剪图形,如图15-111所示。

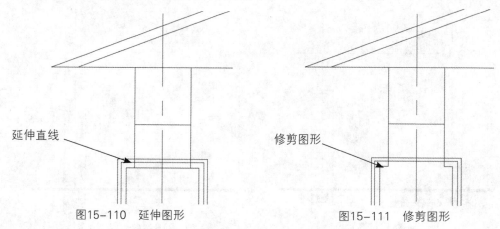

图15-110 延伸图形   图15-111 修剪图形

㊲ 执行"多段线"命令,绘制三条多段线,如图15-112所示。

㊳ 设置多段线的全局宽度为15,如图15-113所示。

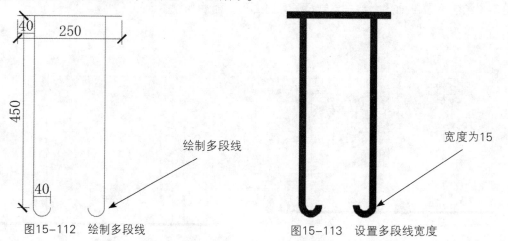

图15-112 绘制多段线   图15-113 设置多段线宽度

㊴ 将图形成组,移动到合适位置并进行复制,如图15-114所示。

㊵ 执行"偏移"命令,偏移图形,如图15-115所示。

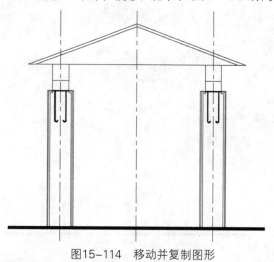

图15-114 移动并复制图形

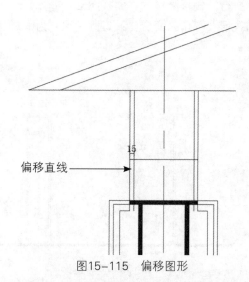

图15-115 偏移图形

㊶ 执行"修剪"命令，修剪图形，如图15-116所示。

㊷ 执行"插入块"命令，插入钉子图块，并进行复制操作，如图15-117所示。

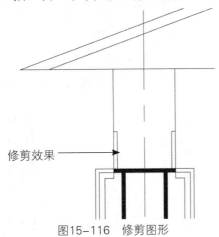

图15-116　修剪图形

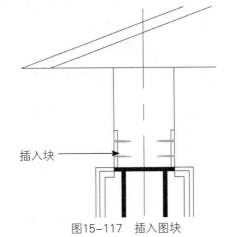

图15-117　插入图块

㊸ 执行"偏移"命令，偏移图形，如图15-118所示。

㊹ 执行"修剪"命令，修剪图形，如图15-119所示。

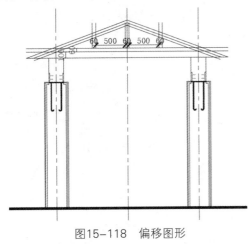

图15-118　偏移图形

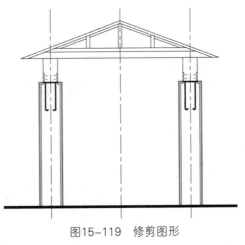

图15-119　修剪图形

㊺ 执行"偏移"命令，偏移图形，再绘制一个80×100的矩形并移动到合适位置，如图15-120所示。

㊻ 删除多余图形，执行"镜像"、"修剪"命令，镜像矩形并修剪图形，如图15-121所示。

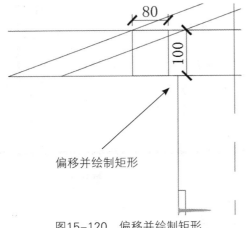

图15-120　偏移并绘制矩形

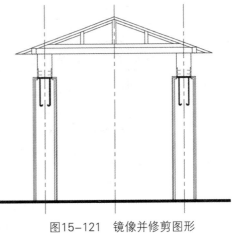

图15-121　镜像并修剪图形

㊼ 执行“偏移”命令，偏移图形，如图15-122所示。

㊽ 执行“直线”、“圆角”命令，绘制直线封闭两侧，再设置圆角尺寸为0，进行圆角操作，如图15-123所示。

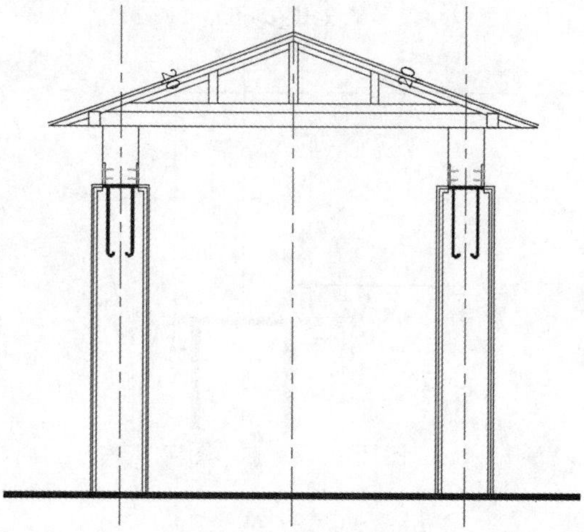

图15-122　偏移图形

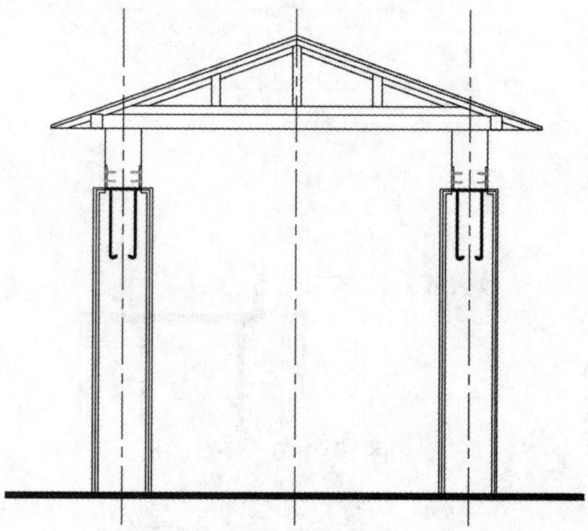

图15-123　绘制直线并圆角操作

㊾ 执行“直线”命令，绘制长为400和20的相互垂直的直线，如图15-124所示。

㊿ 执行“旋转”命令，将图形逆时针旋转17°，如图15-125所示。

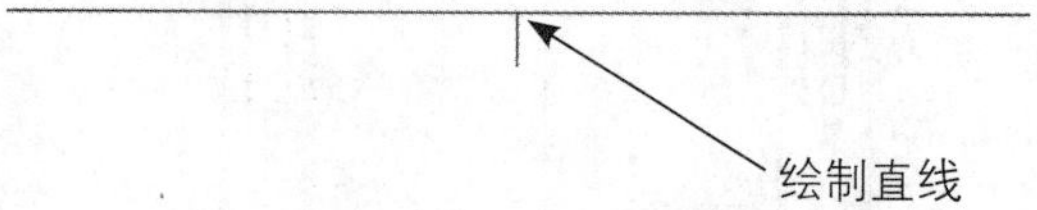

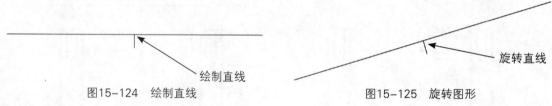

图15-124　绘制直线

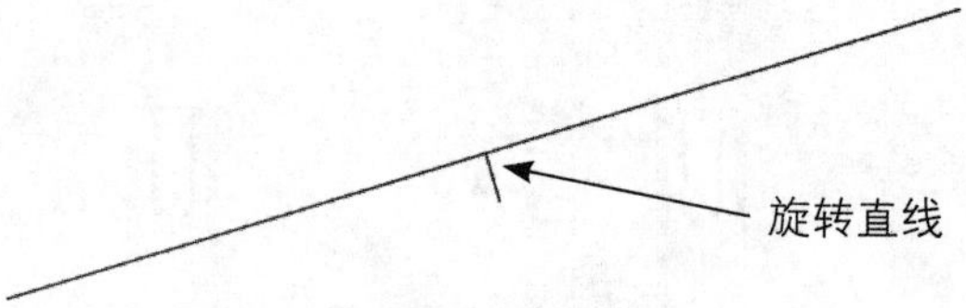

图15-125　旋转图形

(51) 将图形移动到合适位置，如图15-126所示。

(52) 执行“复制”命令，复制多个图形，如图15-127所示。

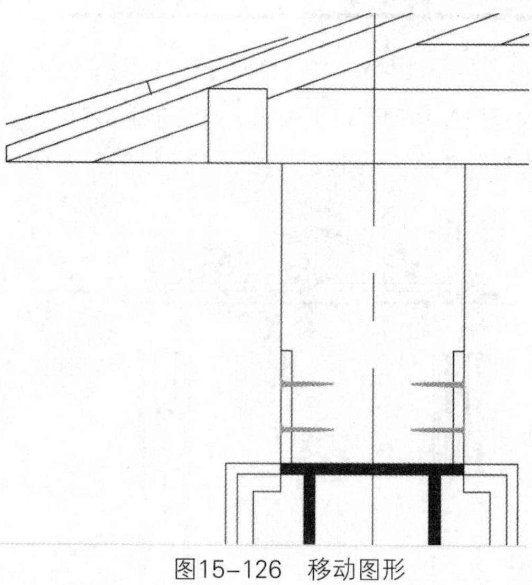

图15-126　移动图形

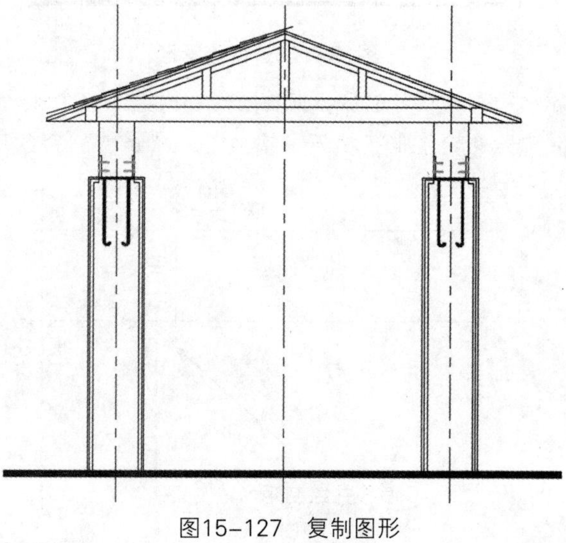

图15-127　复制图形

(53) 执行“修剪”、“镜像”命令，修剪图形并进行镜像操作，如图15-128所示。

(54) 执行“图案填充”命令，选择填充图案ANSI32，进行填充操作，如图15-129所示。

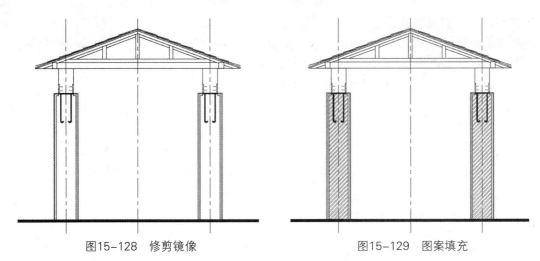

图15-128　修剪镜像　　　　　　　　　　　图15-129　图案填充

55 继续执行"图案填充"命令，选择填充图案AR-CONC，进行填充操作，如图15-130所示。

56 执行"线性标注"命令，进行尺寸标注，如图15-131所示。

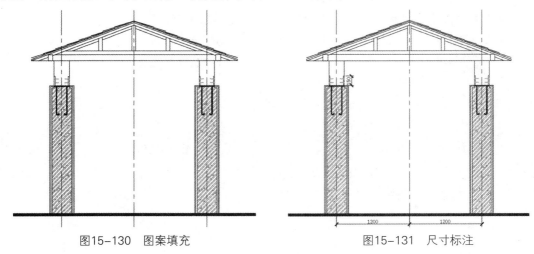

图15-130　图案填充　　　　　　　　　　　图15-131　尺寸标注

57 在命令行中输入QLEADER命令，进行引线标注，如图15-132所示。至此，便完成了亭子剖面图的绘制。

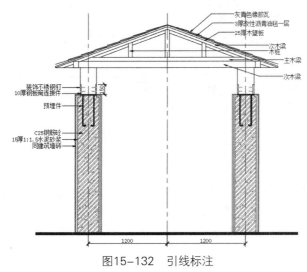

图15-132　引线标注

2. 桥平面图及剖面图的绘制

在此将主要利用"偏移"、"修剪"、"延伸"、"圆角"、"填充"等命令来绘制图形。

01 从规划图纸中复制桥图形，执行"修剪"命令，修剪图形并调整图形，如图15-133所示。

02 执行"偏移"命令，偏移图形，如图15-134所示。

图15-133 复制图形

图15-134 偏移图形

03 执行"修剪"命令，修剪图形，如图15-135所示。

04 执行"图案填充"命令，选择填充图案AR-HBONE，进行填充，如图15-136所示。

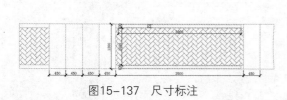

图15-135 修剪图形

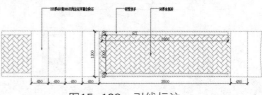

图15-136 图案填充

05 执行"线性标注"命令，对图形进行尺寸标注，如图15-137所示。

06 在命令行输入QLEADER命令，进行引线标注，如图15-138所示。

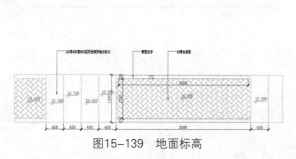

图15-137 尺寸标注

图15-138 引线标注

07 对图形进行地面尺寸标高，完成桥的平面图的绘制，如图15-139所示。

08 执行"矩形"命令，绘制矩形，如图15-140所示。

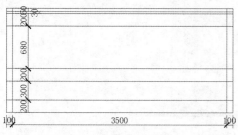

图15-139 地面标高

图15-140 绘制矩形

09 将图形炸开，再执行"偏移"命令，偏移图形，如图15-141所示。

10 执行"修剪"命令，修剪图形，如图15-142所示。

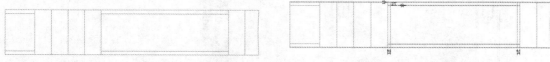

图15-141 偏移图形

图15-142 修剪图形

⑪ 执行"偏移"命令，偏移图形，如图15-143所示。

⑫ 执行"偏移"命令，偏移图形，如图15-144所示。

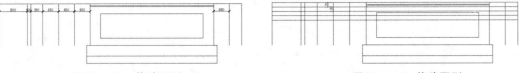

图15-143 偏移图形　　　　　　　　　　　图15-144 偏移图形

⑬ 执行"修剪"命令，修剪图形，如图15-145所示。

⑭ 执行"偏移"命令，偏移图形，如图15-146所示。

图15-145 修剪图形　　　　　　　　　　　图15-146 偏移图形

⑮ 执行"修剪"、"圆角"命令，修剪图形并设置圆角尺寸为0，进行圆角操作，如图15-147所示。

⑯ 执行"直线"、"偏移"命令，绘制直线再偏移图形，如图15-148所示。

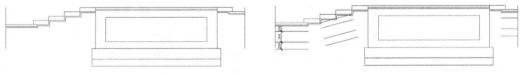

图15-146 修剪并圆角操作　　　　　　　　图15-148 绘制并偏移图形

⑰ 执行"延伸"、"圆角"命令，延伸图形，再设置圆角尺寸为0，进行圆角操作，如图15-149所示。

⑱ 执行"图案填充"命令，选择填充图案EARTH，选择区域进行填充，如图15-150所示。

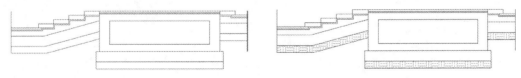

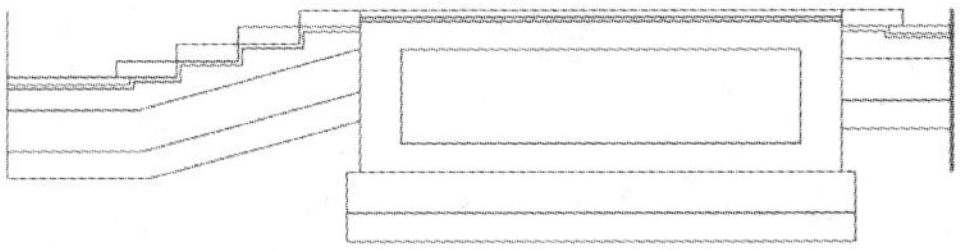

图15-149 延伸图形并进行圆角操作　　　　图15-150 图案填充

⑲ 执行"图案填充"命令，选择填充图案GRAVEL，选择区域进行填充，如图15-151所示。

⑳ 执行"图案填充"命令，选择填充图案AR-CONC，选择区域进行填充，如图15-152所示。

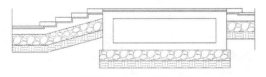
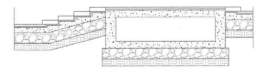

图15-151 图案填充　　　　　　　　　　　图15-152 图案填充

㉑ 执行"图案填充"命令，选择填充图案ANSI32，选择区域进行填充，如图15-153所示。

㉒ 执行"多段线"命令，设置线条宽度，绘制石头造型，如图15-154所示。

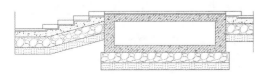
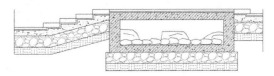

图15-153 图案填充　　　　　　　　　　　图15-154 绘制石头造型

㉓ 执行"偏移"命令，偏移图形，如图15-155所示。

㉔ 执行"直线"、"偏移"命令，绘制直线并进行偏移，如图15-156所示。

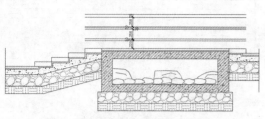

图15-155 偏移图形

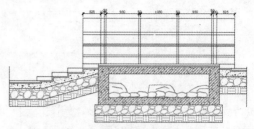

图15-156 绘制并偏移图形

㉕ 执行"修剪"命令，修剪并删除多余线条，如图15-157所示。

㉖ 执行"多段线"命令，绘制打断符号，并将其调整到合适位置，如图15-158所示。

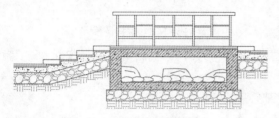

图15-157 修剪并删除

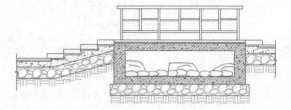

图15-158 绘制打断符号

㉗ 执行"线性标注"命令，为图形标注尺寸，如图15-159所示。

㉘ 在命令行中输入QLEADER命令，进行引线标注，如图15-160所示。

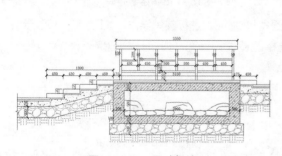

图15-159 尺寸标注

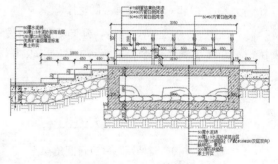

图15-160 引线标注

㉙ 最后进行标高示意，完成桥立面图的绘制，如图15-161所示。

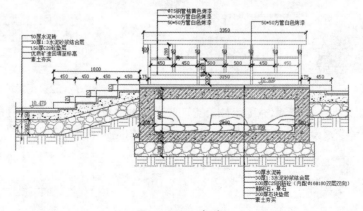

图15-161 标高

🎬 **本章概述**　机械制图是用图样精确地表示机械的结构形状、尺寸大小、工作原理和技术要求的学科。图样由图形、符号、文字和数字等组成，是表达设计意图和制造要求以及交流经验的技术文件，常被称为工程界的语言。本章将通过绘制机械零件图的实例来向读者介绍机械制图的基本知识、要领以及技巧等。

📖 **知识要点**　● 机械制图标准；　　　　　　　　　● 绘制齿轮油泵零件图。
　　　　　　　● 绘制传动链轮零件图；

16.1　机械制图概述

机械制图区别于其他制图的地方在于"机械制图有着一套严格的制图标准"。例如：图纸幅面、格式、比例、字体及图线等。读者们要想学好机械制图，就必须要先学习和掌握好机械制图标准，也只有在这样的基础上才能绘制出好的机械图形来。

16.1.1　机械制图绘制标准

为了使人们对图样中涉及的格式、文字、图线、图形简化和符号含义有一致的理解，后来人们逐渐制定出了统一的规格，并发展成为机械制图标准。

在机械制图标准中规定的项目包括图纸幅面及格式、比例、字体和图线等。在图纸幅面及格式中规定了图纸标准幅面的大小和图纸中图框的相应尺寸。比例是指图样中的尺寸长度与机件实际尺寸的比例，除了允许用1：1的比例绘图外，还允许用标准中规定的缩小比例和放大比例绘图。

机械图样主要有零件图和装配图，此外还有布置图、示意图和轴测图等。其中：

- 零件图用来表达零件的形状、大小以及制造和检验零件的技术要求。
- 装配图用来表达机械中所属各零件与部件间的装配关系和工作原理。
- 布置图用来表达机械设备在厂房内的位置。
- 示意图用来表达机械的工作原理，如表达机械传动原理的机构运动简图、表达液体或气体输送线路的管道示意图等。示意图中的各种机械构件均用符号表示。
- 轴测图是一种立体图，其直观性强，是一种常用的辅助图样。

📝 **知识点拨**

图样是依照机件的结构形状和尺寸大小按适当的比例绘制而成的。图样中机件的尺寸用尺寸线、尺寸界线和箭头指明被测量的范围，用数字标明其大小。在机械图样中，数字的单位规定为毫米，但不需注明。对直径、半径、锥度、斜度和弧长等尺寸，在数字前分别加注规定符号予以说明。

16.1.2　机械制图的表达

机械类的工程图称为机械制图，所谓的工程图是指生产企业用来加工零件所画的零件生产规范，它有国际标准、国家标准、行业标准、企业标准等。一般来说，零件的工程图用六视图表达，简单的用三视图表达。

所谓六视图就是正视图、后视图、俯视图、仰视图、左视图和右视图，而三视图即指简单的零件正视图、后视图重复者取其一，俯视图、仰视图重复者取其一，左视图、右视图重复者取其一，如圆柱、圆锥、立方体等。对于复杂的零件和装配，若六视图表达不清，则还要有剖视图，使加工者可以看清内部结构。如下所示分别为六视图和三视图。

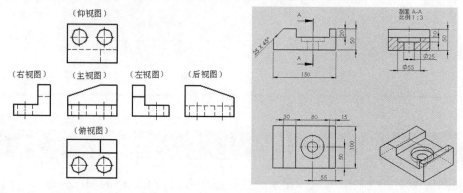

剖视图是假想用剖切面剖开机件，将处在观察者与剖切面之间的部分移去，将其余部分向投影面投影而得到的图形。剖视图主要用于表达机件的内部结构，如下图所示。

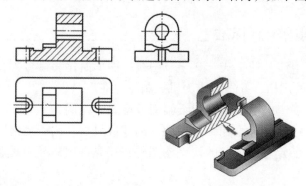

假想将机件的某处切断，仅画出该剖切面与物体接触部分的图形，称为断面图。断面图常用于表达杆状结构的断面形状，如下图所示。

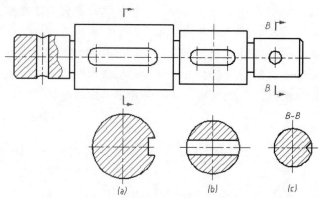

对于图样中某些作图比较繁琐的结构，为了提高制图效率，允许将其简化后画出，简化后的画法称为简化画法。

16.2 机械图形的绘制

下面将以常见零件图形的绘制为例展开介绍，绘图过程中经常会运用到的一些基本命令包括"偏移"、"修剪"、"阵列"、"镜像"、"旋转"、"图案填充"等，通过绘制这些图形可以强化和巩固读者对这些操作命令的熟练度。

16.2.1 绘制传动链轮零件图

这里将以传动链轮零件图的绘制来介绍"偏移"、"阵列"等操作命令的使用，其具体的绘制过程介绍如下。

01 启动AutoCAD 2015应用程序，执行"格式"｜"图层"命令，打开"图层特性管理器"，创建新的图层，如图16-1所示。

02 将"中线"图层设置为当前图层，执行"直线"命令，绘制两条垂直的直线，如图16-2所示。

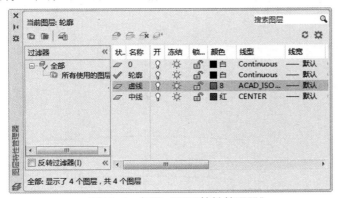

图16-1 打开"图层特性管理器"　　　　　　　　图16-2 绘制直线

03 将"轮廓"图层设置为当前图层，执行"圆"命令，捕捉直线中点，绘制一个半径为20的圆，如图16-3所示。

04 执行"偏移"命令，将圆向外依次偏移40、30、10，如图16-4所示。

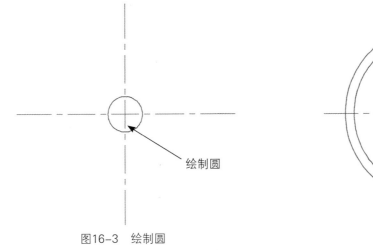

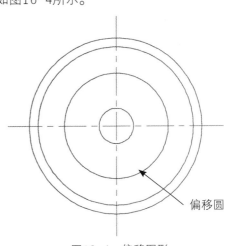

图16-3 绘制圆　　　　　　　　　　　　　　图16-4 偏移图形

05 执行"圆"命令,以一个交点为圆心绘制半径为19的圆,如图16-5所示。

06 选择该圆,执行"环形阵列"命令,以直线交点为阵列中心进行阵列操作,如图16-6所示。

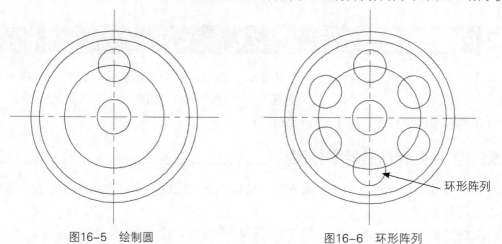

图16-5 绘制圆　　　　　　　　　　　图16-6 环形阵列

07 执行"偏移"命令,将外圈的圆向内偏移7,如图16-7所示。

08 执行"圆"命令,捕捉交点,绘制一个半径为3的圆,如图16-8所示。

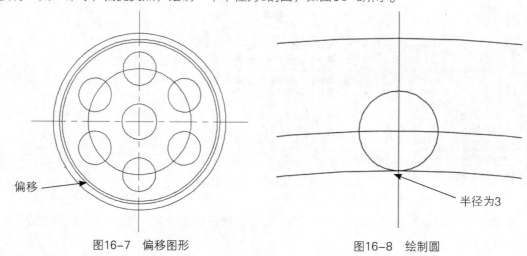

图16-7 偏移图形　　　　　　　　　　图16-8 绘制圆

09 执行"直线"命令,经过圆中点绘制一条直线,如图16-9所示。

10 执行"旋转"命令,将直线逆时针旋转69°,如图16-10所示。

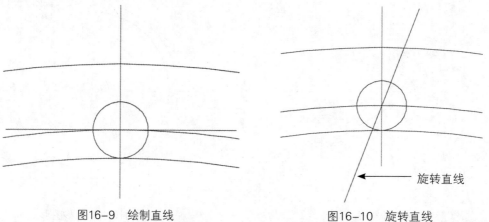

图16-9 绘制直线　　　　　　　　　　图16-10 旋转直线

⑪ 执行"偏移"命令，将直线偏移3，如图16-11所示。

⑫ 执行"镜像"命令，镜像与圆相切的直线，如图16-12所示。

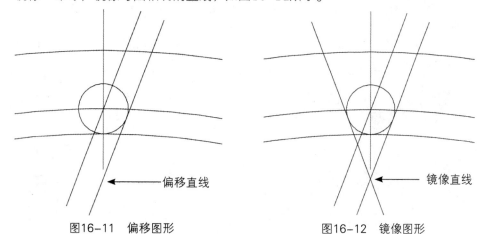

图16-11　偏移图形　　　　　　　　　　图16-12　镜像图形

⑬ 执行"修剪"命令，修剪图形，再删除多余的线条，如图16-13所示。

⑭ 选择制作出的图形，执行"环形阵列"命令，以直线交点为阵列中心进行阵列操作，并设置项目数为40，如图16-14所示。

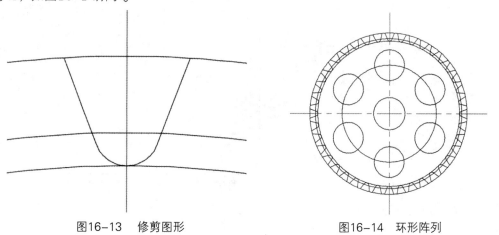

图16-13　修剪图形　　　　　　　　　　图16-14　环形阵列

⑮ 删除多余的圆，再执行"修剪"命令，修剪出齿轮造型，如图16-15所示。

⑯ 执行"偏移"命令，将横向中线向上偏移26，将竖向中线向两侧各偏移4.5，如图16-16所示。

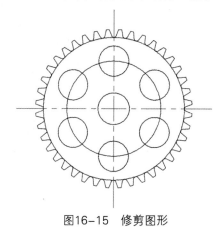
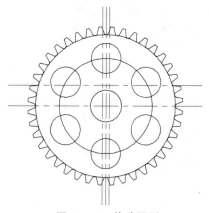

图16-15　修剪图形　　　　　　　　　　图16-16　偏移图形

⓱ 执行"修剪"命令，修剪图形，如图16-17所示。

⓲ 设置图形所在图层，如图16-18所示。

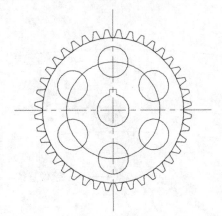

图16-17 修剪图形

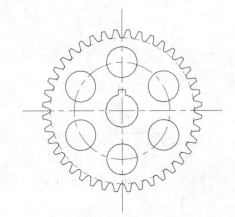

图16-18 设置图层

⓳ 执行"偏移"命令，偏移图形，如图16-19所示。

⓴ 输入命令D，按回车键打开"标注样式管理器"对话框，如图16-20所示。

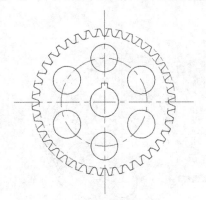

图16-19 偏移图形

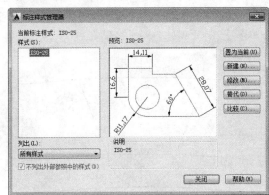

图16-20 打开"标注样式管理器"对话框

㉑ 单击"修改"按钮，打开"修改标注样式"对话框，设置文字样式为宋体，单位精度为0，再调整箭头形式和标注比例，如图16-21所示。

㉒ 执行"角度标注"、"半径标注"命令，对图形进行标注，即可完成传动链轮零件图的绘制，如图16-22所示。

图16-21 修改标注样式

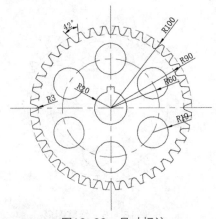

图16-22 尺寸标注

创建一个新的图形文件，将图层以及图框都设置好，保存为样板文件。在以后制图时，调出样板文件就可以直接绘制了。这样比每次制图时都要首先设置好图层和图框，然后再绘制图形的方法要省时省力且方便得多。但要注意的是：在保存文件时，一定要选用"另存为"方法才行。

16.2.2 绘制齿轮油泵零件图

齿轮油泵是通过一对齿轮相互滚动啮合，将油箱内的低压油升至能做功的高压油的重要部件，也是把发动机的机械能转换成液压能的动力装置。本案例中将利用"偏移"、"阵列"、"旋转"、"镜像"、"圆角"等操作命令来制作齿轮油泵的正立面图及侧立面图，其操作步骤介绍如下。

⓿❶ 执行"直线"命令，绘制一条长42的竖直线，再执行"圆"命令，捕捉直线的两端点，绘制两个半径为8的圆，如图16-23所示。

⓿❷ 执行"偏移"命令，将圆依次向外偏移16、6、8，如图16-24所示。

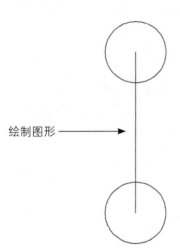

绘制图形 →

图16-23 绘制直线及圆

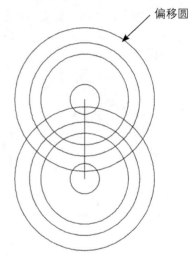

偏移圆

图16-24 偏移图形

⓿❸ 执行"直线"命令，捕捉圆的象限点绘制直线，如图16-25所示。

⓿❹ 执行"修剪"命令，修剪图形，如图16-26所示。

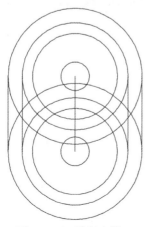

图16-25 绘制直线

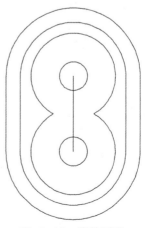

图16-26 修剪图形

⑤ 执行"圆"命令，捕捉直线中点，绘制半径为26的圆，如图16-27所示。

⑥ 执行"修剪"命令，修剪图形，如图16-28所示。

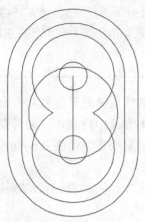

图16-27　绘制圆

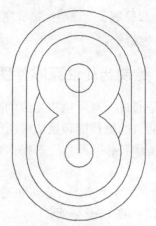

图16-28　修剪图形

⑦ 执行"偏移"命令，将两侧直线向外各偏移4，如图16-29所示。

⑧ 执行"直线"命令，捕捉直线中点，绘制一条横直线，如图16-30所示。

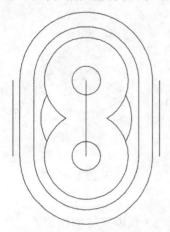

图16-29　偏移图形

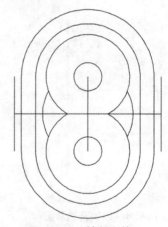

图16-30　绘制直线

⑨ 执行"偏移"命令，将横直线向上、下两侧各自依次偏移7、10，如图16-31所示。

⑩ 执行"修剪"命令，修剪图形并删除多余线条，如图16-32所示。

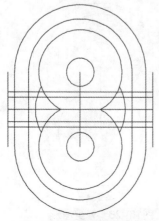

图16-31　偏移图形

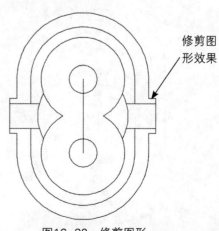

修剪图
形效果

图16-32　修剪图形

⑪ 执行 "圆角" 命令，设置 圆角尺寸为3，对图形进行圆角操作，如图16-33所示。

⑫ 执行 "圆" 命令，捕捉下方圆弧象限点为中心，绘制一个圆，与上方弧线相切，如图16-34所示。

圆角为3

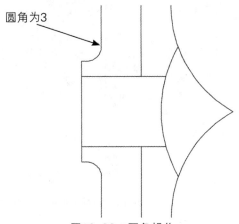

图16-33　圆角操作

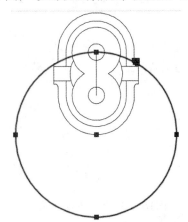

图16-34　绘制圆

⑬ 执行 "修剪" 命令，修剪图形，如图16-35所示。

⑭ 执行 "镜像" 命令，镜像图形，如图16-36所示。

图16-35　修剪图形

图16-36　镜像图形

⑮ 执行 "圆"、"偏移" 命令，绘制半径为3的圆，并向外偏移0.5，如图16-37所示。

⑯ 选择同心圆，执行 "环形阵列" 命令，以圆心为阵列中心，设置项目数为4，进行阵列复制操作，如图16-38所示。

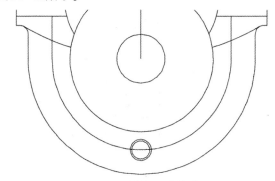

图16-37　绘制圆并偏移

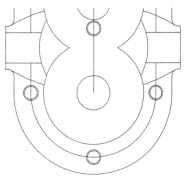

图16-38　环形阵列

⑰ 输入X命令，将阵列图形炸开，删除上方的同心圆，如图16-39所示。

⑱ 执行"偏移"命令，将下方同心圆内侧的圆向内偏移0.5，如图16-40所示。

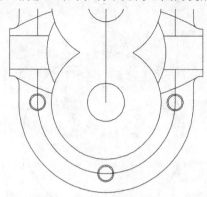

图16-39　炸开并删除图形

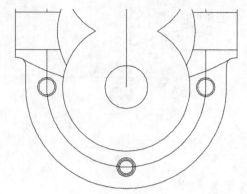

图16-40　偏移图形

⑲ 执行"旋转"命令，将偏移出的圆顺时针旋转45°，如图16-41所示。

⑳ 按照上述步骤制作上方的轴孔图形，再删除直线，如图16-42所示。

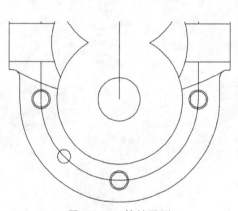

图16-41　旋转图形

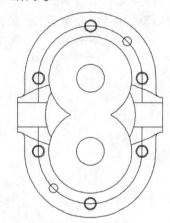

图16-42　制作轴孔

㉑ 执行"直线"命令，经过圆心以及中心点绘制多条中线，如图16-43所示。

㉒ 接下来需要制作油泵的底座造型。执行"偏移"命令，将竖中线向两侧各自偏移，再将下方横中线向下偏移，如图16-44所示。

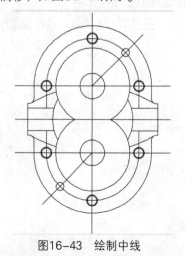

图16-43　绘制中线

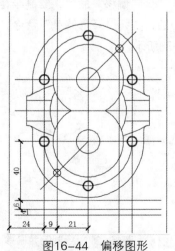

图16-44　偏移图形

㉓ 执行"修剪"命令，修剪图形，如图16-45所示。

㉔ 执行"偏移"命令，对底座图形进行偏移操作，如图16-46所示。

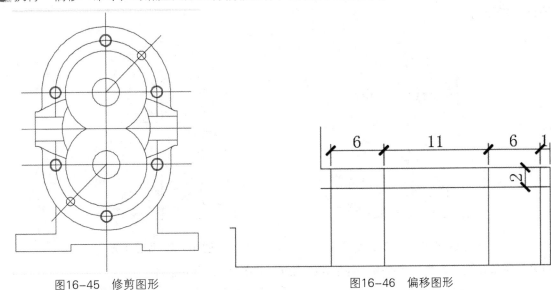

图16-45　修剪图形　　　　　　　　　　图16-46　偏移图形

㉕ 执行"修剪"命令，修剪图形，如图16-47所示。

㉖ 执行"圆角"命令，设置圆角尺寸为3，对底座图形进行圆角操作，如图16-48所示。

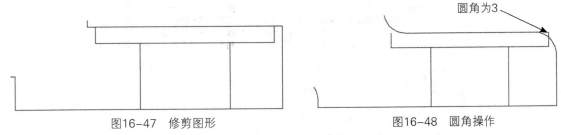

图16-47　修剪图形　　　　　　　　　　图16-48　圆角操作

㉗ 执行"延伸"、"修剪"命令，修剪并延伸图形，如图16-49所示。

㉘ 执行"直线"命令，为底座绘制中线，如图16-50所示。

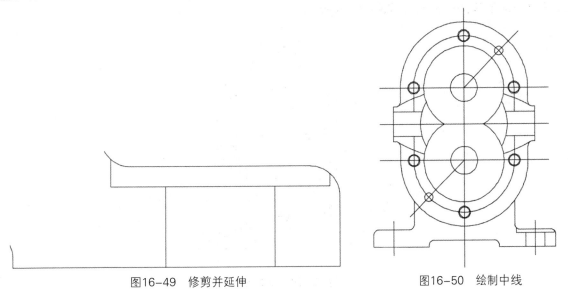

图16-49　修剪并延伸　　　　　　　　　图16-50　绘制中线

㉙ 执行"圆弧"命令,绘制一条弧线,如图16-51所示。

㉚ 执行"图案填充"命令,选择填充图案ANSI31,设置颜色及比例,选择合适的区域进行填充,如图16-52所示。

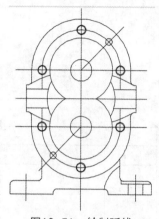 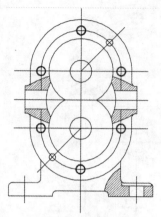

图16-51　绘制弧线　　　　　　　　图16-52　图案填充

㉛ 打开"图层特性管理器"选项板,创建新的图层,如图16-53所示。

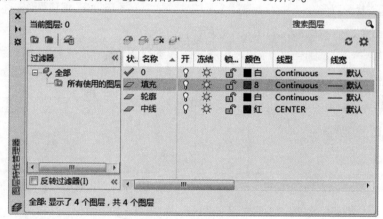

图16-53　创建图层

㉜ 设置当前图形的所在图层,如图16-54所示。

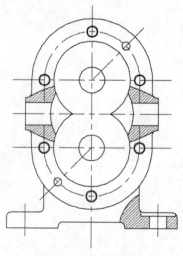

图16-54　设置图层

㉝ 对图形进行尺寸标注，如图16-55所示。

㉞ 添加机械图形常用的表面粗糙符号，完成齿轮油泵正立面图的绘制，如图16-56所示。

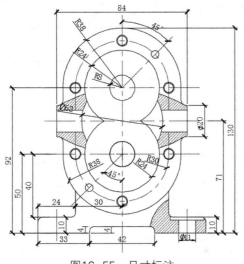

图16-55　尺寸标注　　　　　　　　　　图16-56　添加表面粗糙符号

㉟ 接下来绘制齿轮油泵侧立面图，复制一份正立面图，删除多余图形，如图16-57所示。

㊱ 执行"直线"命令，绘制辅助线，如图16-58所示。

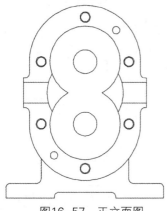
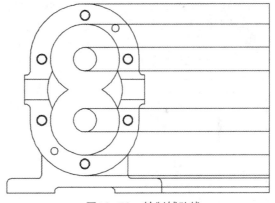

图16-57　正立面图　　　　　　　　　　图16-58　绘制辅助线

㊲ 执行"偏移"命令，偏移图形，如图16-59所示。

㊳ 执行"修剪"命令，修剪图形，如图16-60所示。

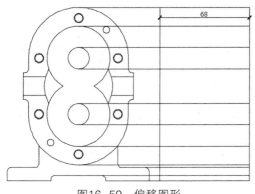
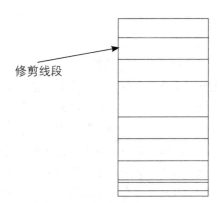

图16-59　偏移图形　　　　　　　　　　图16-60　修剪图形

㉟ 执行"偏移"命令，偏移图形，如图16-61所示。

㊵ 执行"修剪"命令，修剪图形，如图16-62所示。

㊶ 执行"偏移"命令，将上方线条向下依次进行偏移，如图16-63所示。

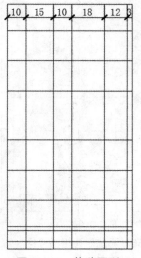

图16-61 偏移图形

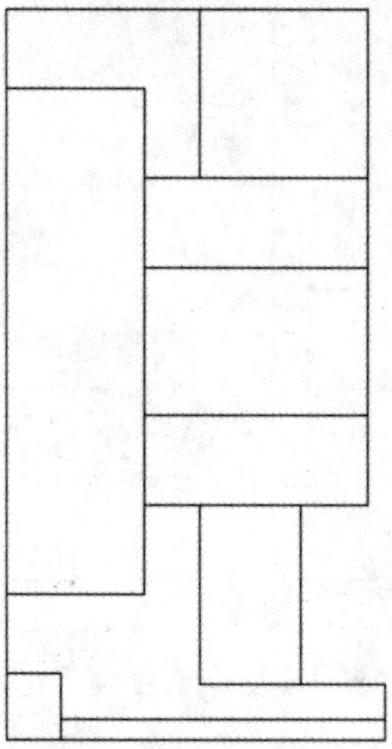

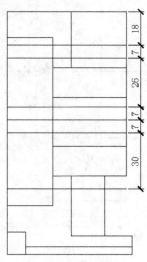

图16-62 修剪图形

图16-63 偏移图形

㊷ 执行"偏移"命令，将左侧线条向右依次进行偏移，如图16-64所示。

㊸ 执行"修剪"命令，修剪图形，如图16-65所示。

㊹ 执行"偏移"命令，偏移图形，如图16-66所示。

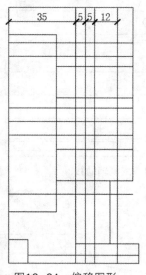

图16-64 偏移图形

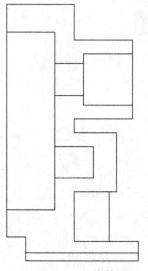

图16-65 修剪图形

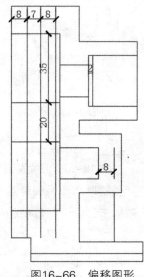

图16-66 偏移图形

㊺ 执行"偏移"命令，偏移多个线条，如图16-67所示。

㊻ 执行"修剪"命令，修剪图形，如图16-68所示。

㊼ 执行"直线"、"修剪"命令，绘制直线并修剪图形，再删除多余的线条，如图16-69所示。

㊽ 执行"偏移"命令，将图形偏移3，如图16-70所示。

㊾ 执行"直线"命令，绘制直线并删除多余线条，制作出轴孔，如图16-71所示。

㊿ 执行"偏移"命令，将图形偏移10，如图16-72所示。

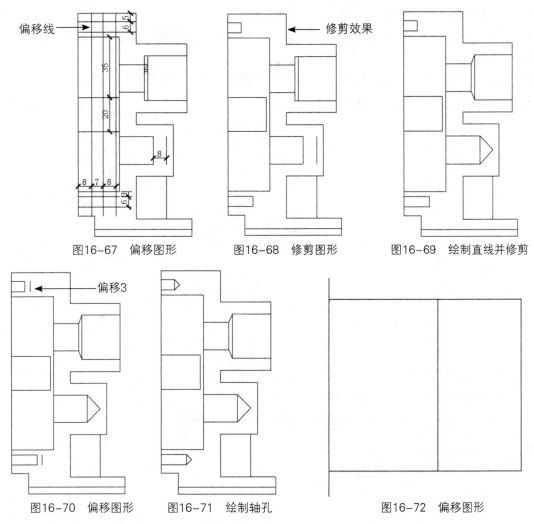

图16-67 偏移图形　　　图16-68 修剪图形　　　图16-69 绘制直线并修剪

图16-70 偏移图形　　图16-71 绘制轴孔　　　图16-72 偏移图形

51 执行"圆"命令，捕捉绘制半径为7的圆，再删除多余的线条，如图16-73所示。

52 执行"圆角"命令，设置圆角尺寸为3，对图形进行圆角操作，如图16-74所示。

53 执行"复制"命令，复制图形并删除多余线条，如图16-75所示。

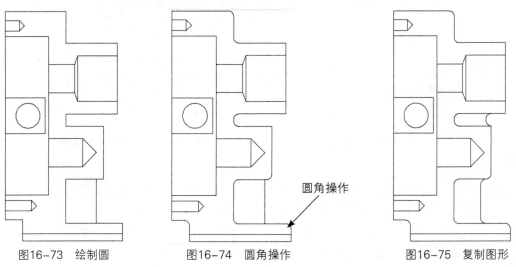

图16-73 绘制圆　　　　图16-74 圆角操作　　　　图16-75 复制图形

(54) 执行“直线”命令，绘制轴孔中线，如图16-76所示。

(55) 执行“图案填充”命令，选择填充图案ANSI31，设置比例及颜色，选择区域进行填充操作，如图16-77所示。

(56) 继续执行“图案填充”命令，对图形进行实体填充操作，如图16-78所示。

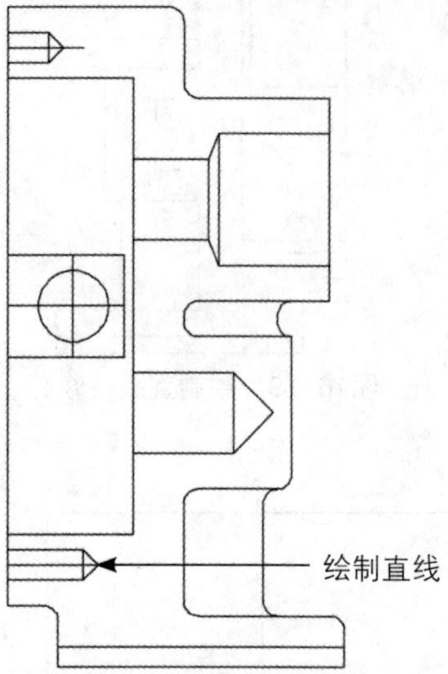

图16-76　绘制轴孔中线

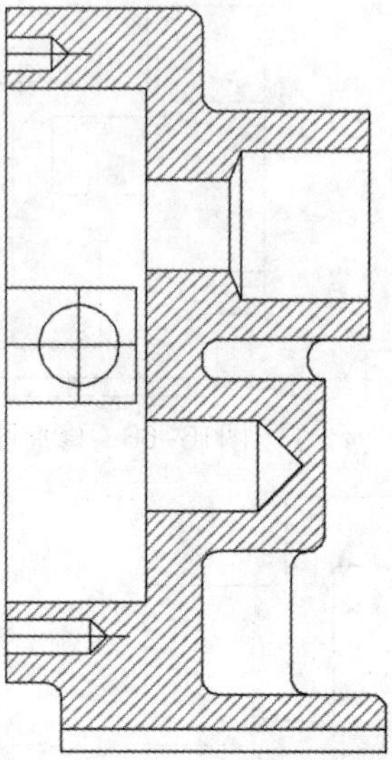

图16-77　填充图案

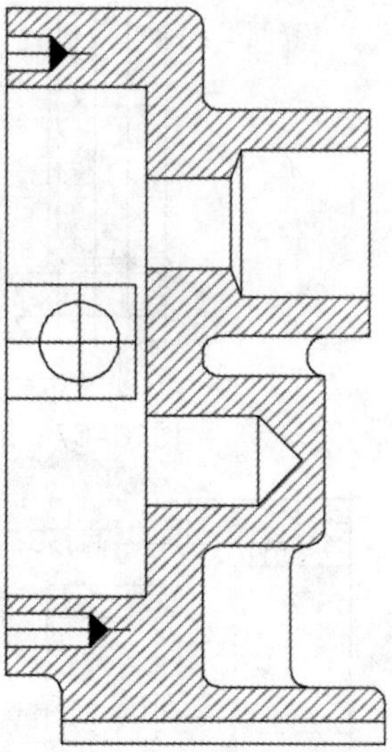

图16-78　实体填充

(57) 设置中线的图层及线型，如图16-79所示。

(58) 对图形进行尺寸标注以及表面粗糙值进行标注，如图16-80所示。

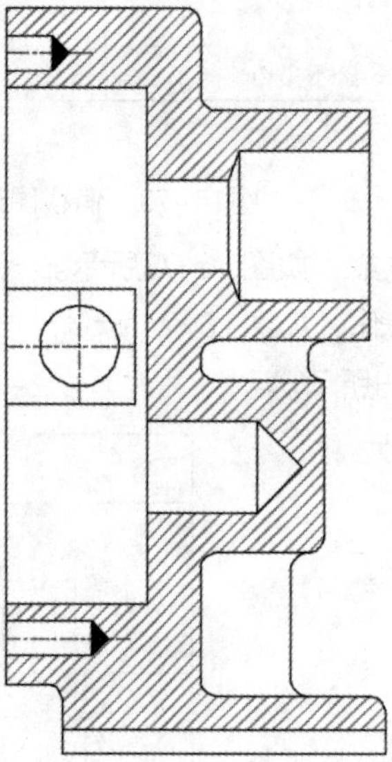

图16-79　设置图层及线型

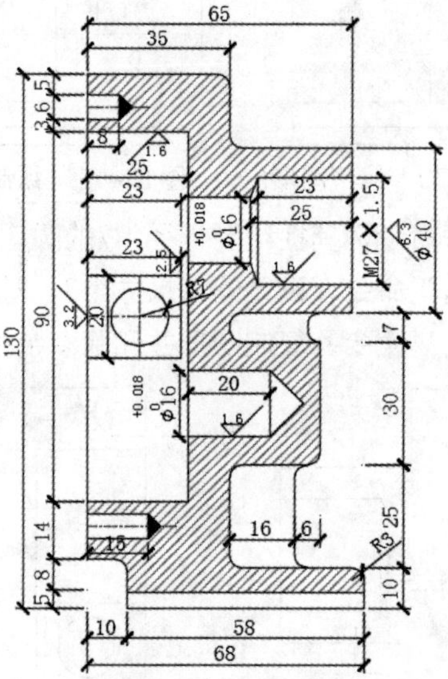

图16-80　标注尺寸及粗糙度

知识点拨

在机械学中，粗糙度指加工表面上具有的较小间距和峰谷所组成的微观几何形状特性。表面粗糙度一般是由所采用的加工方法和其他因素所造成的。公差是一个使用范围很广的概念。对于机械制造来说，制定公差的目的就是为了确定产品的几何参数，使其变动量在一定的范围之内，以便达到互换或配合使用的要求。公差有尺寸公差、形状公差、位置公差等。

附录A AutoCAD 2015 常用快捷键

快捷键	功能
F1	获取帮助
F2	实现绘图区和文本窗口的切换
F3	控制是否实现对象自动捕捉
F4	数字化仪控制
F5	等轴测平面切换
F6	控制状态行上坐标的显示方式
F7	栅格显示模式控制
F8	正交模式控制
F9	栅格捕捉模式控制
F10	极轴模式控制
F11	对象追踪式控制
Ctrl+1	打开"特性"对话框
Ctrl+2	打开图像资源管理器
Ctrl+6	打开图像数据源
Ctrl+B	栅格捕捉模式控制
Ctrl+C	复制选择对象
Ctrl+F	控制是否实现对象自动捕捉
Ctrl+G	栅格显示模式控制
Ctrl+J	重复执行上一步命令
Ctrl+K	超级链接
Ctrl+N	新建图形文件
Ctrl+M	打开"选项"对话框
Ctrl+O	打开图像文件
Ctrl+P	打开"打印"对话框
Ctrl+S	保存图形文件
Ctrl+U	极轴模式控制
Ctrl+V	粘贴剪切板上的内容
Ctrl+W	对象追踪式控制
Ctrl+X	剪切所选择的内容
Ctrl+Y	重做
Ctrl+Z	取消前一步的操作

附录B AutoCAD 2015 常用绘图命令

（1）绘图命令

图标	命令	快捷键	命令说明
	LINE	L	直线
	XLINE	XL	射线
	MLINE	ML	多线
	PLINE	PL	多段线
	POLYGON	POL	多边形
	RECTASG	REC	矩形
	ARC	A	圆弧
	CIRCLE	C	圆
	DONUT	DO	圆环
	SPLINE	SPL	样条曲线
	ELLIPSE	EL	椭圆
	POINT	PO	画点
	DIVIDE	DIV	定数等分
	HATCH	H	图案填充
	INSERT	I	插入块
	BLOCK	B	编辑块
	REGION	REG	面域
	MTEXT	MT，T	多行文字

（2）编辑命令

图标	命令	快捷键	命令说明
	ERASE	E	删除
	COPY	CO	复制
	MIRROR	MI	镜像
	OFFSET	O	偏移

续表

图标	命令	快捷键	命令说明
	ARRAY	AR	阵列
	MOVE	M	移动
	ROTATE	RO	旋转
	SCALE	SC	比例缩放
	STRECTCH	S	拉伸
	LENGTHEN	LEN	拉长
	TRIM	TR	修剪
	EXTEND	EX	延伸
	BREACK	BR	打断
	CHAMFER	CHA	倒角
	FILLET	F	倒圆角
	EXPLODE	X	分解
	ALIGN	AL	对齐
	PEDIT	PE	编辑多段线

（3）尺寸标注命令

图标	命令	快捷键	命令说明
	DIMLINEAR	DLI	线性
	DIMCONTINUE	DCO	连续
	DIMBASELINE	DBA	基线
	DINALIGNED	DAL	对齐
	DIMRADIUS	DRA	半径
	DIMDIAMETER	DDI	直径
	DIMANGULAR	DAN	角度
	TOLERANCE	TOL	公差
	DINCENTER	DCE	圆心标记
	QLEADER	LE	多重引线
	QDIM	QD	快速
	DIMSTYLE	D	标注设置

（4）对象特性命令

图标	命令	快捷键	命令说明
	SNAP	SN	捕捉栅格
	PREVIEW	PRE	打印预览
	VIEW	V	命名视图
	AREA	AA	面积
	PLOT	PRINT	打印
	WBLOCK	W	创建图块
	PAN	P	平移
	MATCHPROP	MA	特性匹配
	STYLE	ST	文字样式
	COLOR	COL	设置颜色
	LAYER	LA	图层特性
	LINETYPE	LT	线型
	LWEIGHT	LW	线宽
	QUIT	EXIT	退出